地図が隠した「暗号」

今尾恵介

講談社+α文庫

文庫版まえがき

旧著である『地図を楽しむ　なるほど事典』を上梓《うま》したのは平成14年（2002）、同じ午年ですから、早いものでちょうどひと回りしたことになります。本書はその後の経年変化や誤りなどを調べて加筆訂正したものです。

それにしても、地図の世界はこの12年で大きく変わりました。地図の測量にGPSが使われてから久しいのですが、今ではGPSのついたスマートフォンを多くの普通の人が持つようになりました。12年前では個人でGPS機器を持つなんて、ごく一部のマニアだけだったのではないでしょうか。それが今では中学生だって現在地を確認しながら新宿を歩いているようです。地図といえば、そのスマホの小さなディスプレイに映し出されるものでほとんどの用事が済んでしまい、プリンターから地図を打ち出す人も激減しました。多少ひと事のように書いたのは、私が携帯電話さえ持っていないからです。

そんな今、紙の地形図をあえて買おうという人は、電波が届きにくい山の中で2万5千分の1地形図を見ながら自力で歩き回る「玄人筋」の登山者、もしくは私のような地図オタクくらいのものでしょうか。当然ながら紙の地形図の売れ行きは往時の数分の1まで激減していますから、その更新間隔もだんだん開いてきました。高度経済成長期には3年おきに修正が行われていた都市部でも、今では10年経っても版が変わらないことが珍しくありません。

国土地理院としても、国民が買わなくなった紙地図の発行を税金で維持するのは難しく、ついに昨年からデジタル・データによる地図情報の提供を主体とし、紙地図はそのデータの「提供形態のひとつ」と位置づけました。しかも明治20年代から1世紀以上にわたって整備を続けてきた5万分の1地形図、それに昭和58年（１９８３）にひさびさに復活して全国の主要都市を網羅した段階の1万分の1地形図は、いずれもひと足先に整備中止となり、今後の修正は行われません。市中在庫はまだありますが、そのうち各地で欠けてきますので、５万分の1や1万分の1をお求めになりたい方は今のうちに買っておきましょう。

本書で扱ったテーマは、新旧地形図を比較して地域の変貌をたどること、さらに地図を凝視することで見えてくる世の中のあれこれ、長い歴史をもつ地図記号の変遷や外国の記号との相違、そしてその背景、地図の「客観性」をめぐる問題、相変わらず各地で賑やかな領土問題などなど、私がずっと関心を持ってきたものばかりですが、もともとベースが「なるほど事典」ですから、かなり網羅的に取り上げています。

日本の地形図がウソをついていたという話は、戦時中の「非常時」の昔話をしていたつもりだったのですが、「特定秘密保護法」が通ってしまった今、昭和12年（１９

37）の改正軍機保護法の世の中を彷彿《ほうふつ》とさせる状況になってきたように思います。「何が秘密か、それは秘密です」ということだそうですから、大変困ります。役所というところは危ない橋は渡りませんから、秘密に抵触しそうな場所は、後難を恐れて必要以上に隠すようになるのではないでしょうか。原子力発電所、表示したらテロリストの標的になるよね、それ削除したほうがいいですよね。そうそう、イザ何かあったら責任とれませんから。はい削除削除……。

しかし地図に本当のことが載らない時代は決して褒められたものではありませんから、無用に隠し事をされないよう、みんなで見張っていることも必要です。東日本大震災で福島の原子力発電所が破局的な放射能漏れを起こしてから3年が経とうとしていますが、放射線量の「濃淡」をいち早く表示できたはずの緊急時迅速放射能影響予測ネットワークシステム（SPEEDI）によるデータがイザという時に発表されず、避難者の無用な被曝を招いたことは周知の事実です。

津波の被害も激甚でしたから、ハザードマップの重要性が強調されるようになったのはいいのですが、マップの色分けが絶対視され、浸水する色がかかった家がアウトで、そこから20メートル離れた家がセーフであるとか、放射線量が何シーベルトという線が印刷されたラインの内と外で明暗を分ける、といった誤解も起きています。

考えてみると、現代ほど地図を読む能力が必要とされている時代も珍しいかもしれません。マスコミから流れてくる情報はすでに取捨選択され、また限られていますから、自分の身を守るために地図の等高線を読めること、地盤の硬軟がわかることなど、地図的な情報を正しく読めるかどうかで、大袈裟でなく人の命が左右されるかもしれません。

教育の第一の目的は「国家に騙されない人を育てること」だと私は常々考えています。地図をより深く読むこと、もちろん表面に描かれているものが真実とは限りませんが、これによりマスコミやネットで語られる情報の大波に流されることなく、真に科学的な視点を忘れない「したたかさ」を獲得できるのではないかと思います。大上段に振りかぶってしまいましたが、「神は細部に宿る」という言葉もあります。本書で取り上げた細かい地図のあれこれから、大きな何かを感じ取っていただければ、私の実力以上にこの本が成果を挙げたということで、素直に喜びたいと思います。

最後になりましたが、文庫版の編集にあたって、地図と鉄道を愛する石澤あずささんにはお世話になりました。また校閲を担当された方々からの見事なまでの微に入り細にわたるご指摘やアドバイスのおかげで、前著に増して充実した内容となったのは間違いありません。ありがとうございました。文庫化を快諾いただいた旧著の版元・実業之日本社にも御礼申し上げます。

平成26年（２０１４）1月

今尾恵介

はじめに

「地図の読めない女」などという言葉がなんだか一人歩きしています。地図は見るものではなくて読むものだ、なんて先生が地図をありがたいものとして持ち上げてしまったのがいけないのでしょうか。

筆者も地図についていろいろ書いているうち、地図評論家とか地図研究家などといった怪しげな肩書がくっついてしまったせいか、よく聞かれることがあります。

「あのー、地図というのは逆さまにして見てはいけないんですよね……」

「そんなことはありません。逆さまにすると字が読めない人なら別ですが」

「それを聞いて安心しました」

そんな会話を何回か繰り返しましたが、このへんに地図の教養主義みたいなものを感じます。作法なんていいのです。やりたければ裏から透かして見てもいい。地理学の人は、地図を持ってよくあちこち出かけます。昔からこれを巡検《じゅんけん》といいますが、「遠足」なんて言うと怒られるかもしれません。

それはともかく、地図を見ながら土地の人に話を聞き、歴史や民俗や文化を知ることができるのは実にいいものです。こんな楽しい遠足や散歩ができるのも、地図のありがたさです。特に地形図がいい。

地形図というのは、明治時代からずっと統一された縮尺で全国的に整備してきた国家プロジェクトです。だから同じ範囲が同じ縮尺で見られる。これを比較するといろいろなことがわかります。しかも市街地図などと違って、どこが針葉樹林だった、塩田だった、などということがわかってしまうのです。だから昔の風景が再現できる。たとえば見渡す限りの田んぼだったのが市街地になった、大名屋敷が大ホテルになった、逆に昔は団地が並ぶ谷間だったのに、今は元の森に戻ってしまった……。

時代の移り変わりで、それぞれの土地はそれぞれの経過をたどり、今に至っています。その変化はまさにドラマです。これを日本全国の規模で面的に定点観測しているのが地形図なのです。

しかし地図というものが、場合によってはウソをつくこともある、という話も本書に紹介しました。たとえば戦争中、軍が作っていた地形図は、軍の兵営を隠しました。操車場や発電所も、それとわからないようカモフラージュしています。

そんなウソでなくても、今の地図はどうでしょう。マンション名や交差点名を詳細に載せている地図と、それらがない代わりに植生や土地の高低を詳細に描いた地図が一方にあります。この二者を、どちらが優れているなどと評価することはできません。

地図には「誰がどんな目的で使うのか」を反映した製作者の意図が表されています。ひと昔前なら地図製作者が「社会主義の脅威」を示すため、ソ連が大きく表されるメルカトル図法をわざわざ使うこともあり得ただろうし、今でも「マンションが駅から近い」ことを強調するため、あえて縮尺を無視した我田引水の地図を作ることも実際に行われています。

地図界にもデジタル化が進んでいますが、コンピュータが勝手に作るわけではなく、彼に命じるのは、そんないろいろな意思（ときには悪意）をもったクセのある人間なのですから、「客観的な地図」は厳密にいえばあり得ないし、また、それだから面白いとも言えます。

本書はそんな「クセモノ」としての地図の楽しさに多方面からアプローチし、読者のみなさんに独自の楽しみを見つけていただくための参考書です。カーナビに頼っての安心ドライブも大変結構ですが、たまには道に迷いながら、それこそ地図をサカサマにしながら格闘してみてはいかがでしょうか。

平成14年（2002）12月

今尾恵介

◉目次

第1章　地図は今昔を語る

第2章　地図記号を解読する

第3章 地図で探る境界線

第4章　秘密の地図・謎の地図

▼掲載した地形図名に付した用語の内容は次の通り。測量・測図＝その縮尺における最初の測量、修正＝全般的な修正、部分修正・要部修正＝部分的な修正、鉄道補入＝原則として鉄道のみ描き入れ、資料修正＝行政区画変更など資料による一部分の修正、応急修正＝戦前版を元に戦後米軍撮影の空中写真等で応急的に修正、編集＝より大きな縮尺からの編集、更新＝平成14年図式以降の1：25,000における修正。

▼本文の年号表記は「和暦（西暦）」としたが、地形図上の表記が和暦のみなので、煩雑を避けるためにキャプションに限って和暦のみとした。

▼地図の掲載は原則として原寸、拡大縮小の場合は特に「× 0.8」などと記した。

第1章　地図は今昔を語る

東京が首都になれたのは大名屋敷のおかげ？

東京丸の内から**大手町**にかけてのオフィス街には有名企業の本社が高楼を連ねている。しかし江戸幕府が滅んで明治と元号が改められたばかりの頃は、ここ一帯を買い取った岩崎《いわさき》弥《や》太郎《たろう》をして「竹を植えて虎でも飼うさ」とうそぶかしめたほど、寂寥《せきりょう》感漂う地区だったそうだ。

彼が丸の内を買ったのは、そこにあった軍用地を郊外へ移転させるための費用捻出を政府に要請されたからだという。もちろん彼は虎など飼うつもりではなく、この土地が将来有望であることをちゃんと見抜いていた。間もなく「一丁《いっちょう》ロンドン」と称される日本随一のオフィス街として急成長を遂げ、今に至っているのは周知の通りである。

明治の初めに寂しい所だった理由は、このあたりに宏壮な邸宅を構えていた有力各藩の武士たちが国へ帰ってしまったからだ。これらの大名屋敷（上・中・下屋敷）の跡地は旧東京市域（旧15区）の実に3割を占めており、それが新国家の重要施設として転用されたのである。

これがなかったら首都たり得なかったという指摘もあるが、なるほど、たとえば大阪の中心部にこれだけの土地を確保しろといっても無理な話であった。

大名屋敷は維新後にどうなったか

江戸時代には木版で多くの切絵図（今流に言えば区分地図）が出版されたが、現在ではこれが復刻されて手軽に入手できるようになった。現在の地図と比較できるものもあるから、このビルが建っている所が江戸時代はどうだったのか、と調べてみるのも興味深い。

丸の内のことは取り上げられる機会が多いので、ここでは少し北の方を観察してみよう。図は**文京区**の**本郷**から**小石川**にかけての地域を20ページの図大正８年（１９１９）と、平成17年（２００５）の2万5千分の1地形図（22ページ）で比較したものだ。関東大震災や空襲を含む86年の歳月を経たにしては、道路網の基本形はほとんど変わっていないことがわかる。

中央の東京大学は大正の図では旧制東京帝国大学となっており、北側の農学部の敷地が昔は旧制の第一高等学校であった。旧図はすべての町名を網羅しているわけではないが、森川町、菊坂町《きくさかちょう》、台町《だいまち》、西片町《にしかたまち》などの今はなき地名が見える。もちろん現在はことごとく本郷○丁目になってしまった。

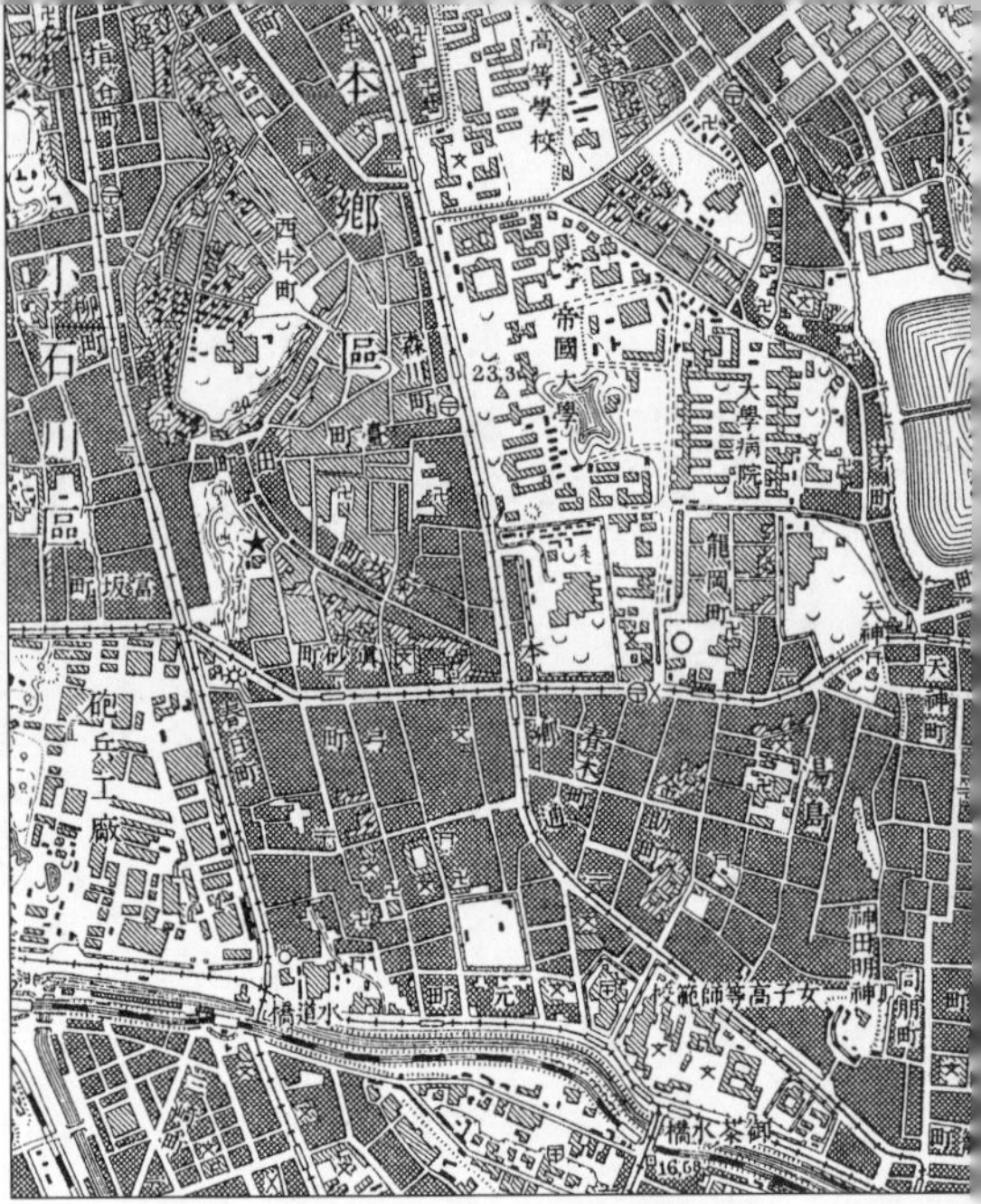

1：25,000「東京首部」大正8年鉄道補入

西片町に注目してみよう（旧図の中央左寄り）。ここは本郷の台地の突端のひとつだが、その南端部に異様なほど大きな屋敷が描かれている。当時の1万分の1では「阿部邸」とあって、西片町の相当部分を占めているのだが、江戸切絵図で確かめてみると、福山藩（広島県）の中屋敷となっていた。

藩主は阿部家で、まさに明治になっても華族として「お殿様」がいたことが実感できる。江戸の幕藩体制は一日や二日で明治近代国家になったわけではなく、昨日に続く今日の積み重ねなのであり、事実を淡々と記した地図を注意深く見ればそれがよくわかるのだ。この西片町は「どこまで行っても10番地」と言われたが、それは大名屋敷・阿部邸の限りなく広い1筆（10番地）を多数に分割（10—1、10—2……10—549）したからであった。

水戸徳川家の上屋敷のごく一部が……

もう一つ、有名なのが現在の東京ドームの位置にあった砲兵工廠《ほうへいこうしょう》（東京工廠）、つまり陸軍の武器工場である。ここは水戸徳川家35万石の上屋敷であった。それも現在でいえばドームだけでなく東京ドームシティ アトラクションズ（旧後楽園ゆうえんち）、広大な庭園の小石川後楽園、その他あの一帯のビル一式の敷地がすべて上屋敷だったのだから、さすが御三家は違う。

他にも昌平坂《しょうへいざか》学問所のあった**御茶ノ水**北側には旧図に女子高等師範学校が載っている。やがて「郊外」の**大塚**（当初陸軍の馬病院、その後兵器支廠、大塚兵器庫など）へ移転するのだが、戦後は新制のお茶の水女子大学となり、女高師の移転跡地は東京医科歯科大学および同病院となった。

以上見たように、大名屋敷の中でもまとまった面積を持つものは大学や官庁、練兵場や兵営、公園、そして皇室用地などに転用され、中規模のものは各国大使館や高級ホテル、阿部邸のようにそのまま華族屋敷になったところも多い。終戦後しばらくはこれらの一部が米軍に接収された。

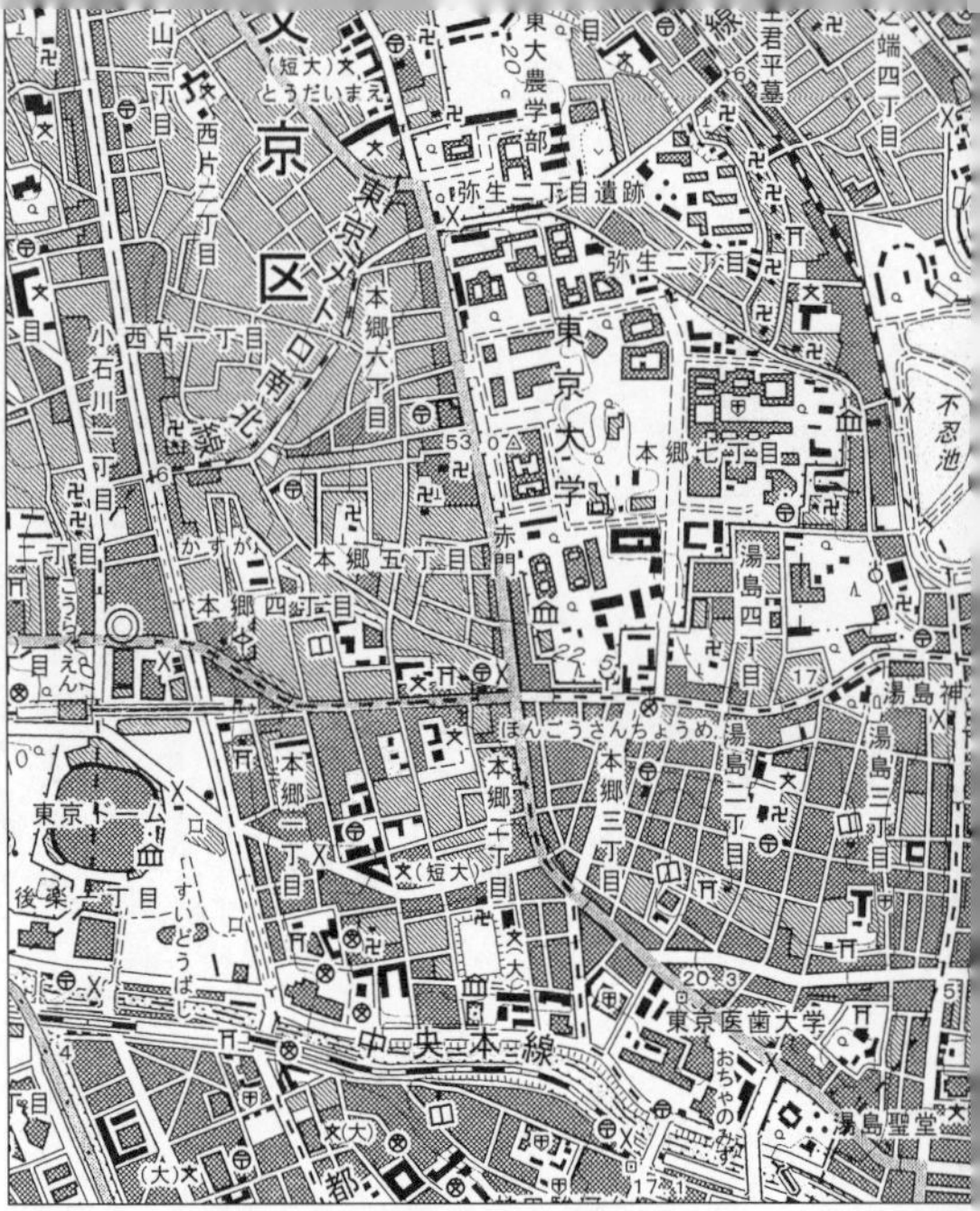

1：25,000「東京首部」平成17年更新

その後は軍施設の郊外移転に伴って宅地や私立大学になったりと多様化が進み、大名屋敷の名残《なごり》の華族屋敷もやがては土地を分割して分譲住宅や官舎になったりと、徐々に江戸時代色は薄れていった。それでも今なお、石垣などに大名屋敷の風格を感じとれる場所は意外にあり、地図を片手に江戸時代の片鱗を味わいに行くのもまた興味深いものだ。

田んぼの中に謎の四角形があった！

次ページ上の図は**豊橋市**の東田《あずまだ》地区の戦前の図であるが、田んぼの広がる中に真四角な街路が異様に目立つ。たまたまここでは愛知県の例だが、もちろんこのような「四角い町」は全国各地に分布していた。それも「計画都市」としていずれも都心部近くから移転してきたものだ。

この真四角は傾城《けいせい》町、つまり遊郭である。昭和33年（1958）に「売春防止法」が完全施行されるまで、これらは政府公認の区域であった。貧しい農村などから娘が身売りされ、高額の借金を設定して事実上の軟禁状態に置くなど重大な人権問題が存在したにもかかわらず、長いこと政府はこれを「必要悪」と考えて堂々と都市計画していたのである。明治の昔から救世軍をはじめとする廃娼運動が行われたとはいえ、結局これらの「悪所」は戦後まで続いた。

都市の膨張に押し出された遊郭

その都市計画の形が地図からはっきりわかるのがここに挙げた例である。遊郭といえば必ず連想するほど有名な吉原《よしわら》（現・台東区千束《せんぞく》四丁目）も、もと人形町《にんぎょうちょう》付近にあったものを、江戸の都市の膨張に追われるように周縁部の水田地帯に計画的に配置されたものである。だから「新吉原」というのが正しい。

　さて、名古屋の中村遊郭もやはり都市の成長とともに押し出された新遊郭で、大正12年（1923）に観音で知られる大須《おおす》から、豊橋の東田遊郭も明治43年（191

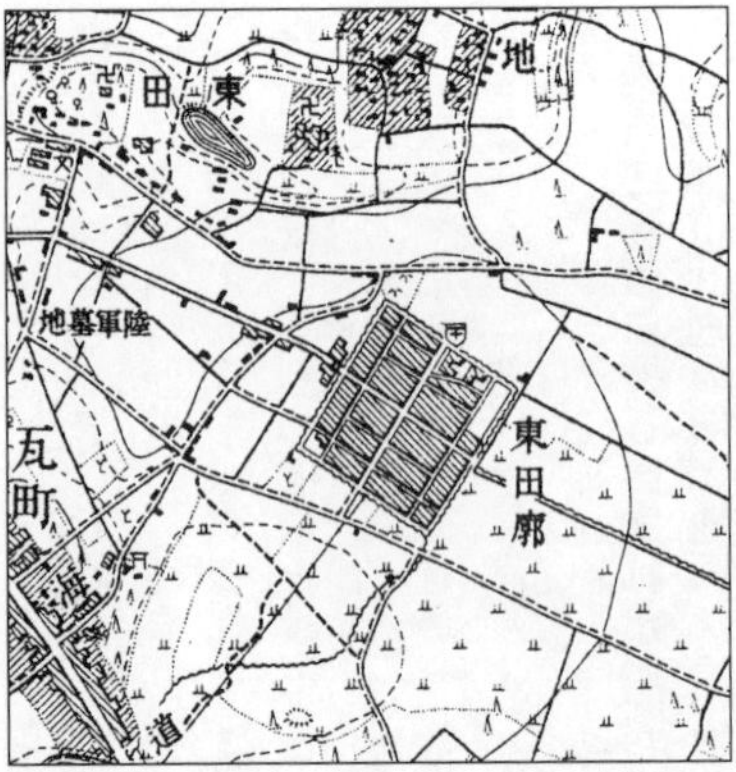

1：25,000「豊橋」大正6年測図

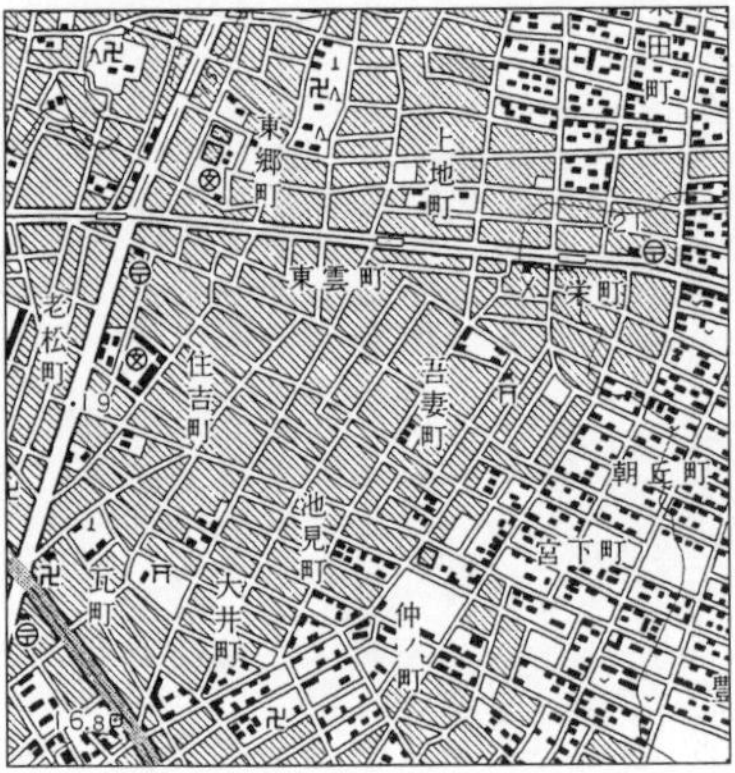

1：25,000「豊橋」平成9年部分修正

0）にやはり都心部の札木《ふだぎ》から移転してきたものだ。東京のもう一つの遊郭・洲崎《すさき》は明治21年（1888）に根津《ねづ》から移ってきた。聞くところによれば「帝国大学の学生の風紀を守るため！」というのが移転理由だったそうだ。

下の地図は豊橋・東田の現状を示したものだが、こちらも市街化の波がさらに押し寄せたため完全に埋没してしまっている。今ではまったく普通の住宅地なので当時の痕跡はほとんどないが、よく見れば周囲の市街地と街路が不連続なのでわかる。全国的に見て、そんな四角い町には必ずといっていいほど市内電車が延びてきているのは興味深いが、終点まで降りない客はどんな顔をして乗っていたのだろう。

筆者などは「法律」施行後の生まれなので想像するしかないが、江戸時代の吉原でも顔を見られたくない人は多かったようで、編笠を大門前でレンタルする業者がいたというから、妙に親近感が湧くような、また哀しいような感慨に襲われる。

鉄道廃線跡を地形図で探してみよう

最近は鉄道の廃線跡を歩くのが静かなブームのようで、朽ち果てた信号機や枕木だけが埋まった地面の写真がなぜか人を引き付ける。鉄道の廃線跡といっても明治時代に路線が変更されて早々と廃線になった古いものから、ＪＲになってからのローカル線廃止でレールを外したばかりのものまでさまざまだ。

廃線というのは、迷わず歩ける明瞭なものばかりとは限らないから、必ず地形図のお世話になる。しかし日本の地形図はイギリスなどのように「dismantled railway＝廃線」などとかつての鉄道ルートを点線で示すほど親切ではないので、その痕跡を地形図から読みとることになる。

廃線跡の使い道はいろいろだ。そのまま一般道路にしてしまうこともあれば、道路に並行していた線路などは格好の道路拡幅用地になる。自転車道路や遊歩道になることも多い。他には切り売りして駐車場や住宅地、ちょっとした児童公園になっていたりもする。

廃線跡のカーブは滑らかで独特

それでは地形図上で廃線跡を見てみよう。まずはわかりやすいものから。27ページの左図は**茨城県つくば市**北部の**筑波山**麓あたりだが、旧版図を並べたので廃線がどれであるかは一目瞭然だと思う。滑らかなカーブを描いた破線がそれだが、この鉄道は土浦《つちうら》からこの筑波を経て岩瀬《いわせ》までの40・1キロ、昭和62年（１９８７）に廃止された筑波鉄道であった。

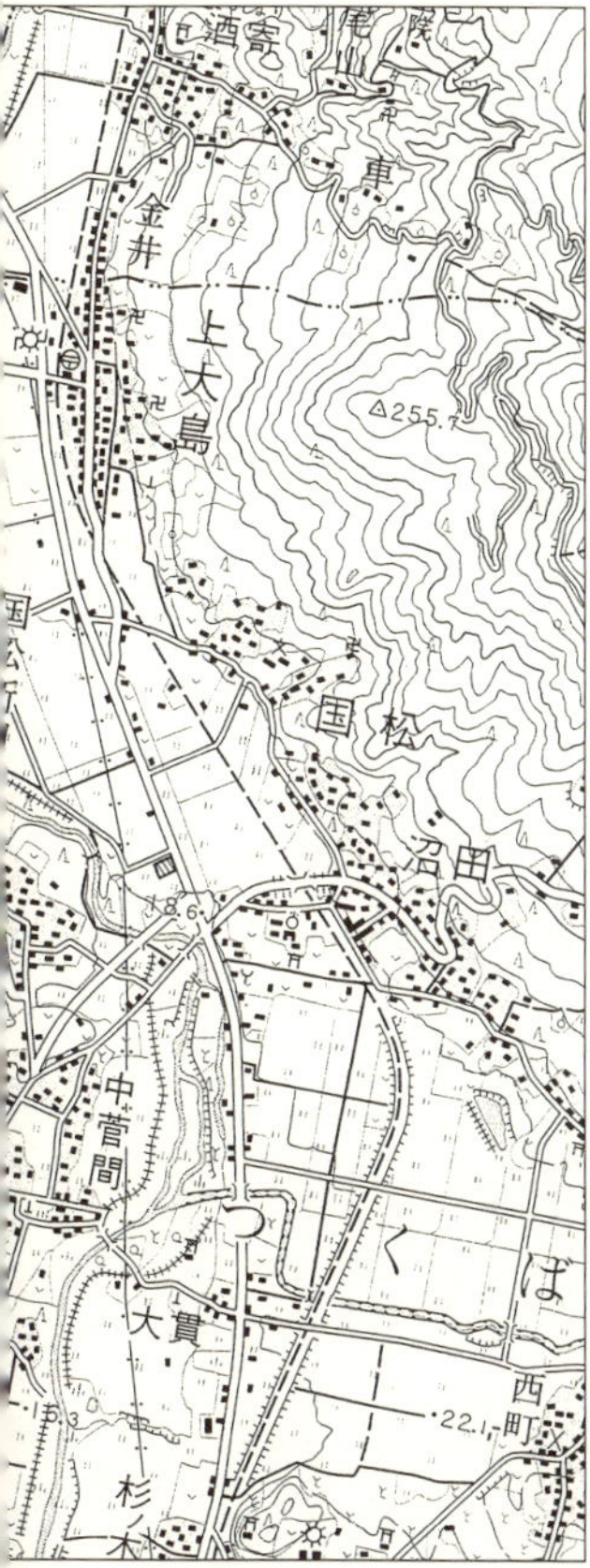

1：50,000「真壁」平成2年修正

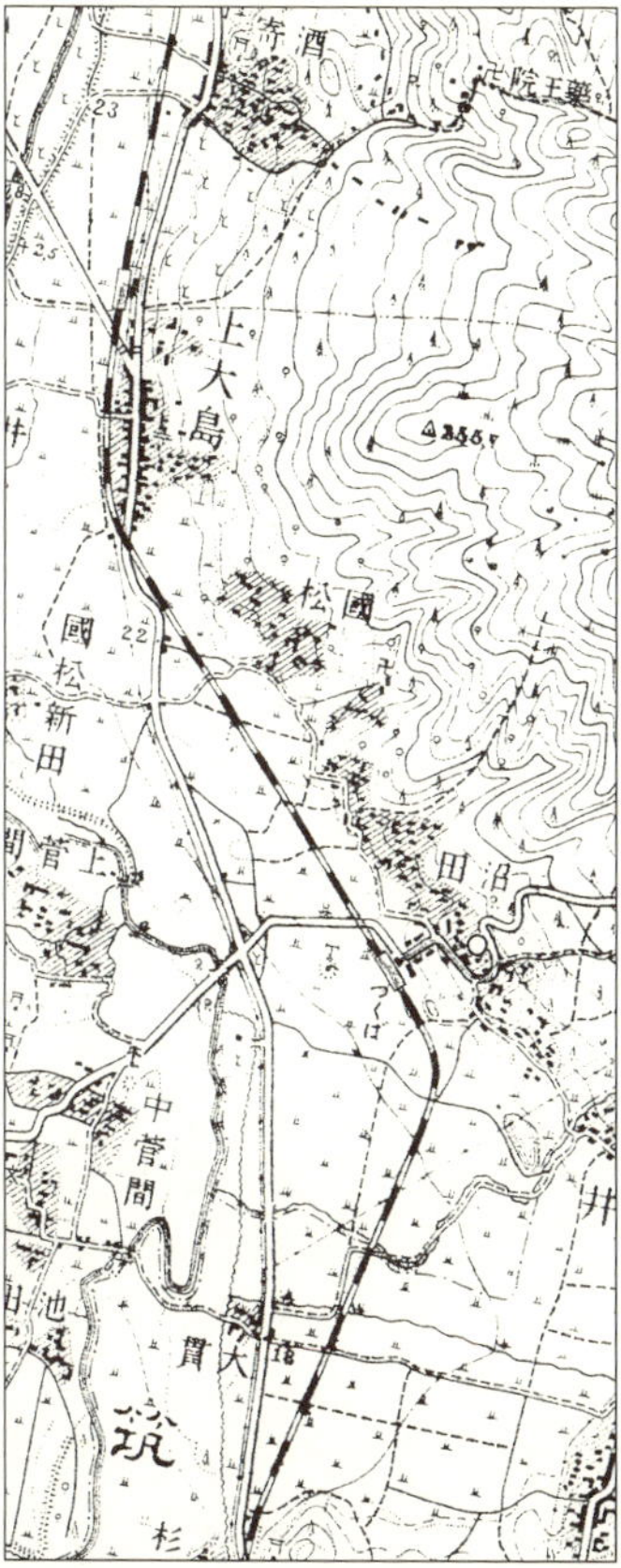

1：50,000「真壁」昭和4年部分修正

破線の道路は「幅員1・5メートル未満の道路」という扱いだが、たいていは登山道や畑の間の自動車が入れない道などに用いられている。だから、これだけまっすぐ、または滑らかなカーブの場合は廃線跡の可能性が濃厚になるのである。もちろん拡幅して自動車道路にしたところは二条線の道路記号になるからこれほど目立たないが、やはり注目すべきはカーブのしかただ。間が途切れていても、つないでいけば鉄道らしい形になる。ただし、線路跡の築堤（土盛り）が圃場《ほじょう》整備や区画整理で完全に消えている場合はお手上げになるが、また縮尺によっては線路跡の細道が表示されないこともあるので、なるべく縮尺の大きな地形図を見た方がいい。

築堤や切り通しで判別する

29ページの図は少しわかりにくいが、鹿児島交通南薩《なんさつ》線の廃線跡。こちらは線路のルートが破線になっていないが、その代わり切り通しや築堤が残っていてそれとわかるケースだ。この鉄道は鹿児島本線の**伊集院**《いじゅういん》から南下、**加世田**《かせだ》を通って**枕崎**《まくらざき》までの路線であったが、昭和59年（1984）に廃止されている。こちらは駅通《えきどおり》という地名も手がかりになる。まさにこの地名のところに阿多《あた》駅があったのだ。

地形図から廃線を探し出す作業に熱中してくると、バイパスの建設予定地のゆるいカーブを見ても、水道道路の一直線な細い道を見ても廃線に見えてきてしまうが、か

1：50,000「加世田」平成7年修正

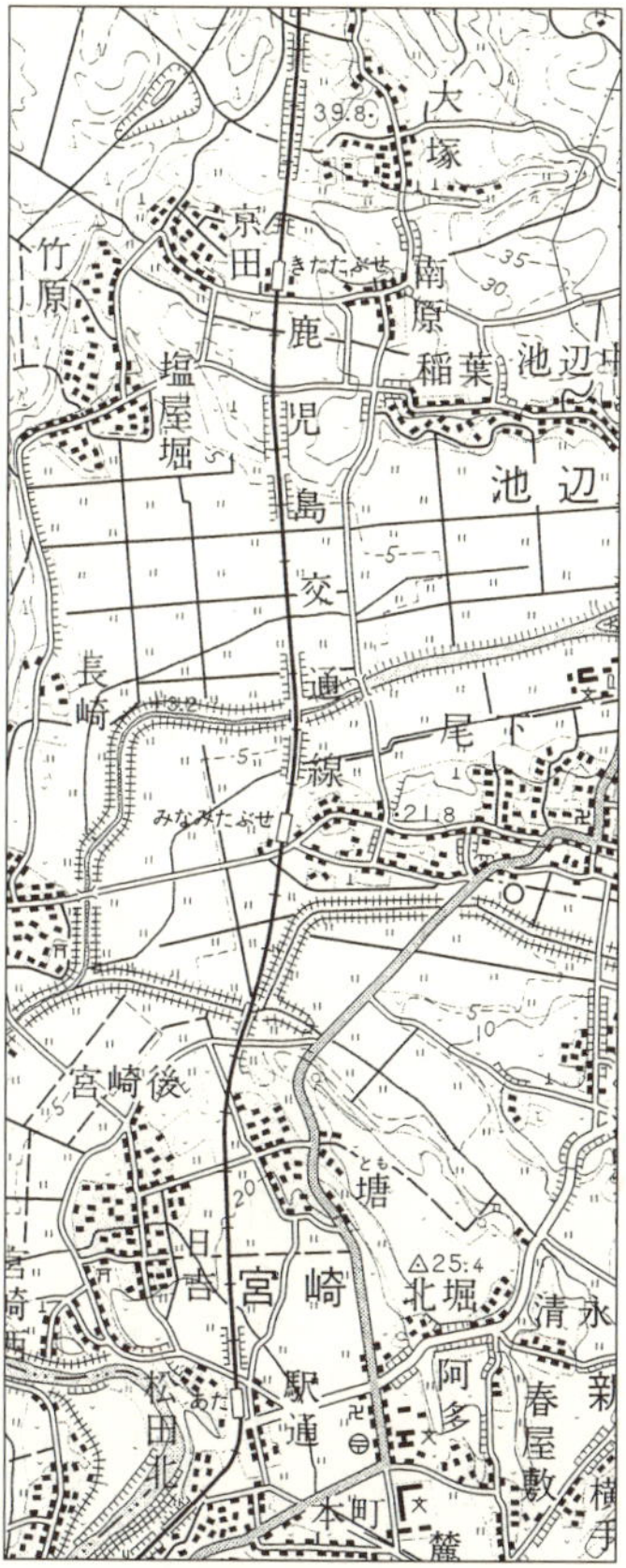

1：50,000「加世田」昭和44年編集

って鉄道のあった土地をあらかじめ調べておけば、より確度が高く発見できるだろう。

そうでなくても、鉄道跡とにらんだ線を手がかりに調べていくと、たとえば一時期だけ何かの工場に入っていた引込線、または本土決戦に備えた飛行場のための鉄道があった、などのような事実が明らかになるかもしれない。地元のお年寄りの証言も貴重なもので、鉄道の話だけでない意外な郷土史の知識が得られることもあるだろう。地形図を見ながらのフィールドワークは、何が出てくるかわからない楽しみがある。

そして誰もいなくなった──廃村を地図で探す

少し前までの雪国の山村は、冬には交通が途絶えることが多かった。急病人が出ると村人総出でラッセルして戸板で運んだ、などという話も聞く。

しかし高度成長期ごろから山村の住人も都会的な生活を望むようになった。住むには自然条件があまりに厳しく、また安い輸入材のため山仕事が減り、石油依存社会は炭焼きの仕事も奪っていった。

こうして若者たちは都市へと流出し、急速な高齢化は集落の維持を困難にしていく。学校の統廃合も進み、児童は本校へスクールバスで通うようになった。これは全国の山村共通の問題だが、ことに雪国では集団離村が跡を絶たず、戦後数十年で北陸から東北にかけて多くの山村が消えていったのである。

上図は昭和6年（1931）ごろの**信州・美麻《みあさ》村**（現大町《おおまち》市）付近だが、たくさんの小集落が山の斜面に点在しているのがわかる。保屋あたりには学校（矢印）があ

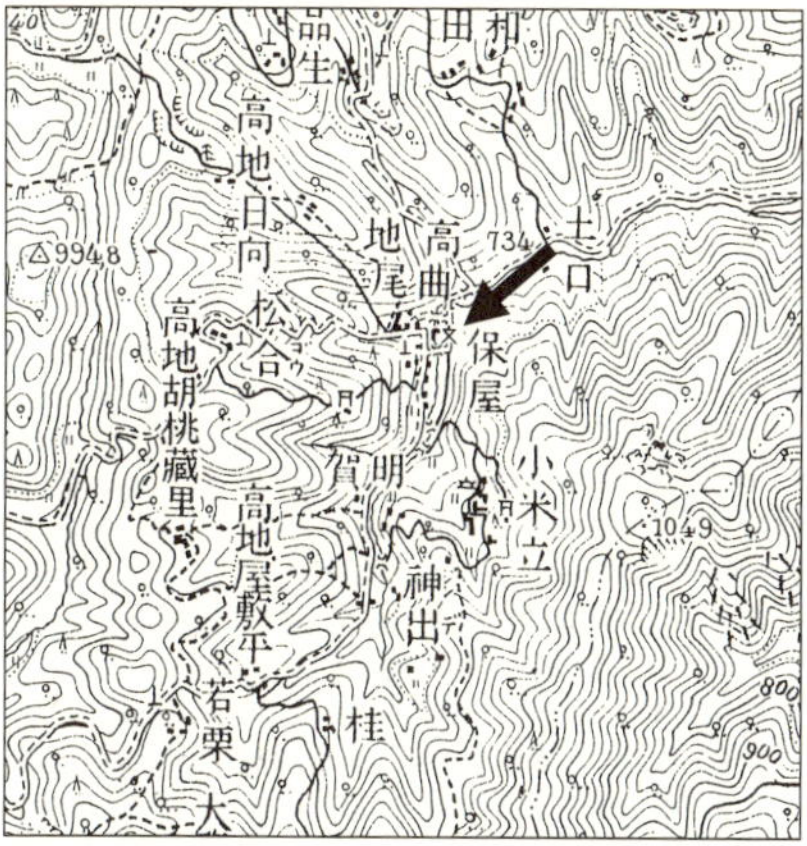

1：50,000「大町」昭和6年修正

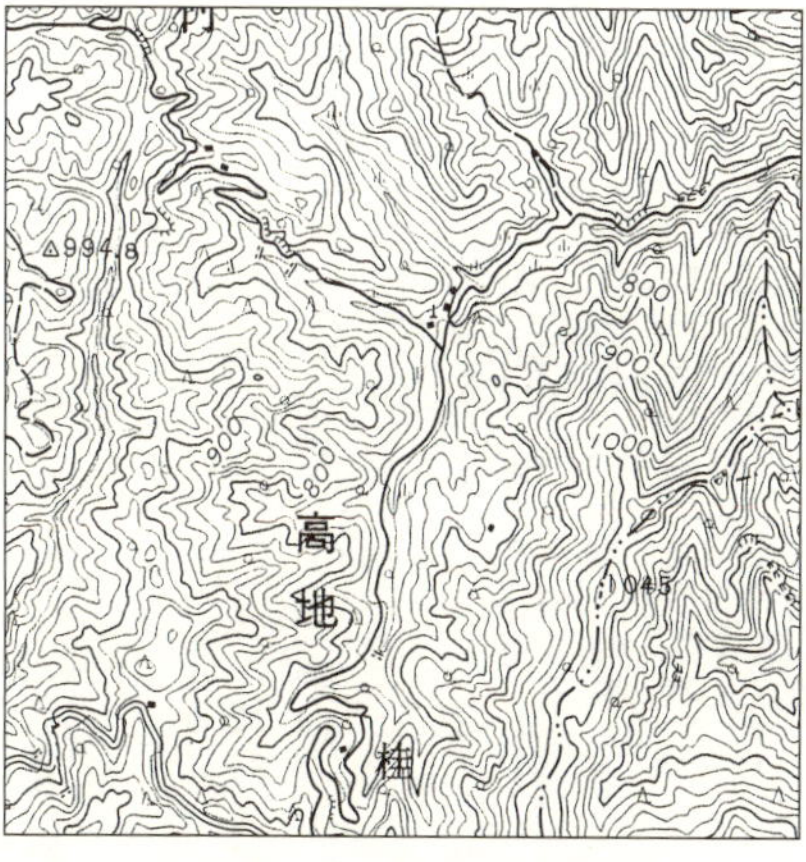

1：50,000「大町」平成2年修正

り、神社も何ヵ所か見られるし、小米立には水車が回り、小さな谷間には棚田が続いていた。

小さな緩斜面に荒地があったら廃村?

31ページの下図は平成2年(1990)の同地域である。地名はことごとく消え、高地という字と、その中にある桂の小地名だけが記されている。家はほとんどなく、地名も記されていない山中にポツリと建物が表示されている。

かつて田んぼのあった谷間の植生記号は「荒地《あれち》(山)」であり、もちろん学校も神社も消えている。学校跡地付近にあるのは墓地の記号と数軒の建物。

実はこれが廃村の典型で、わずかに描かれた建物はすべて廃屋と思われる。ここ美麻村でどのような経緯による集落の撤退が行われたのかはわからないが、高地という地名の一帯がすべて移転したようだ。

北陸や東北の地形図で山の中を眺めていると、しばしば緩斜面が少し荒地になっているのを見かけるが、これらは廃村であることが多い。少しでも傾斜が緩やかであれば畑を耕し、水田を段々に開き、村をつくったからだ。それらは山仕事や木地《きじ》師の集落であったり、楮《こうぞ》や三椏《みつまた》を煮て作る和紙の里であったかもしれない。あるいは前近代的な小規模鉱山の集落という可能性もある。

山奥の地形図で緩斜面の荒地を見つけたら、もしやそこにかつて人の生活があったのでは、と思いを馳せてみたい。

浮かび上がる古代の土地区画

条里制《じょうりせい》とは古代の律令時代における土地区画のやり方で、6町（約654メートル）四方の碁盤目の区画が基本だ。東西の列を条、南北の列を里と呼んだので条里制という。北から順に一条、二条、また西から東へ一里、二里……とナンバリングされ、その6町四方の区画はさらに1町（60間、約109メートル）四方の36の「坪」に分かれていた。この坪には一ノ坪から三十六ノ坪まで番号が振られたのである。

数字を用いたこの土地区画および土地の表示法は歴史の積み重ねの中で異なる地名に変わったところが多いが、中には現在でもこれらの条里制の地名が字《あざ》の地名として残っている地域は多い。条里制は九州から東北地方のかなり北の方まで全国的に行われていたので、地図を凝視すれば6町四方の碁盤が目の前に現れるところはたくさんある。

今なお残る「坪」の地名で条理を復元

35ページの図は京都府長岡京《ながおかきょう》市付近の水田と宅地にまたがる区域だが、少し曲がりながらも、古代以来のきれいな碁盤目状の道路網がはっきりわかる。さらに記された「字」の地名に注目すると「四ノ坪」「五ノ坪」など古代そのままの地名であり、1000年以上の風雪を経た歴史的地名であることが一目瞭然だ。それにしてもよくぞ現代まで残ったものである。

この他には「上古」「十相」など、一見関係なさそうな地名も混じっているが、故足利健亮《あしかがけんりょう》氏（元京大教授）の研究によれば、これは「十九」「十三」と解釈すればピッタリ坪の並びに一致するという。中には長い歴史を経るうちに隣の坪と合体し、両者合わせて広域の「三ノ坪」になったり、「三十四ノ坪」が省略されて「四ノ坪」になったりと、パズルを解くような面白さがある。興味のある方には同氏著『景観から歴史を読む』（NHKライブラリー）がおすすめだ。

手始めに全国の条のついた駅名の中から条里制に関わると思われるものを挙げてみるとかなり多い。中でも**五条**（奈良県・和歌山線）、**三条**（香川県・高松琴平《ことひら》電鉄）、**十条**（東京都・埼京線）、**六条**（福井県・越美北《えつみほく》線）、**十九条**（岐阜県・樽見《たるみ》鉄道）、**西鉄五条**（福岡県・西鉄太宰府線）の駅周辺の詳しい地図を調べれば、手がかりが得られるかもしれない。場所によっては相当に難しいだろうが、明治時代の地形図なども併用して「机上発掘」を試みると時間を忘れてしまう。

また、坪に関しては市坪《いちつぼ》という予讃《よさん》線の駅が松山の南隣にあるが、明治時代の地形図のルビは「いちのつぼ」と読ませているし、ここも完全な条里制区画がはっきり残っているから、まず「一ノ坪」であったことは間違いないだろう。

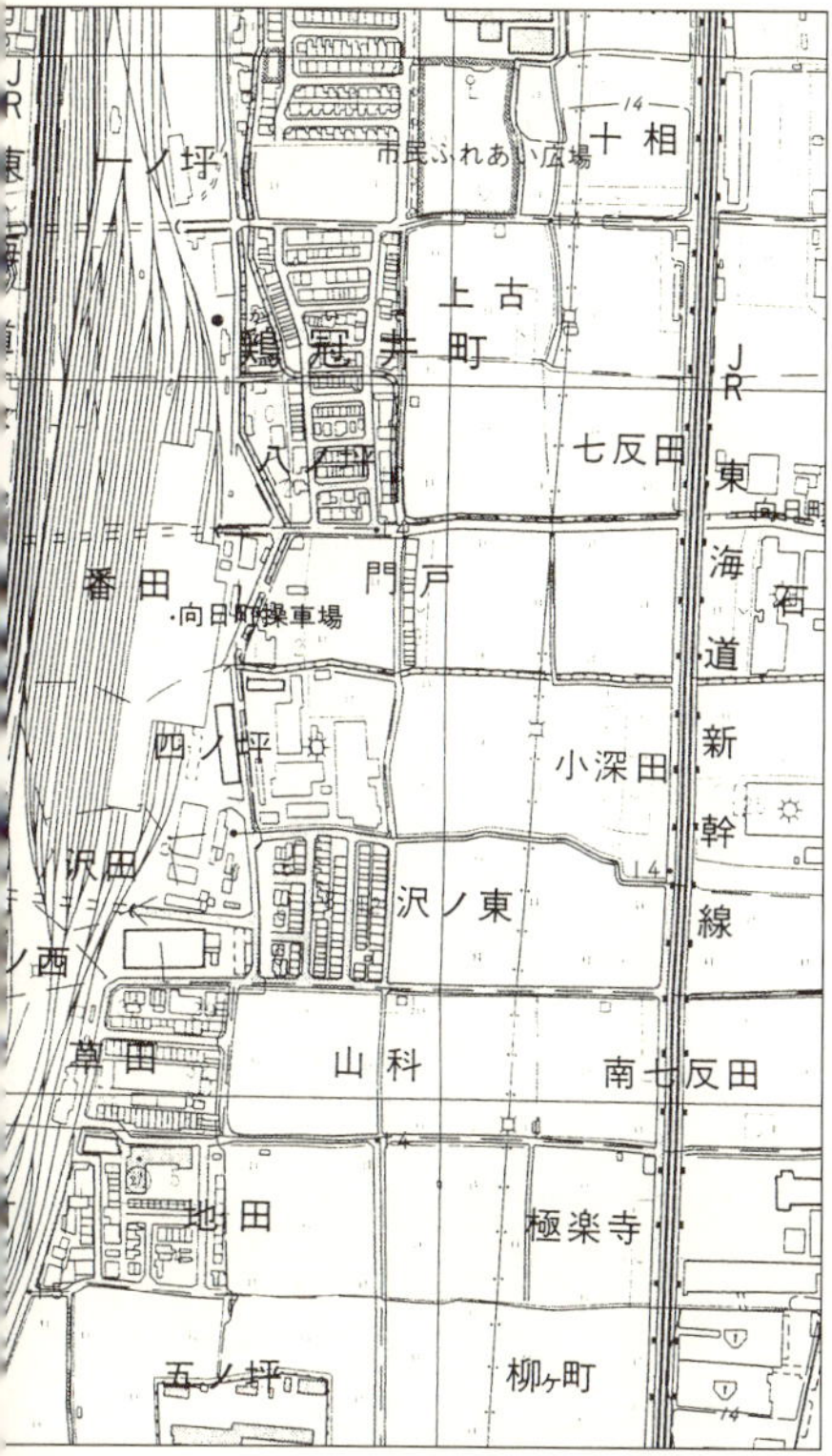

1：10,000「長岡京」平成3年修正

発見された古代の官道は一直線だった！

旧道といえば細道を連想する人は多いだろう。時代が新しくなるにつれて道幅も広がり、果ては高速道路となる。だから古代の道などケモノ道より少しはマシな程度と素人は考えがちだ。しかし、そんな思い込みを覆す発掘があちこちで行われている。

たとえば**国分寺市**で発掘された東山道《とうさんどう》の跡は幅員が4丈（12メートル）と広かった。他に相次いで発掘された古代官道も同様の規格だったので、これが標準規格と推定されている。近世の東海道がせいぜい3〜6間（5・5〜11メートル）というから、場合によっては2倍以上の幅員を持っていたわけだ。

幅員だけでなく、古代官道の特色は地点間を一直線に結ぶことである。広域で見れば折れ線グラフのようなルートになるのだが、これは、ローマ帝国の隅々を結んだ「ローマ街道」を思い起こす。古道は実に「ハイウェイ」だったのである。

茨城県に残る古代東海道の痕跡

37ページの図は古代東海道のルートとされているところで、筆者は平成13年（20

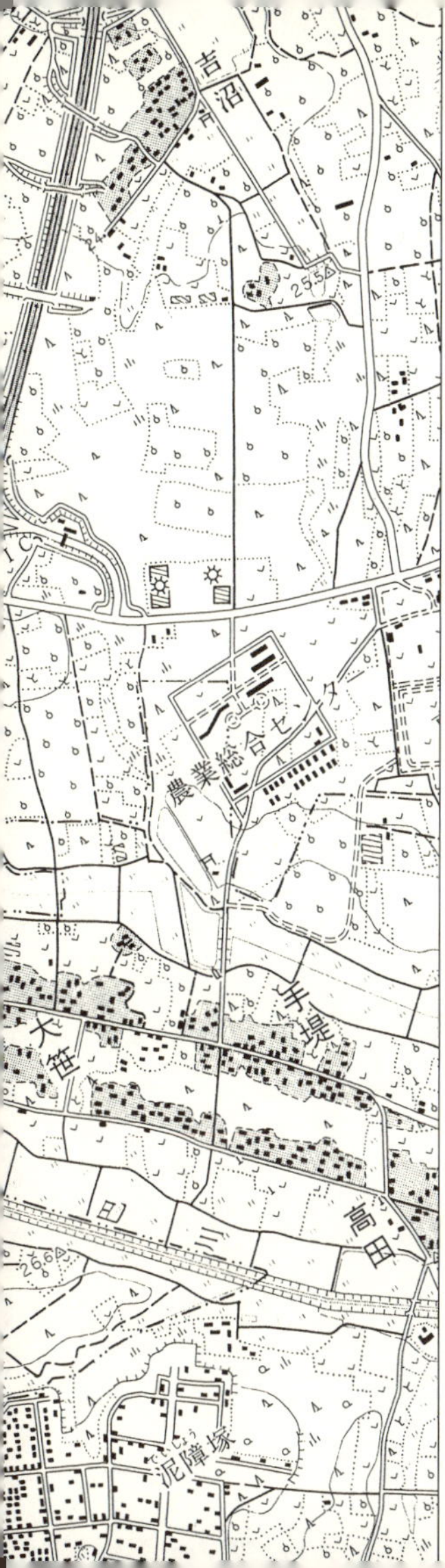

1：25,000「岩間」平成5年修正

01）3月に地図エッセイスト・堀淳一《ほりじゅんいち》さんおよび「コンターサークル」の皆さんと実際に歩いてみた。東海道といっても近世のそれとは異なり、常陸《ひたち》国（**茨城県**）の国府があった**石岡《いしおか》市**付近まで延びていたのである。
地形図上端の「吉沼」付近から南南西に一直線に延びているのがそのようで、途切れ途切れに、しかし一直線に続いているのがそれらしい。

古代官道は公用で役人が馬を飛ばす目的であったから、そのへんの既存集落とは関係なくルートを開いたため一般の交通量は少なかったようで、道路の幅広さも間もなく非現実的なものとなってしまった。その後は長い月日の後に畑や森となり、ひっそりと細道に姿を変えているところが多い。

ここもそんな道なのだろうが、はるか遠くまで見通せる少し小高い場所へ来ると、一直線に続く広い道を眺めた役人はさぞ気持ちが良かっただろうと想像できる。
私たちも道が途切れたあたりの森の中を探りながら歩いていたら、ついでに道端には古墳もあり、ここを古代官道が通っていた旨を説明する案内板があった。この地形図にある「泥障塚《でいしょう》」という地名も代へ近づいた気分になったものである。この地形図にある「泥障塚」という地名も間違いなく古墳のことだろう。

古代官道は今でもルートが特定されていない地域が多いそうだから、地形図を凝視しながらそのルートの特定を試みるのは素人にも面白い作業だ。ただし一直線だからといって、昭和になってからの水道道路や鉄道廃線跡と間違えないこと!

古代ローマ帝国が作った「ハイウェイ」の痕跡

ローマ帝国にも直線の道はあった。こちらの帝国は紀元前からなので、もちろん日本の古代官道より古い。帝国の最盛期にはスペインからイギリスのブリテン島南部、イタリア、旧ユーゴ、ギリシア、トルコ、遠くアルメニア、それに地中海沿岸のアフリカ、パレスチナあたりまでを含む広大無比の版図《はんと》を誇り、その領土を統治するため、地球10周分の距離の道路、つまり約40万キロという気の遠くなるほどの官道ネットワークを作り上げたのだ。

それも地形にほとんどおかまいなしの「山越え谷越え直線ルート」だったので、土木工事としては相当に大変だっただろう。しかし一説によれば兵士たちをヒマにしていたら謀反を起こしかねない、つまり「小人閑居して不善を為す」とばかりに、思いっきり大変な公共工事を課した、という話も伝わっているというからすごい。

これらローマ古道の痕跡は欧州のあちこちに残っており、それもかなりの部分が現役の道路として使われているので、現代の地図でもハッキリとわかる。

40ページの図は**イングランド南西部**、港町ブリストルの南に位置する**シェプトンマレット**という小さな町の周辺だが、ゆるやかに起伏を続ける地形と対照的に一直線に延びるローマン・ロードが非常に目立つ。

これらの道は今でも現役の幹線道路として使われているものが多く、ローマの道の路盤がいかにしっかりしていたかを証明していると言えるかもしれない。

ただ、町はずれを通る区間は利用しにくいからか、細い道や遊歩道程度に没落した部分もあるのは、かえって遺跡らしさがあり、歩くのには最適なコースだろう。

ちなみに、このイギリス官製5万分の1地形図は「観光地図」の側面がはっきり打ち出されていて、名所旧跡には実に詳しい。

英国官製5万分の1地形図は遺跡地図でもある

たとえば古戦場にはその年号が併記されているし、このローマ古道にも「ROMAN ROAD」と記されている。

おまけに、本図の範囲内ではローマ古道沿線にホテルやオートキャンプ場やキャンプ場の記号もあるから、この地形図を見てから思い立って古道歩きの旅にも出られそうだ。

シェプトンマレットの町の中心には観光案内所（iマーク）があるし、博物館もあることがわかる。日本の5万分の1も、このように内容充実した観光地図へ転身してもらうわけにはいかないだろうか（5万分の1地形図は2009年を最後に更新が中

英国官製 1:50,000「Yeovil&Frome」1990年修正

止され、現在では新規の作製は行われていない)。

42〜43ページの図はローマン・ロードの本家本元、**ローマ**から南東へ延々と延びる**アッピア旧街道**である(ヴィア・アッピア・アンティカ。現在の新街道と区別してこう称する)。

古代ローマ最初の軍道、アッピア旧街道

アッピア街道とはそもそもローマから南東へ向かう古代ローマ最初の「軍道」であり、紀元前312年アッピウス・クラウディウス・カエクスが建設した。当初はナポリ北郊の**カプア**までであったが、後にアペニン山脈を越えてアドリア海に臨む港町の**ブリンディジ**(当時はブルンディシウム)まで延長された。全長約540キロの街道である。

ブリンディジは長靴形イタリア半島のヒールの付け根の位置にあり、アッピア街道の終点、海陸交通の要衝として大いに栄えた。

42〜43ページの地図を見ながらアッピア街道をたどってみよう。起点のローマは図の左端から約20キロのところだ。旧アッピア街道はVia Appia Anticaと記載されているのでわかりやすいが、新アッピア街道Via Appia Nuovaは中央左方のヴェッレトリ(VELLETRI)という町を迂回している国道7号がそれだ。現在の自動車交通の

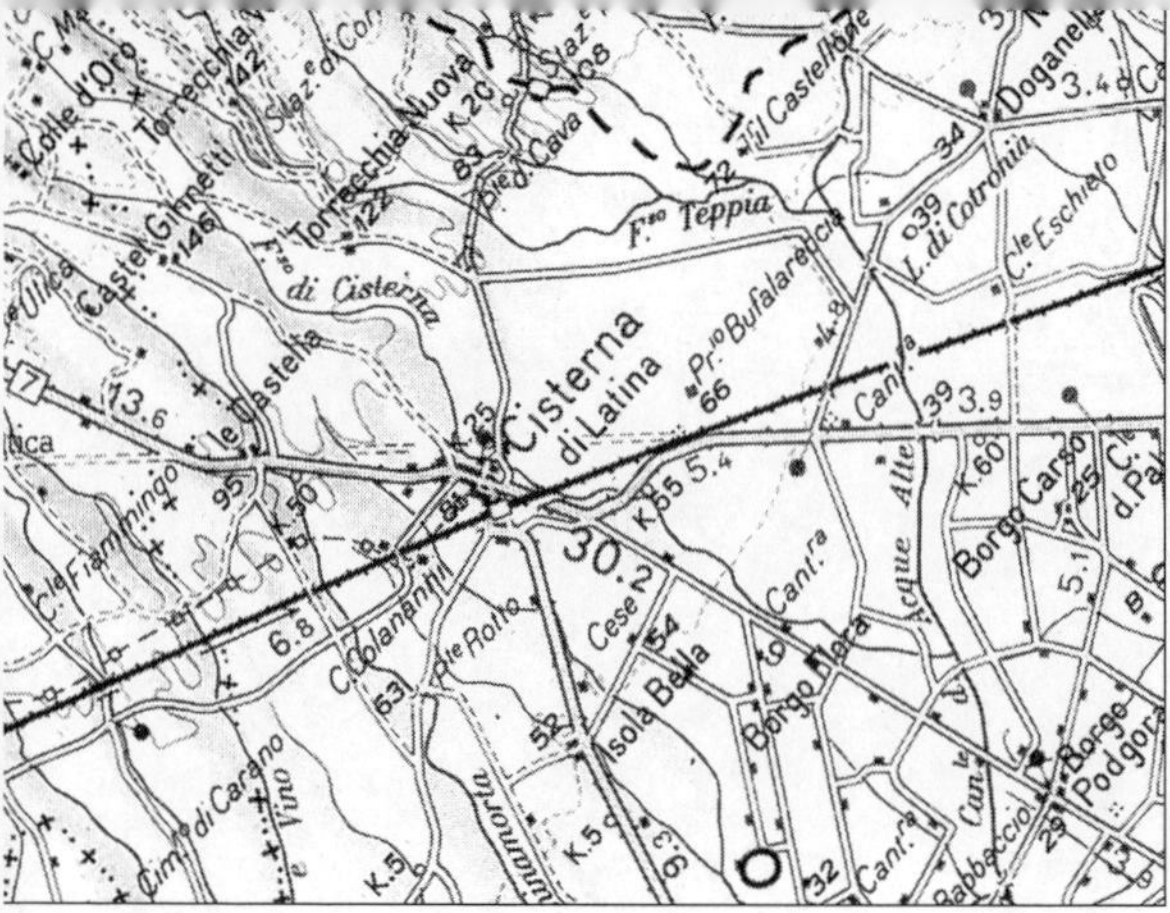

主流はこちらである。一方アッピア旧街道は狭い道で、ヴェッレトリの南方に切れ切れに描かれた破線がそれだ。麓を迂回すればよさそうなものを、律儀にまっすぐ山裾を突っ切っていくのはローマ街道の面目躍如である。

図が切れた右側のアッピア旧街道も、やはり町があろうがなかろうが、ひたすら直線に目的地を目指す。それでもチステルナ・ディ・ラティーナの小さな町を過ぎ、イタリアの東海道線にあたるナポリ方面への幹線鉄道を越えると新アッピア街道に合流、あとはアグロポンティーノの平野をテッラチーナの港までほぼ一直線だ。

ここから先は海なのでやむを得ず東に向きを変えるが、それから先も切れ切れにブリンディジまで旧道が現役の道路として使われている。

古代ローマ街道が一直線だといっても、起点

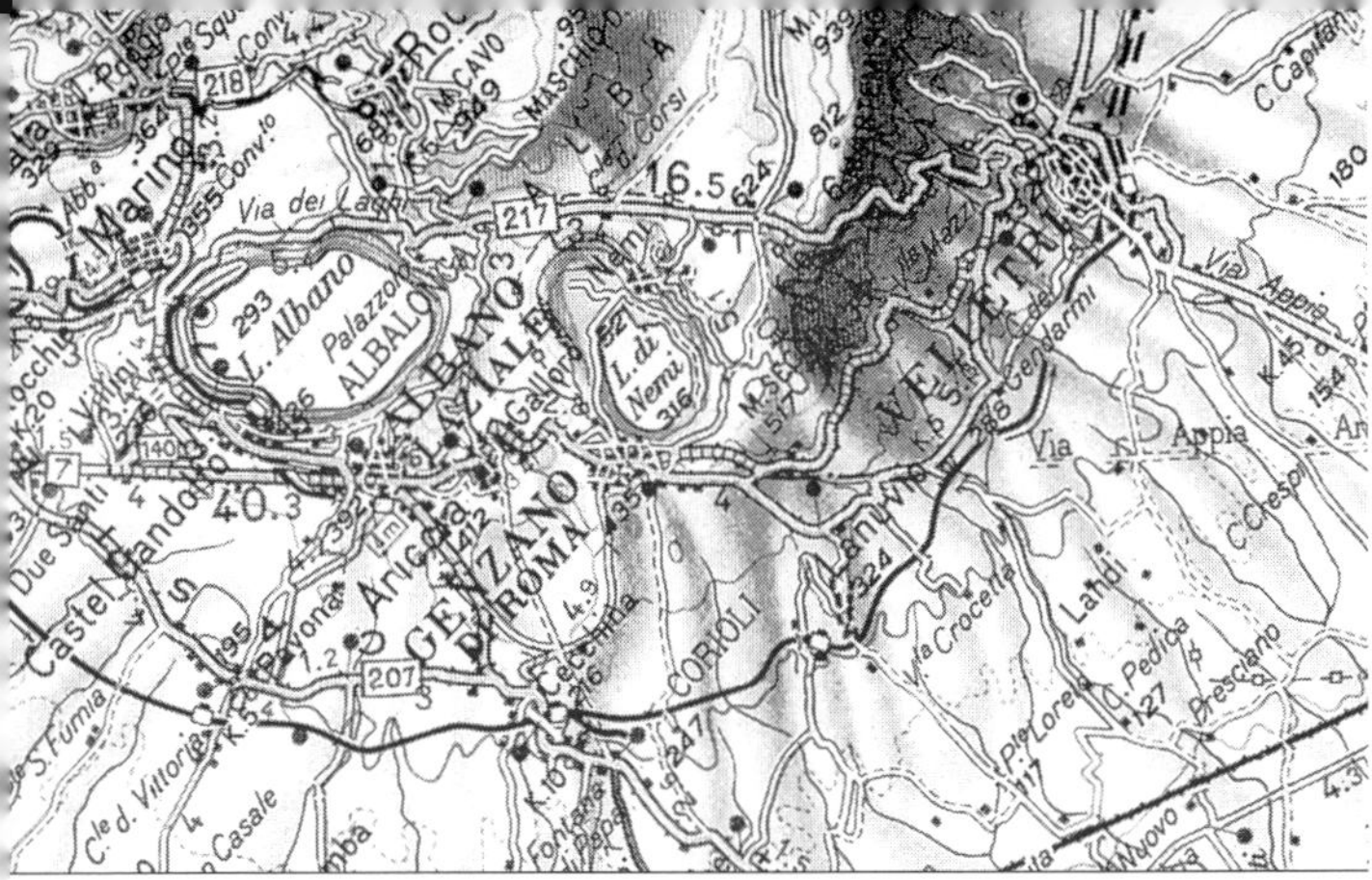

1：200,000 Roma, Istituto Geografico Militare, 1963年版

から終点まで一直線で結んでいるわけではなく、拠点となる都市の間を直線でつなぐ、いわゆる折れ線グラフ的なルートとなっている。

イタリアの道路地図でアッピア街道を探すと、意外なところに一直線の片鱗が見つかるが、さらに詳しい5万分の1などを入手して調べれば意外な遺跡ルートが発見できるかもしれない。机上で直線街道を探しながら地図上を右往左往するのも楽しい。

昔のたたずまいを残す旧道の見つけ方

国道をクルマで走っていると、旧道らしき道が右や左に分かれていくことがある。新国道の黒いアスファルトと鮮やかなセンターラインに比べると、旧道のほうは舗装もひび割れた狭い道が静かな旧宿場の黒い瓦の家並みへ向かっていく……。

クルマの少ない旧道を歩く旅はいかが

多くのクルマはそんな古い家並みを見逃して新道へ行ってしまうが、それは徒歩旅行者にとってはありがたいことである。交通量の少ない静かな道沿いには古刹《こさつ》もあれば静かな神社もある。道によっては昔ながらの商店街になっているから、ご当地饅頭など買って道草を食うのもいい。

45ページの図はどちらも**八ヶ岳南麓**の**韮崎**《にらさき》北方だが、それぞれ昭和4年（1929）、平成2年（1990）の修正版。左図で太く描かれた道路は国道20号・甲州街道だが、これは自動車時代になって改良された新道、その旧道（信州往還）は右図で少しルートが異なる太線表示の道だ。

1：50,000「韮崎」平成2年修正

1：50,000「韮崎」昭和4年修正

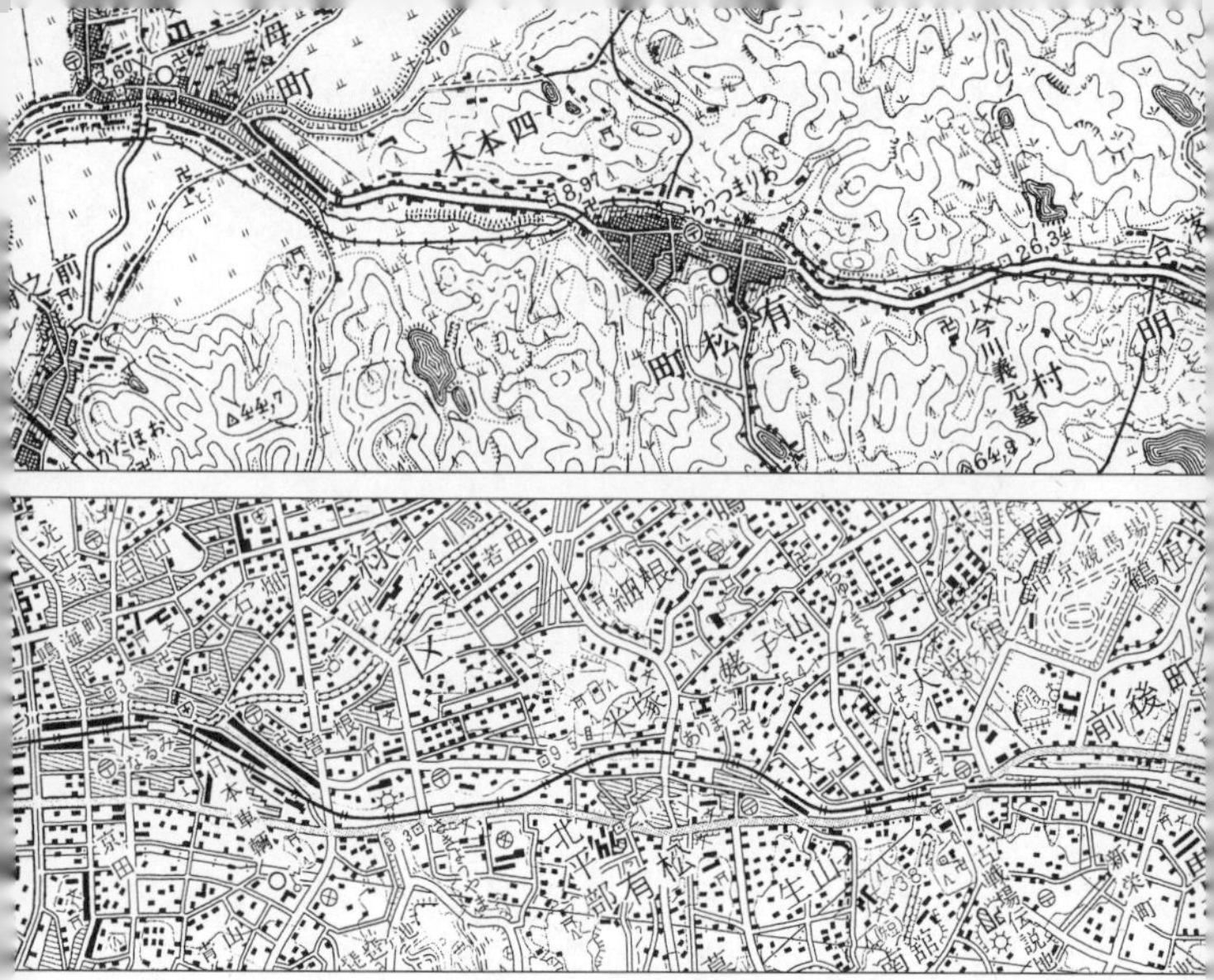

1：50,000「名古屋南部」昭和2年鉄道補入（上）
および同図平成12年要部修正（下）

そこで改めて左図に目を移すと、集落を外れた緩いカーブの新道に寄り添った細道が見えてくる。これこそが右図で太線だった旧甲州街道なのだ。

所によっては新道が何通りもあって判断に迷うこともあるが（もちろん江戸時代以前にルートが変わっていることも多い）、旧道と新道の関係は基本的にはこの地形図の例と同様だから、他の道でも旧道を類推することはできる。

地形図で旧道をチェックするための目安としては、①太い道に寄り添った細道　②細道なのに水準点の記号（⊡）がある

③沿道に神社仏閣が多い、などが挙げられるが、慣れれば道路地図を見ただけで「これが旧道！」と見当がつくようになる。

46ページの図はいずれも**名古屋市南東郊外**の東海道・**鳴海**《なるみ》宿と**有松**《ありまつ》の付近である。その東は地形図にもある通り、いわゆる**桶狭間**《おけはざま》の古戦場だ。有松と鳴海は「絞り染め」で全国的に有名だが、今でも土産物屋として絞り染めの店がいくつも建ち並んでいる。

旧東海道鳴海宿近くの有松の家並み

上図で有松や鳴海を通っている太い道が旧東海道であるが、この旧版図を現行の下図と比較してみると、旧東海道の南側に並行して新しい国道1号が通っているのがわかる。特に鳴海では旧道が名鉄の線路北側、新道が南側になっていてわかりやすい。現行図だけでは旧道ルートがわかりにくいが、細道なのに水準点があるのは目安になる（新道にも一部あり）。

このように旧版図は旧道歩きに役立つのだが、それだけでなく、たとえば果樹園が昔は桑畑だったこと、または地名が今と異なっていたことなど、さまざまな歴史のあゆみを教えてくれる第一級の資料なのだ。

眺めれば眺めるほどいろいろな事実がわかってしまう旧版地形図は、国土地理院およびその各地方測量部（つくば市の本院と関東地方測量部ではコピーも可）、また公立図書館などで閲覧ができるので、試しに調べてみてはいかが？

新潟がやせていく！　寺泊が太る！

日本最長の川、**信濃川**の河口に位置するのが**新潟市**である。人口は80万を超え、今では本州日本海側で唯一の政令指定都市となった。日本海側には砂浜の海岸が多いために大河川の河口にできた港が多いが、新潟の古くからの港もやはり信濃川左岸の市街地に面したあたりにあった。

新潟は江戸時代には長岡《ながおか》藩の外港であり（幕末は天領）また商人への免税など優遇策もあって西廻り航路の要港として発展、人や物資が盛んに出入りしていた。その対岸の沼垂《ぬったり》は今でこそ同じ新潟市内であるが、新発田《しばた》藩の外港として発展したライバルの港町であり、大正時代までは別の自治体だった。

新潟港の悩みは河口港特有のものだった。常に信濃川が土砂を運び続けることによる堆砂や水害である。流域が広いため市街地を襲う洪水はまさに脅威で、これを避けるため、信濃川の水を新潟のはるか手前で海へ逃がそうという分水計画が進められ、昭和6年（1931）に大河津《おおこうづ》分水路が完成した。

新しい水路は**新信濃川**と名付けられ、信州の隅々から集めてきた水の大半はここから長岡市**寺泊**《てらどまり》の日本海へ直接流れ込むようになったのである。

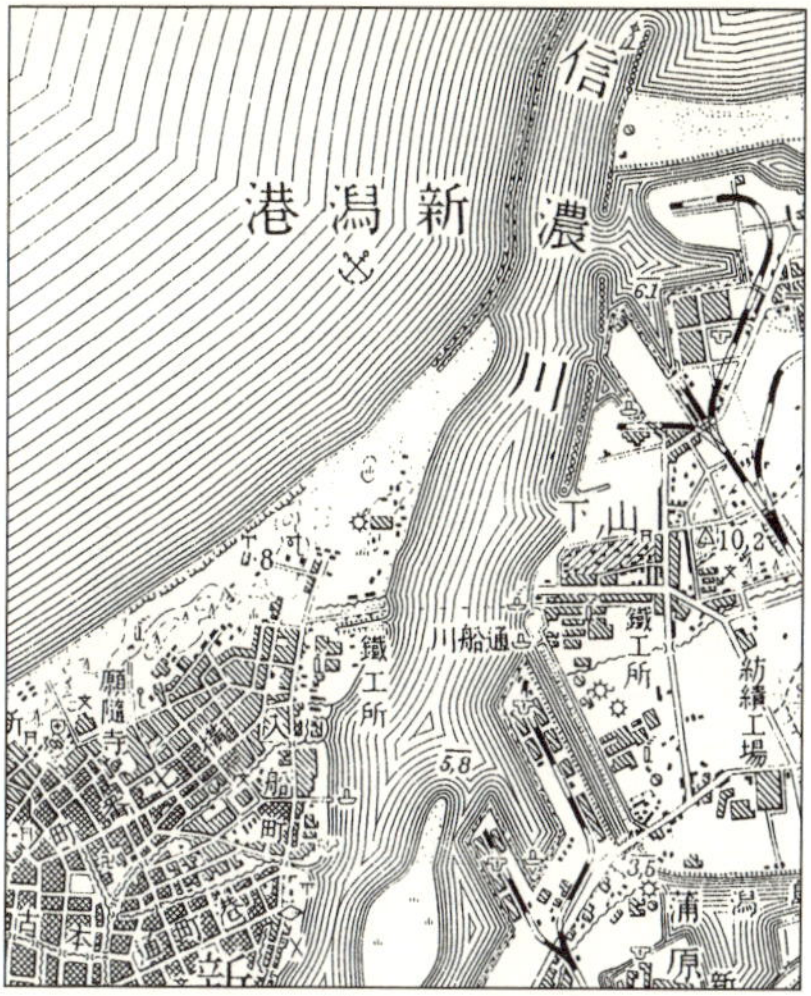

1：50,000「新潟」昭和6年修正

1：50,000「新潟」平成8年修正

水害は減ったが副作用が……

おかげで新潟市の水害は大幅に減ったのだが、副作用もあった。従来は多量の土砂が信濃川から新潟の海へ流れ込み、その量は沿岸流が削り取っていく砂とのバランスが取れていたのに、一方的に土砂の供給を断たれたため、削られる方が多くなってしまったのである。その結果、以前は豊かに広がっていた海側の砂浜がどんどん削られ、市街地に迫るほどになってしまった。

49ページの上下の図を比較するとわかるが、市街地の海側で約100メートル、信濃川河口東側では最大300メートルもの砂浜が削り取られている。これはダム建設などで土砂供給量が減った多くの河川を含めて共通の問題となったが、信濃川は分水が昭和6年という早い時期だったため、砂浜の後退が地図にハッキリ表れるほどになったのである。下図では、消波ブロックを沖合まで積んで砂浜の侵食を防止しようとしているのがわかる。

一方、51ページの2図は新信濃川河口（図の中央）に近い寺泊の北側だが、昭和6年修正と平成3年（1991）～7年修正を比べると砂浜は最大で600メートルも前進しているのがわかる。この砂浜の拡大で寺泊には戦前から海水浴場ができ、油井《ゆせい》掘削の副産物で湧き出した温泉とともにリゾート地として脚光を浴びたのであった。

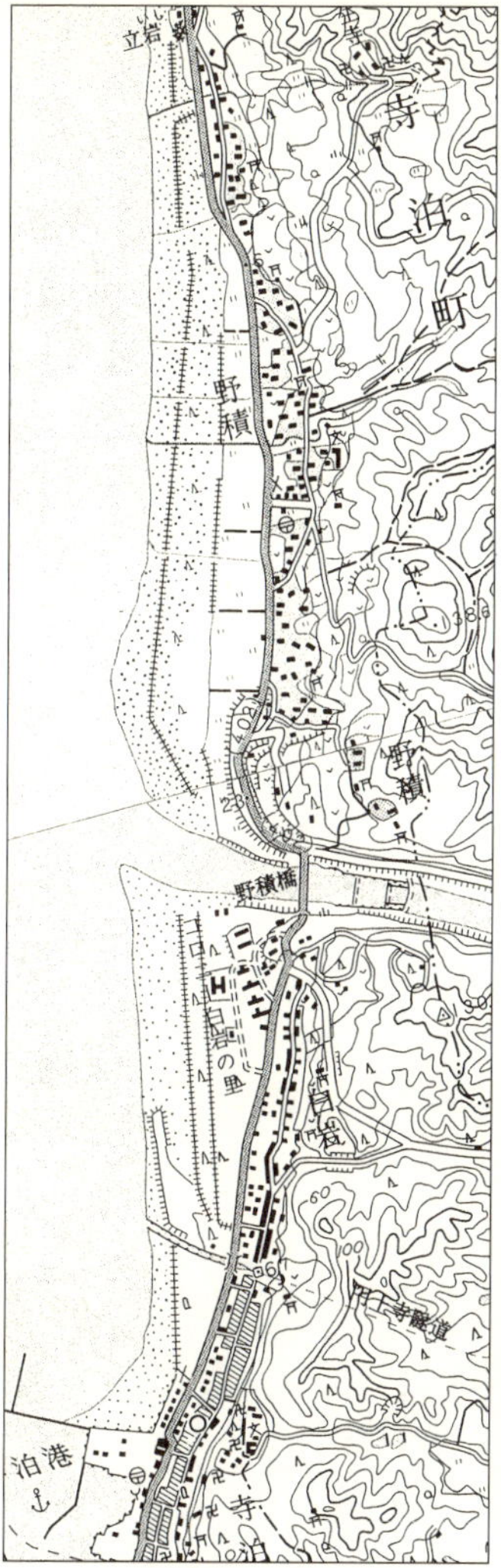

1：50,000「弥彦」平成3年修正
＋「三条」平成7年修正

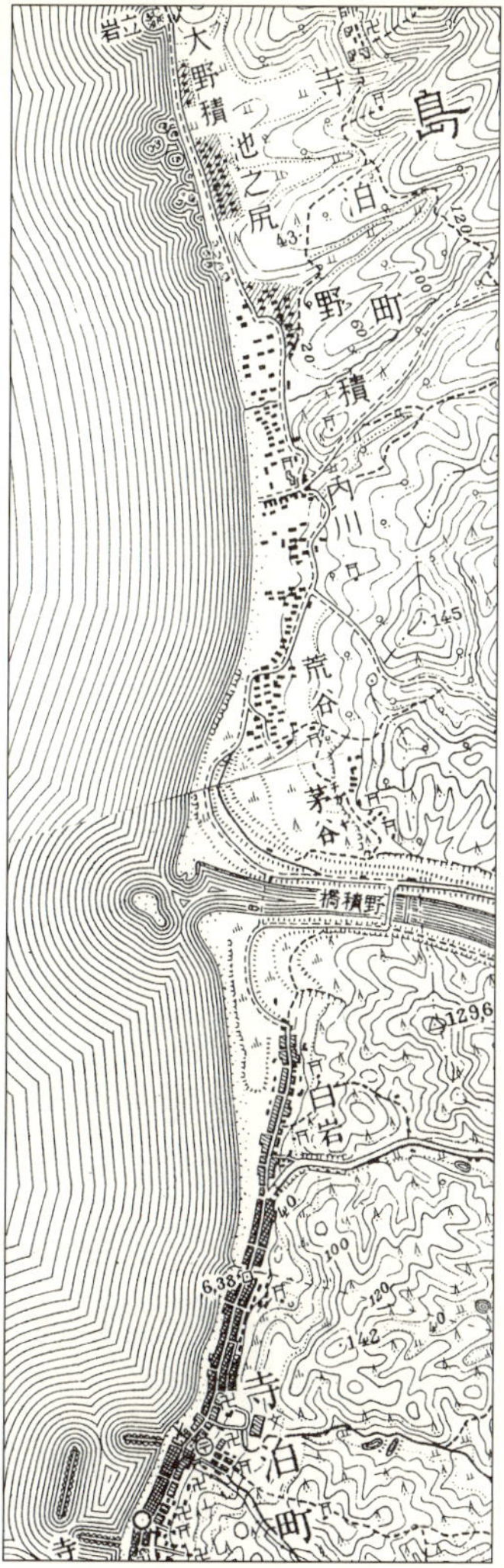

1：50,000「弥彦」＋「三条」
各昭和6年修正

噴火の前と後で地図はどう変わったか

平成12年（2000）3月、有珠山《うすざん》は昭和52年（1977）〜53年以来、二十数年の短い眠りから醒めた。46億年の地球の歴史にすれば、二十数年などほんの一瞬に過ぎず、明治の噴火も、昭和新山を生み出した太平洋戦争中の噴火も、ほんのクシャミ三つ四つ、なのかもしれない。

この時の噴火では有珠山「本体」の西に隣接する西山の北西麓と、洞爺湖《とうやこ》温泉市街の背後に迫る金比羅《こんぴら》山西麓が突如噴火口になった。幸いにして北海道大学・岡田弘《おかだひろむ》教授（当時）らの緻密な観測で噴火を直前に予知、避難が行われたため犠牲者は出なかったが、特に西山の西から北西麓にかけての隆起は激しく、所によっては約70メートルにも達した。

54ページの図は噴火活動前の平成10年（1998）修正、55ページの図が噴火後の平成12年の修正である。一見して違うのは国道230号の姿。洞爺湖温泉市街から半円形を描いて上り、峠を越えて下っていく道の一部が消え、その代わり国道があったと思われる場所に「噴火口・噴気口」の記号がいくつも並んでいる。

下り坂が上り坂となり、池が出現した

もう一つは国道が切れた南側に池（矢印）があること。水が溜まった理由は、その南側の地盤の隆起だ。従来は下り坂だったのに激しい隆起で上り坂になってしまったのである。国道はガタガタに破壊され、噴出した火山灰に埋まってしまった。

このあたりの地形は複雑なので地形がピンとこないが、道路が噴火口になったあた

西山西側を通る国道付近に突如出現した新火口（平成13年8月撮影）

新火口付近の道路は激しい隆起で壊滅状態（平成13年8月撮影）

1：25,000「虻田」平成10年修正

りの標高に注目すると、噴火口付近にある１９４メートルの標高点は、かつて建物のあった場所の少し北側、約１５０メートルの場所だ。この付近が最大の隆起を記録した場所で、そこにあった洞爺湖名産品を製造するわかさいも本舗の工場は、激しい地盤の隆起と火山弾の落下で滅茶苦茶に壊れてしまった。

旧図には載っていないが、この付近には小さなアパートがあったとのことで、新たにできた噴火口の底に散乱していたソファと家財道具の破片を見つけたときには、アパートが噴火口になるという凄まじい現実を突きつけられる思いであった。

他にも金比羅山の標高が12メート

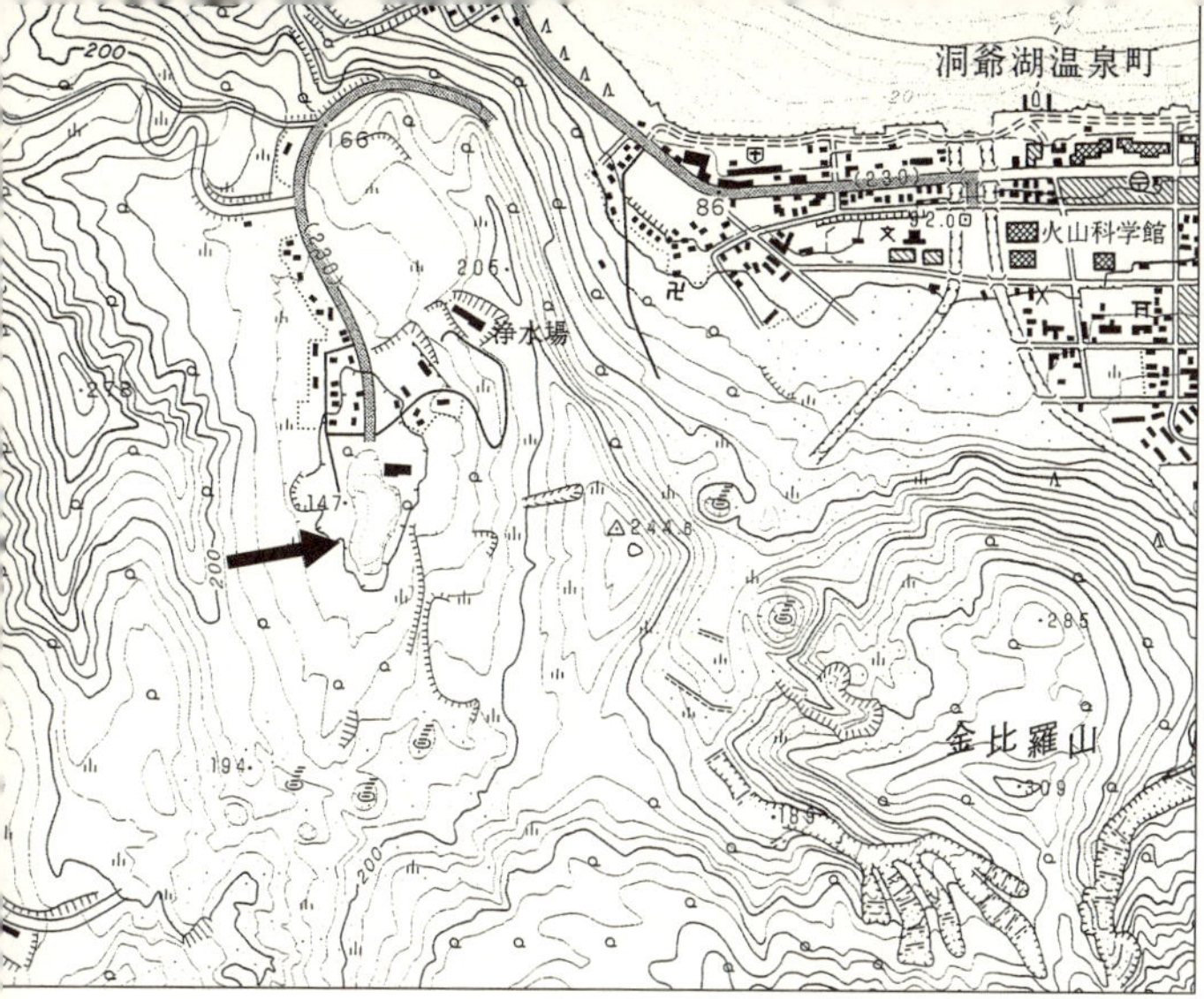

1：25,000「虻田」平成12年修正

ル高くなっているし、温泉街南東部の標高点でさえ4メートルも上がっている（図の範囲外）。等高線もそれだけ湖の方へ前進しているのがわかる。

このように激しい火山活動による地形の変化を地形図は忠実に記録している。有珠山の他にも**雲仙《うんぜん》普賢《ふげん》岳《だけ》**、**三宅島**、**桜島**など、明治時代に地形図の測量が始まってから大噴火で形を大幅に変えた例は数多いが、それぞれの時代と現行の地形図を比較することで、動き続ける地球の姿を追うことができるのだ。

地図に見る東京湾岸100年の大変貌

東京湾といえば埋立地を連想するほど自然海岸の少ない海になってしまったが、明治の頃は広大な干潟のある有明海のような遠浅の浜と、いくつもの川が運ぶ養分をたっぷり摂取した魚貝類が棲む〝豊饒の海〟だった。

今でこそ大空港の広がる羽田にしても、かつては江戸の巨大な胃袋をまかなう漁村であり、野菜を作る近郊農村だった。江戸前寿司や浅草海苔の名が現実のものだった時代の話である。

図1は今から1世紀と少し前、明治39年（1906）修正の20万分の1輯製《しゅうせい》図である。現在の地図と表記が異なるので若干説明すると、**多摩川**と記されたあたりに砂地のように広がっているのは干潟で、満潮時にはこの部分は沈んでしまう。

それにしても干潟が広い。羽田の沖など、今の空港がすっぽり入るほどだし、川崎や鶴見の海岸も田んぼの先にアシの原っぱ、そしてずっと沖まで干潟が広がっていた。首都高速横羽《よこはね》線と煙突や石油タンクが並ぶ現在の風景からは想像もつかないが、掲載範囲内にある海岸の人工物はわずかに横浜港の防波堤と東京の月島、お台場ぐら

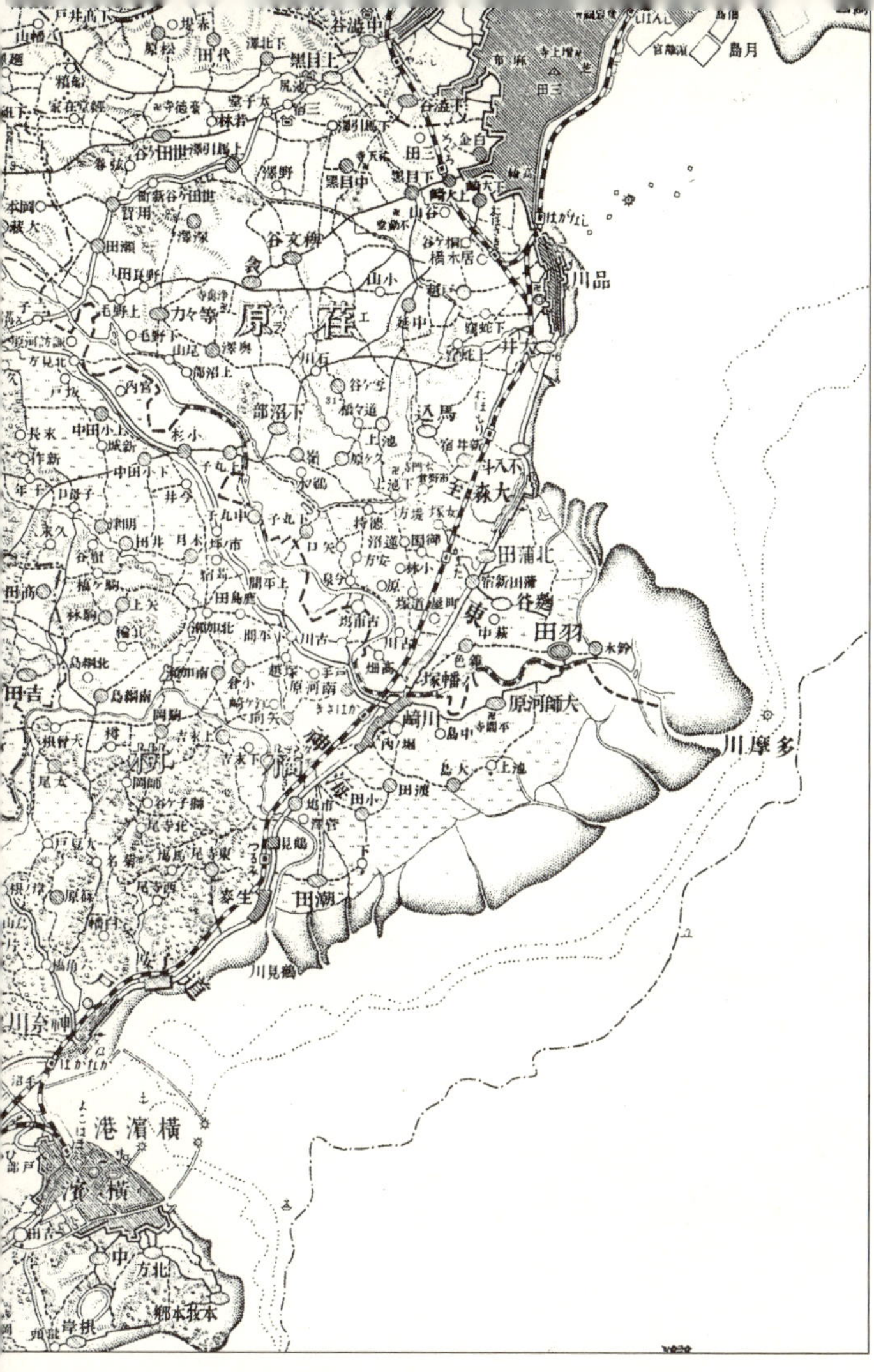

図1　輯製1：200,000「東京」明治39年修正

図2　1：200,000「東京」大正3年製版

図3　1：200,000「東京」昭和9年修正

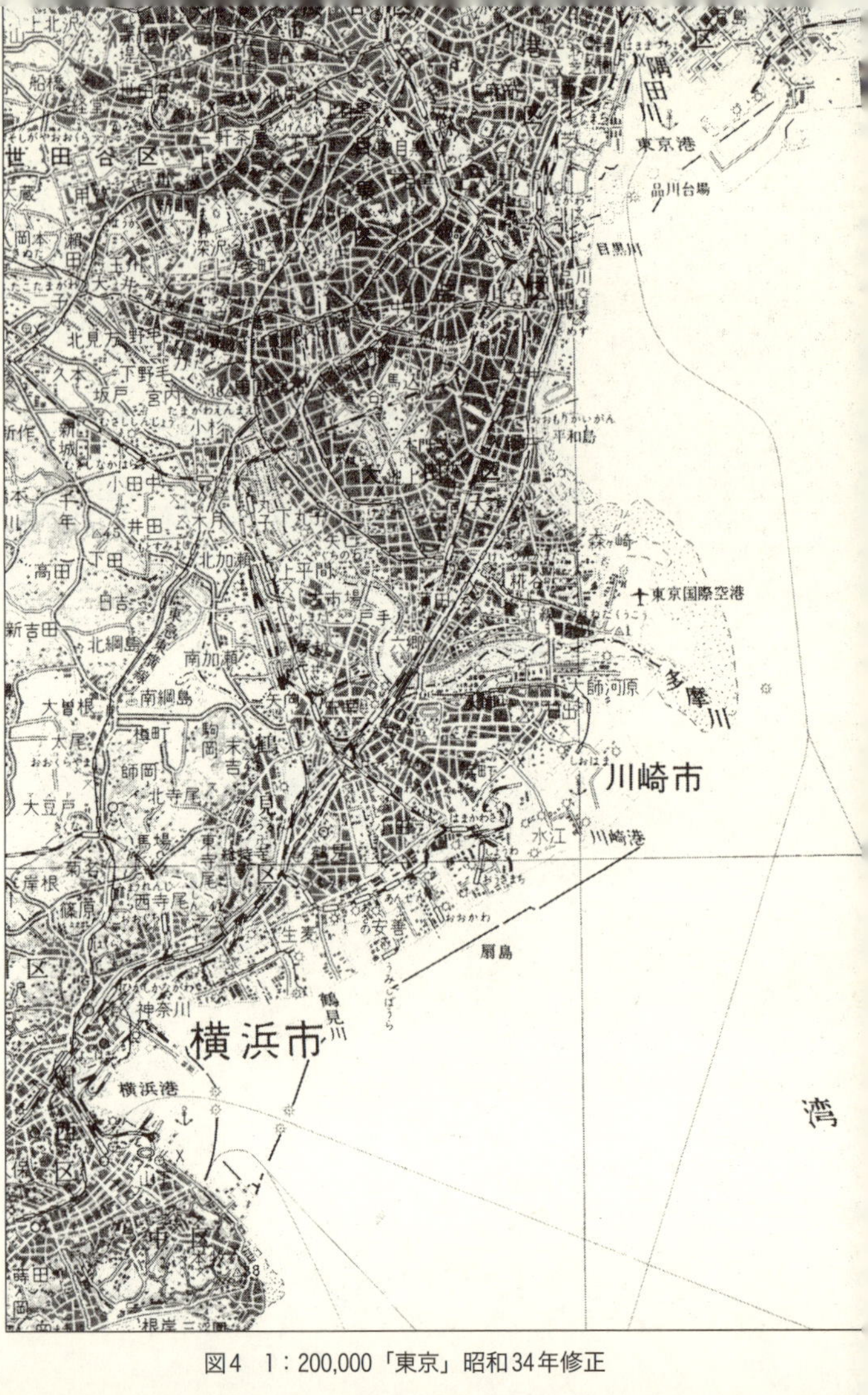

図4　1：200,000「東京」昭和34年修正

図5　1：200,000「東京」昭和45年修正

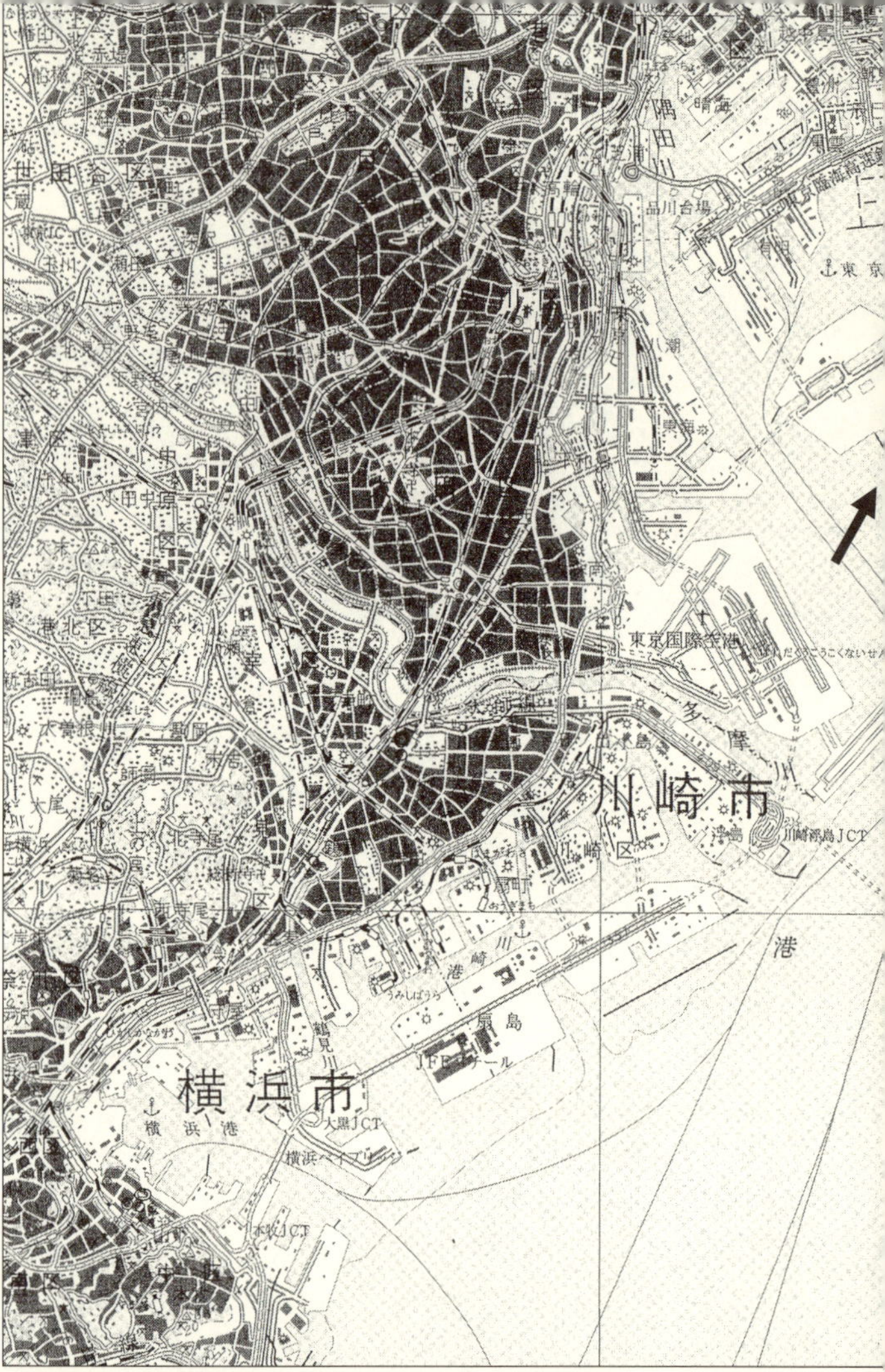

図6　1：200,000「東京」平成24年要部修正

いのものだろう。

京浜工業地帯が黎明期だった頃

図2（58ページ）は大正3年（1914）製版である。ちょうど浅野セメントの浅《あさ》野《の》総一郎《そういちろう》らが積極的に**鶴見**付近の埋め立てを開始した頃で、よく見ると川崎駅から国鉄の貨物線が海岸まで延び、その終点に小さな埋立地があるが、ここに浅野セメントと日本鋼管（現JFEスチール）がまっ先に進出した。

図3（59ページ）は昭和9年（1934）修正で、羽田飛行場が同6年に開港して3年が経った頃。

当時はここから小さなプロペラ機が名古屋まで1時間50分、大阪まで2時間50分で飛んでいた。現在の「のぞみ」より少し遅く、「ひかり」の所要時間とほぼ同じである。鶴見から川崎にかけては大正から昭和初期にかけて積極的に埋め立てられ、各種工場がどんどん進出した。

レインボーブリッジとアクアライン

図4（60ページ）は戦後の高度経済成長期の初期にあたる昭和34年（1959）の修正だが、羽田の小さな飛行場は米軍の占領下、穴守稲荷《あなもりいなり》周辺の住民強制立ち退きに

より大拡張、その名も東京国際空港となった。それまで海苔の養殖がさかんだった**品川**から**大森**にかけての海岸にも埋め立てが広がっていった時期である。

図5（61ページ）では大森の沖合に大規模な埋め立てが始まっている。現在大井《おおい》埠《ふ》頭《とう》や中央卸売市場、新幹線の車両基地のある「八潮《やしお》」区域で、運輸・流通関係のターミナルや倉庫が林立しているが、この頃はまだ広大な更地である。これで大森の海苔養殖はその道を断たれた。図4からわずか11年でこれだけ埋立地が増えたのは、さすが高度成長期である。

そして図6（62ページ）は現状だが、いくつもの海底トンネルを通る湾岸道路ができ、羽田空港は沖合へ移転しつつ大拡張、レインボーブリッジや東京湾アクアラインなどが開通し、埋め立ては一段落ながら、増え続けるゴミだけは中央防波堤外側埋立処分場にどんどん溜まり続けているのが図から読みとれる（矢印）。２０２０年の東京オリンピック開催も決まり、今後もう少し変貌しそうな東京湾岸である。

見渡す限りのアシ原と干潟の風景が、1世紀を経てこんなにも変化した。地図で定点観測してみると、改めて近現代史のテンポの速さが実感できよう。

合理化優先で二度変えられた東京の町名

戦前の小説などを読むと地名が今と違って戸惑うことがある。地名が残っていなければ、過去の出来事はすべて宙に浮いてしまうのである。そんな過去との地名の断絶がなぜ起きたかといえば、都心部旧15区の町名は明治以来、2回の大規模な変更を経ているからだ。

そもそも東京の地名は、明治維新の際に江戸時代までの小さすぎる町を統合し、従来は町名のなかった大名屋敷などの武家地に新町名をつけたのが基礎になっている。それに地租改正に伴って地番が振られた。

明治以降初めての大規模な町名変更は関東大震災後の「帝都復興事業」の区画整理と連動したものだった。これは昭和3年（1928）ごろから順次行われ、**銀座**も昭和5年（1930）に四丁目までだったのが八丁目までに拡張されたし、**日本橋**周辺でもだいぶ整理統合が行われた。

そして2回目がいわゆる「住居表示法」（昭和37年［1962］施行）に基づく町名変更だ。つまり「○丁目○番○号」方式を実施したもので、この法律は「東京オリンピックまでに外国人にもわかりやすく」という空気の漂う中、番地や境界の錯雑を改善するという当初の目的を逸脱し、小さな町を次々に統合して広域の新しい地名に変えてしまうという、荒っぽい政策の道具として積極的に使われたのである。

失われたのは「金座」由来の金吹町《かねふきちょう》など多数

ここ日本橋も例外ではなく、2回の町名変更で江戸時代以来の地名は大幅に失われた。たとえば日本銀行の所在地、**本石町**《ほんごくちょう》は17世紀以来の古い地名だが、その領域は昭和7年（1932）に大拡張されている。

その際編入された町名だけでも本《ほん》両替町、北鞘《きたさや》町、金吹町、本革屋《ほんかわや》町、常盤町、本《ほん》銀《しろがね》町の多数に及ぶ。金吹町は実際に「金座」に隣接したところで、ここで金を〝吹いて〟金貨を鋳造していた名残だ。

また三越や三井本館のある**日本橋室町**《むろまち》は、もとは京都の室町にあやかった地名で、江戸随一の繁華街だったところだ。これも同年に品川町、十軒店《じっけんだな》町、駿河町、安針《あんじん》町、伊勢町、瀬戸物町、長浜町、本革屋町、金吹町、本町、本小田原町、本船町などを合わせて室町一〜四丁目となった。安針町は三浦按針（ウィリアム・アダムス）の屋敷があり、瀬戸物町や炭町など、城下町特有の同業者集住の町も多く、みんな歴史の証人だったのである。これらの町は変更前の図1（67ページ）に出ており、68ペー

図1　1：10,000「日本橋」大正8年鉄道補入

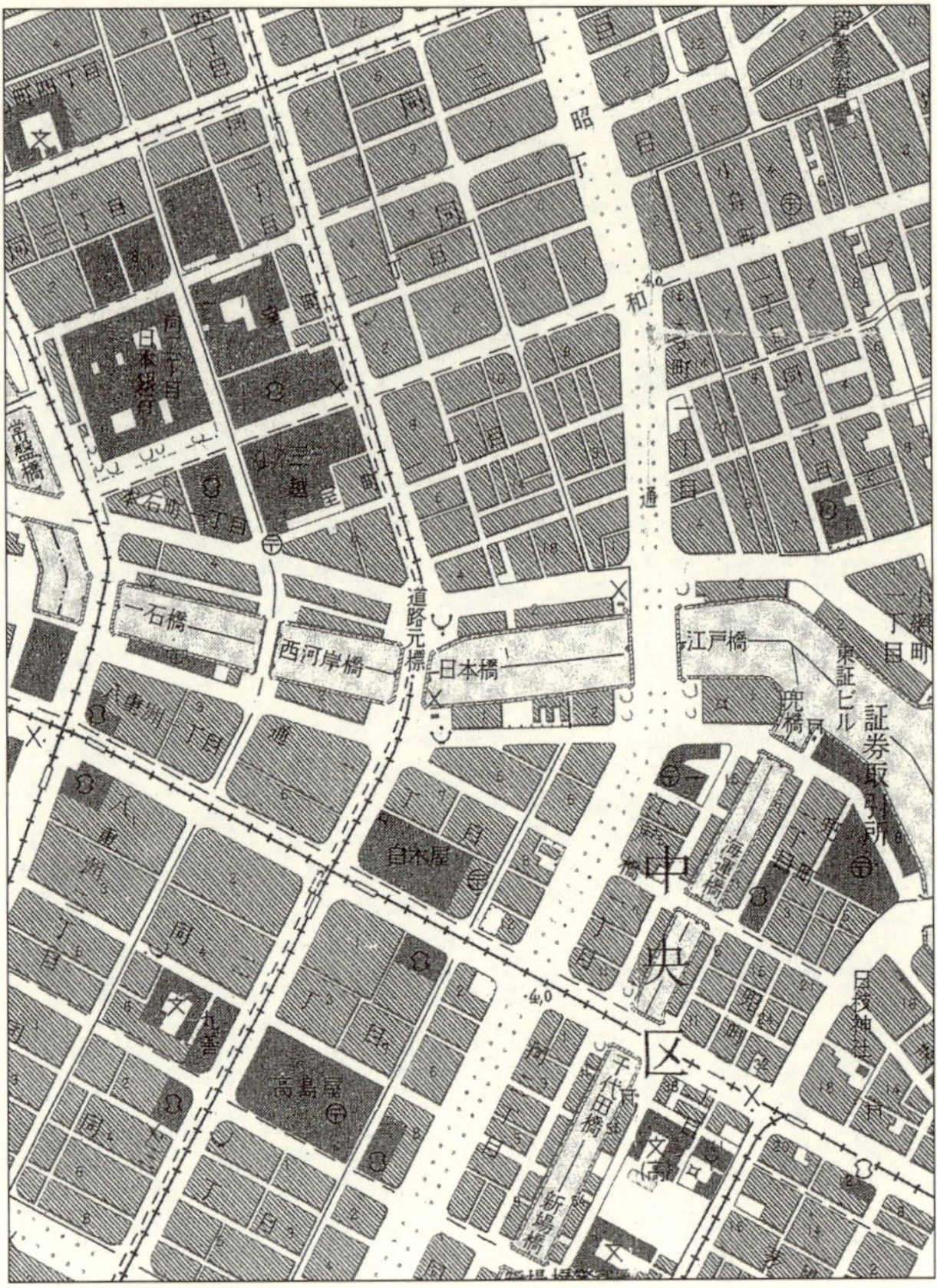

図2　1：10,000「日本橋」昭和31年修正

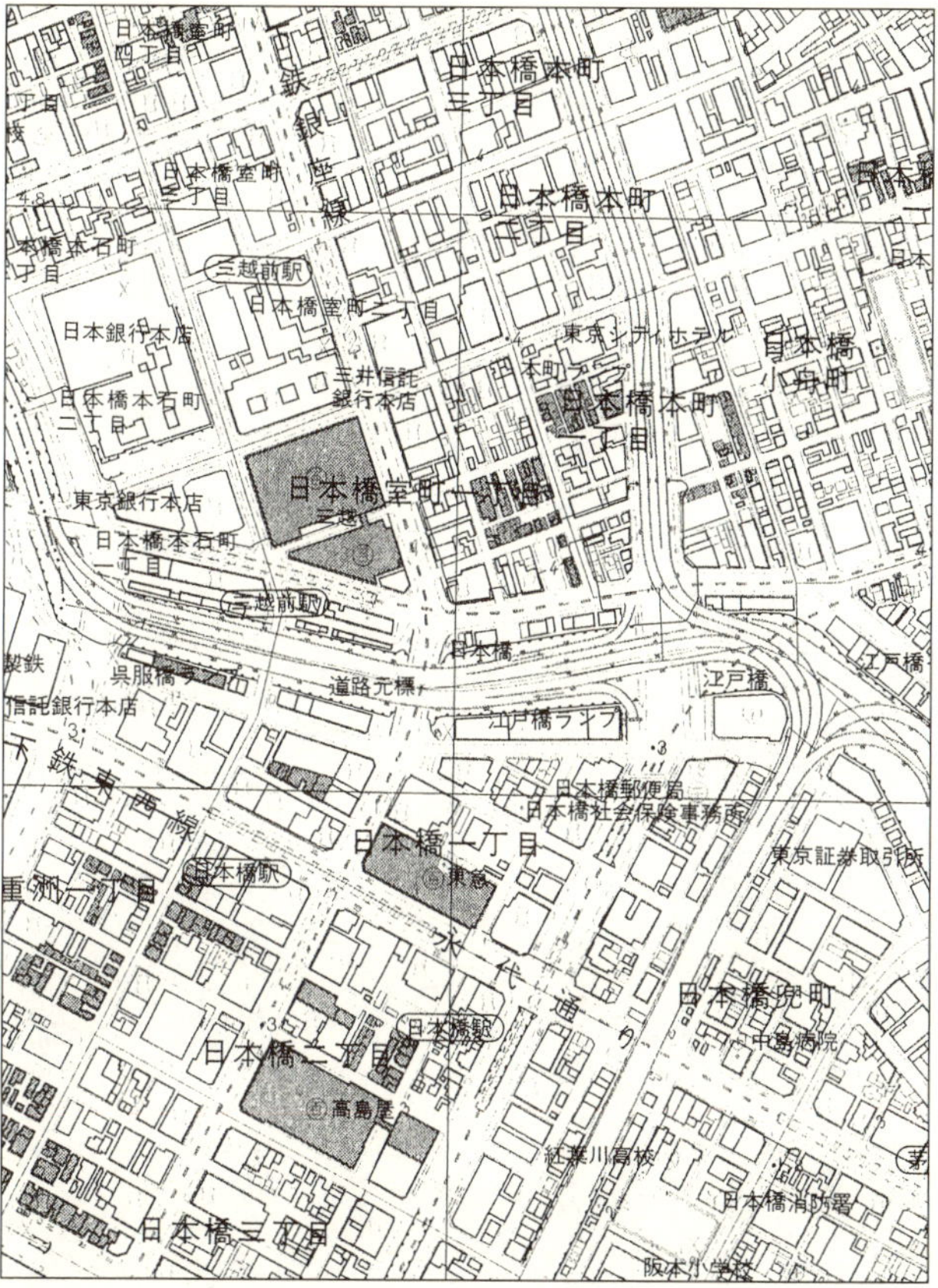

図3 1：10,000「日本橋」平成6年修正

ジの図2は昭和初期の変更後、戦後の住居表示まで続いた状態を示している（69ページ図3が現在）。

日本橋川の南側を見ても元四日市町や万町《よろずちょう》、平松町《ひらまつちょう》などが昭和3年（1928）に通《とおり》○丁目および江戸橋○丁目に統合、さらに昭和48年（1973）には住居表示で日本橋○丁目と再々編された。数百年単位で続いてきた町名が、その時々の政策や流行でいかに恣意的に変えられていったかが地図からにじみ出ている。

奥多摩湖の底にはかつてこんな村があった

昭和11年（1936）発行の『大日本市町村案内』で**小河内村《おごうちむら》**の項を見ると、昭和10年（1935）現在の戸数621、人口3182、地誌として「丹波川《たばがわ》の峡谷中に在り標高五百米鶴の温泉は硫黄泉にて八十度乃至八十九度（華氏＝引用者注）微温なり此地は近く東京市の貯水地となるを以て其湖中に没するものなり」とある。

小河内ダムは昭和のはじめ、人口急増を続ける東京府の上水を確保するために計画されたものだ。当初は反対していた小河内村民も結局は「帝都の水源のために」涙をのむ覚悟を決めた。しかし間もなく、下流にある現川崎市の多摩川流域の広域の用水組合から「取水に影響を及ぼす」との反対が起こり、暗礁に乗り上げてしまったのである。

この間、村民は土地を売ることも耕すこともできずに苦しい立場に追いやられた。昭和13年（1938）にはようやく起工式が行われたものの、今度は戦争の泥沼化で資材と労働力の不足に悩まされ、昭和18年（1943）に工事は中断してしまった。

江戸期に文人墨客を集めた温泉も水底に

ようやく戦後の昭和23年（1948）に工事再開、資材運搬用の専用鉄道も完成してピッチは上がり、昭和32年（1957）の11月に小河内ダムは完成する。水没または孤立化のため945世帯が移転するという大規模なプロジェクトであった。

72ページの上図はダムの企画が動き始めた頃の昭和4年（1929）要部修正、下図はダム完成後の地形図である。ダム湖になった地域は地図の様相がガラリと変わるので同じ場所を比較しにくいが、不変のポイントである山頂などで確認するといい。集落は地名が同じでも水没の際に別の場所に引っ越した場合もあるので要注意だ。

倉戸山の真南には原という大字《おおあざ》の中に「湯場」集落があり、文字通り温泉の記号があった（矢印）。これが前述の鶴の湯（鶴の温泉）である。小規模ながら温泉街もあり、温泉そのものは600年を超す長い歴史を持っていた。

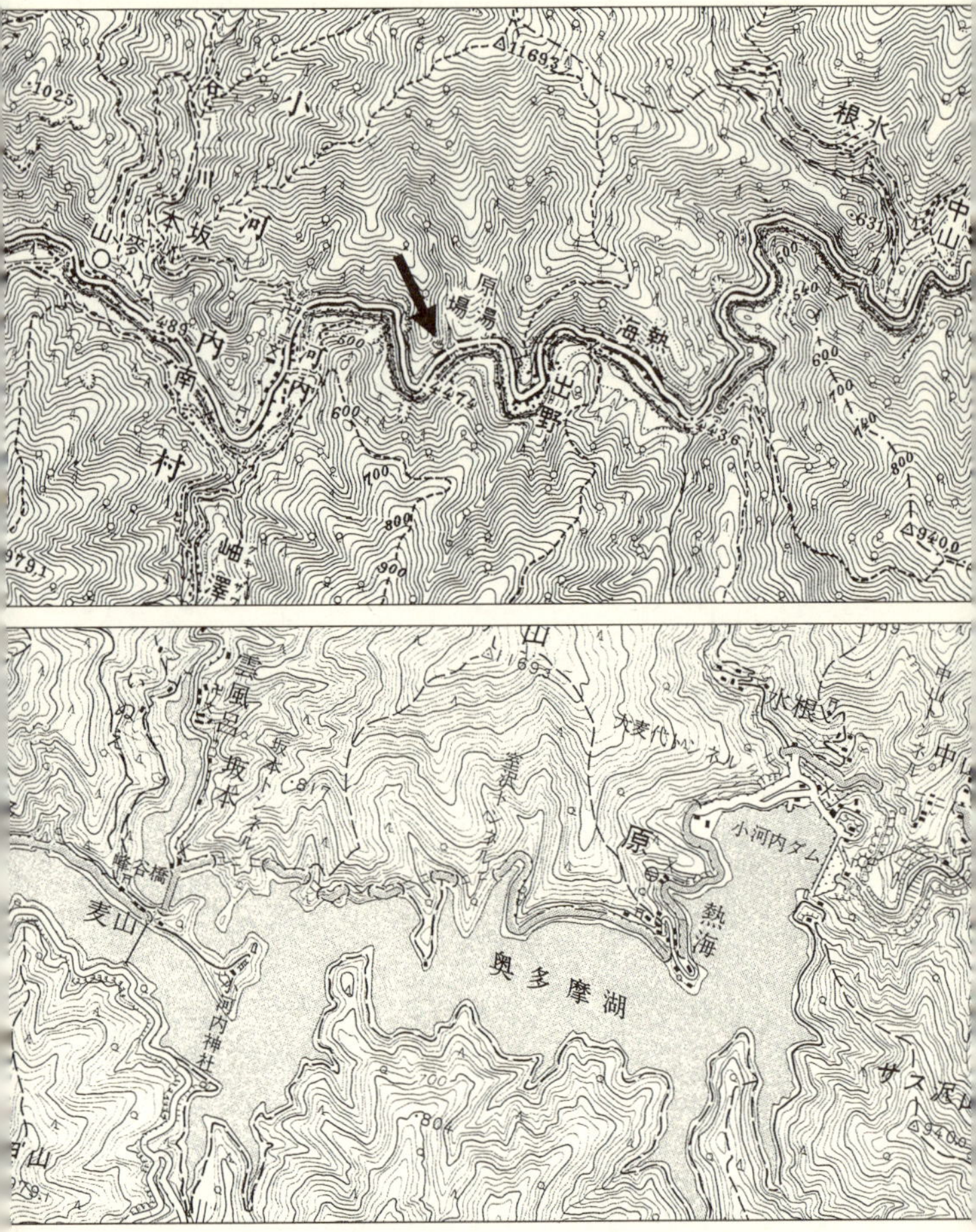

1：50,000「五日市」昭和４年要部修正（上）と同図平成２年修正（下）

別の名を小河内温泉ともいい、江戸からは文人墨客もよく足を運んだという。もちろんこの温泉も湖底に沈んでしまったが、現在では湖底から湯を国道脇まで揚げ、民宿などに給湯している。

地形図をよく見ると、現在湖岸に位置する集落のほとんどが湖底の旧街道沿いから移転してきたことがわかる。

人造湖の多くは戦後の建設になるもので、全国どこのダムでも戦前の地形図を調べれば沈んだ村の姿がわかる。

そこには意外に賑やかそうな村があって、学校も神社もお寺も揃っていたりするのだ。故郷のすべてが沈んでしまった山村の悲しみを少しでも想像するために、地図は役に立つと思う。

なお、ダムサイトから下流の旧街道は現在「奥多摩むかし道」として整備され、クル

散策路「奥多摩むかし道」となった青梅街道の旧道

国道411号から見た小河内ダムと奥多摩湖

マに邪魔されない、静かなハイキングコースとして人気がある。

のどかな潟湖風景は工業港に変身した

新産業都市という言葉には、まだ日本経済が前途洋々で〝元気〟だった頃のなつかしい響きがある。このような全国総合開発計画がどんな日本列島をつくり上げたかはひとまずおくとして、従来の農漁村にたくさんの工場が誘致され、村は町になり、町は市になった。

ここ**射水市**《いみず》（旧新湊市《しんみなと》）でも新産業都市の一角として富山新港の建設を中心に据えた大規模開発が行われた。富山新港の建設地となったのは、沿岸流がつくる砂州が湾をふさいでできたラグーン（潟湖）の**放生津潟**《ほうじょうづがた》で、戦前の昭和5年（1930）修正の77ページの上図には砂州上に街道が見えるものの、周囲にはぐるりと水田地帯が広がっているのがわかる。

昭和のはじめにはその街道に沿って新湊東口から富山市を結ぶ越中《えっちゅう》鉄道（のち富山地方鉄道射水線）が開通、さらに昭和23年（1948）には高岡まで電車が直通するようになった。

新湊町（当時）は戦前から積極的に工場を誘致し、また庄川の電源開発が以前から行われていた関係で、その電力を大いに利用した工業が立地していく。その代表例が日本鋼管富山電気製鉄所（現ＪＦＥマテリアル）だが、もともと加賀藩の保護奨励策が育てた高岡の銅器製造業という金属加工の下地は脈々と続いていた。

ラグーンの掘り込み港と金属工業団地

そのような地域に、当然の帰結というべき形で１９６０年代ごろから新産業都市としての地域大改造が計画されていく。その目玉が、この放生津潟を利用した**富山新港**である。最大水深３・６メートル（77ページの上図の数値）という浅い湖を浚渫《しゅんせつ》して「掘り込み式港湾」とした。その結果、海沿いの砂洲を走っていた部分の鉄道と道路は分断され、77ページの下図のように無料の県営フェリーが湾口部を結ぶことになった。この

富山新港の西側に発着する万葉線の電車

区間には平成25年（2013）6月に斜張橋の新湊大橋が全面開通し、陸路で往来できるようになっている。

分断された鉄道はその後、東側部分となった富山地方鉄道射水線の利用客の落ち込みが大きく、昭和55年（1980）に廃止となった。一方、西側に残った加越能《かえつのう》鉄道も廃止がほぼ固まっていたのを、第三セクターの万葉線《まんようせん》としてかろうじて残すことができ、今日に至っている。

放生津潟改め富山新港の周囲の土地は、水田変じて「鉄工業団地」となり、今では三協立山、日本高周波鋼業、大谷製鉄、三協マテリアル（図上では富山合金）、アイシン軽金属などの工場群が並ぶ風景となっている。その後さらに沖合を埋め立てたが、工場の立地はそれほど進んでいないようだ。

また元練習船「海王丸」を中心とした海王丸パークというレジャー施設もできた。最近はロシアからの船が隣接する伏木《ふしき》の港に着くため、市街地にはロシア語の看板も目に付くようになっている。

徐々に重厚長大路線から転換しつつある日本の工業の行方とともに、この掘り込み式港湾の将来がどんなものになるか、気になるところである。

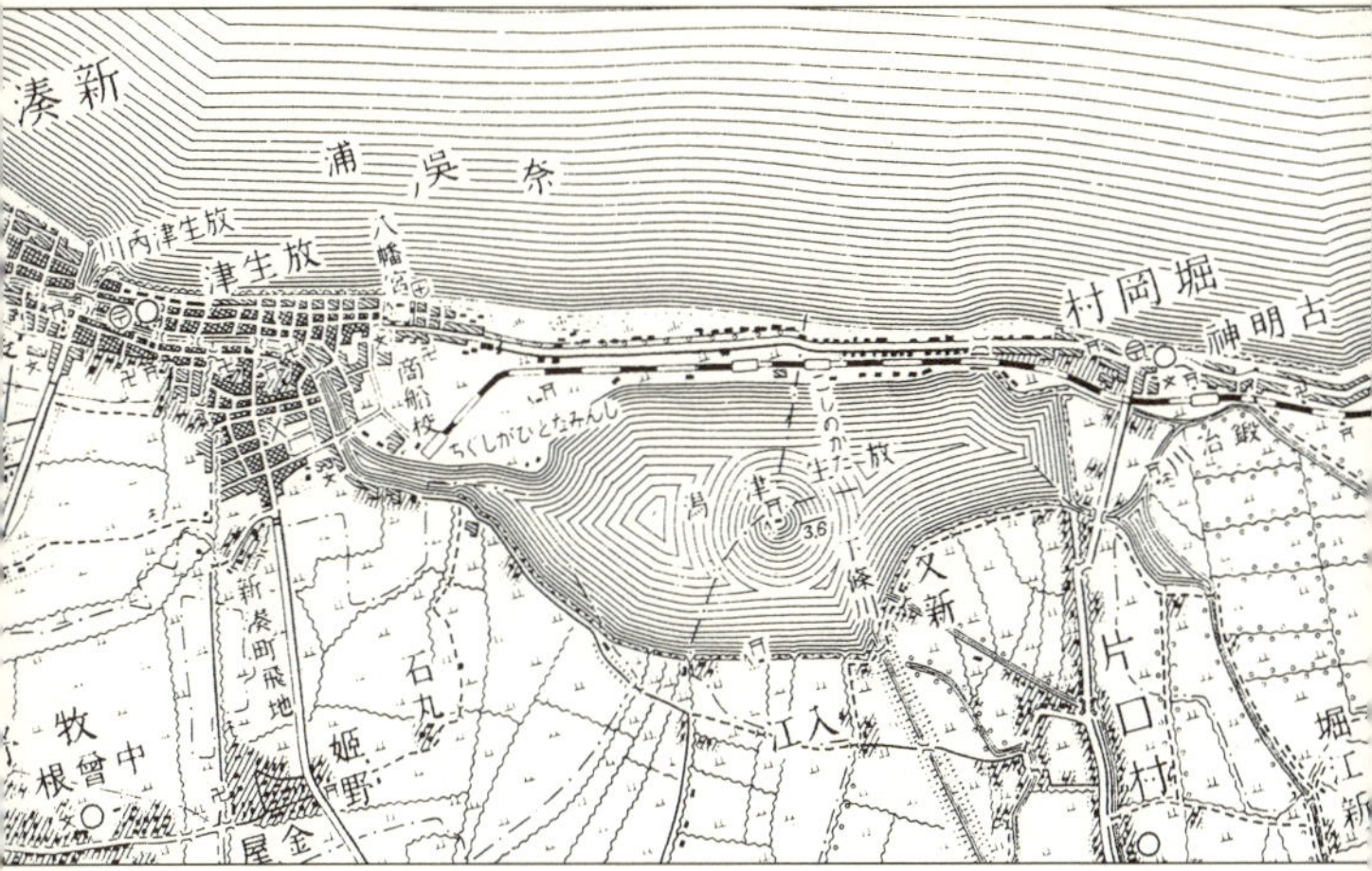

1：50,000「富山」昭和5年修正

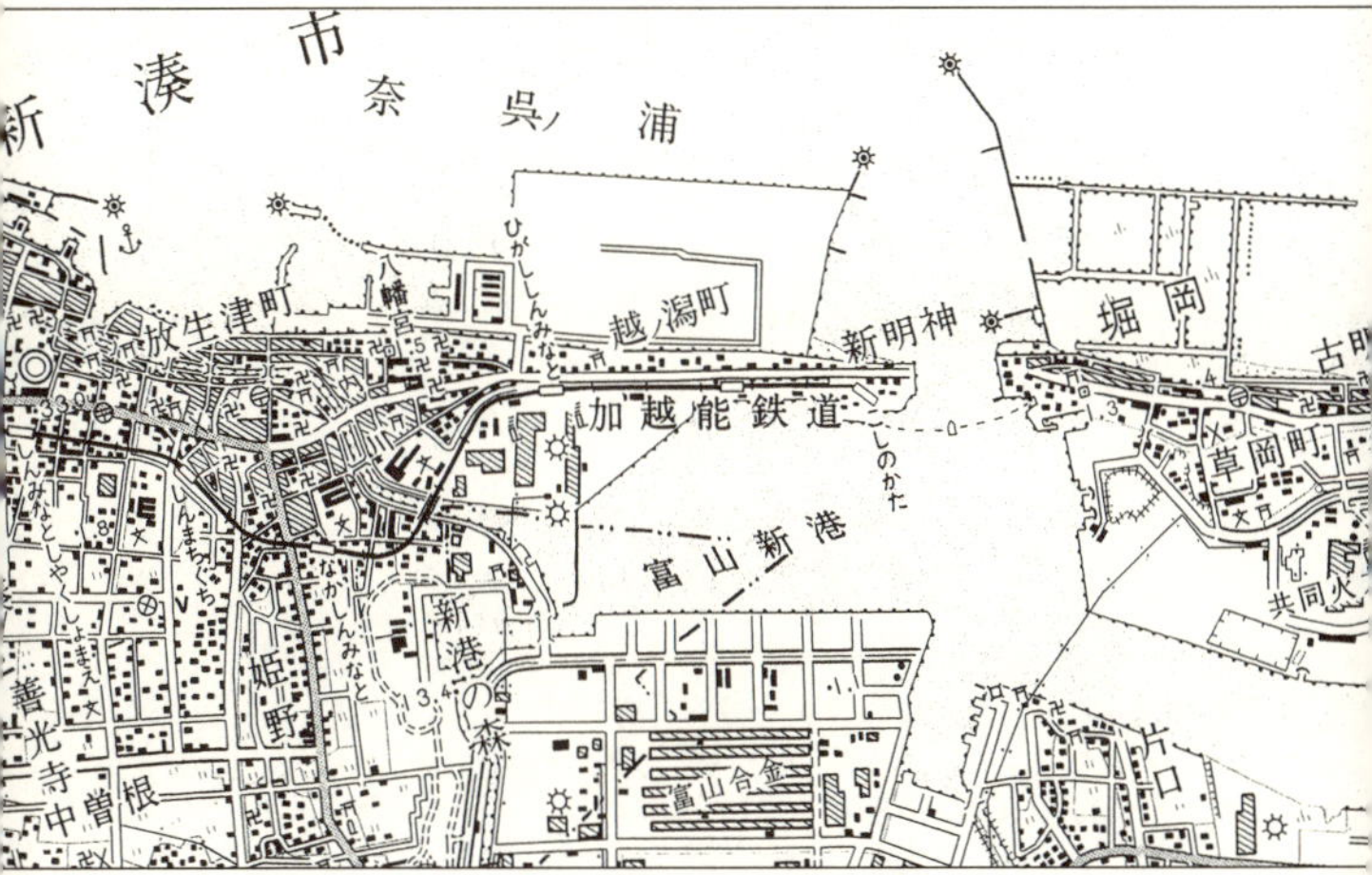

1：50,000「富山」平成元年修正

地形を根本的に変える大規模開発

都市といえばもちろん「人工」に決まっているが、机上の計画に従って昔からあった農村の上に、まったく違うものを建設してしまった結果を計画都市などと当局のコトバ通りに呼ぶのには抵抗がある。

それにしても「草木一本残してはならぬ」との命令が下ったかのように、昔の丘陵地の農村風景は徹底的に姿を消してしまった。79、80ページの2図は**横浜市**北部の港北ニュータウンの一部分で、両者まったく同じ範囲を示したものである。およそ30年の時間が経過しているのだが、変わっていない部分を発見するのは大変だ。

東西に流れる早淵川《はやぶち》のカーブの様子と、その北側に並行する道路でかろうじて判断できる部分もあるが、図の北側の大半に関しては新旧の比較をするのが不可能と言っていいほど激しく変化してしまった。このあたりは標高50メートル前後の台地に、小さな流れが浅く細長い谷をいくつも穿って形成された典型的な多摩丘陵の地形であったのだが、ニュータウンの工事は高いところを削り、その土で谷を埋めていく方式で、土地そのものをオールクリア・ボタンを押すかのように激変させてしまったのだ。

1：25,000「荏田」昭和41年改測

由緒ある地名も消えてしまった

道路網も、先ほどの道路を除けばほとんどが新たに机上で線引きされたものに取って代わられ、自動車優先の時代を象徴する中央分離帯のある広い道路が縦横に走っている。また横浜市営地下鉄がここまで延びてきて、センター北とセンター南という無機的な響きの名を持つ駅が新設されている。

もう一つ、地名に注目してみても、北山田、南山田、牛久保といった大字《おおあざ》(江戸期の村にあたる)は今でも残っているものの、請地、神無、徳生、古梅などという、それぞれ由緒のありそうな小地名(小字《こあざ》)は消えてしまった。30年でこの変化なのだから、たとえば久しぶりに小学生時代の故郷を訪

1：25,000「荏田」平成10年修正

れた40代の人は完全に〝浦島太郎〟になるしかないだろう。多摩ニュータウン、千葉ニュータウン、千里ニュータウン……。こんな激変地区が全国の大都市郊外にはたくさん存在する。

炭鉱閉山で変わる街の地図

夕張といえば今はメロンを連想するかもしれないが、かつては石炭の町として圧倒的な存在感を誇っていた。人口も現在は9855人（平成25年［2013］11月末）と、今なら市制施行にはほど遠い数字になってしまったものの、昭和35年（1960）の最盛期には約11・7万人という道内有数の大炭鉱都市だったのである。

その頃の地理書には「人口の7割は石炭鉱業に直接関係し、年出炭量260万トンは全道の2割近い」とある。狭い谷に住宅がひしめいているので本町には商店街が発展する余地がなく、新たに清水沢に新市街の計画がある、などという記述を目にすると隔世の感としか言いようがない。

エネルギー革命の進展は急速で、この半世紀ほどで人口は最盛期の1割以下に落ち込んだが、そんな激変は地図にもくっきりと表れている。

夕張市は志幌加別《しほろかべつ》川の谷に沿って細長く南北に延びた町であり、かつては炭鉱住宅が谷の両側斜面を段々畑のようにして造成され、そこにたくさんの炭鉱労働者が住んでいた。

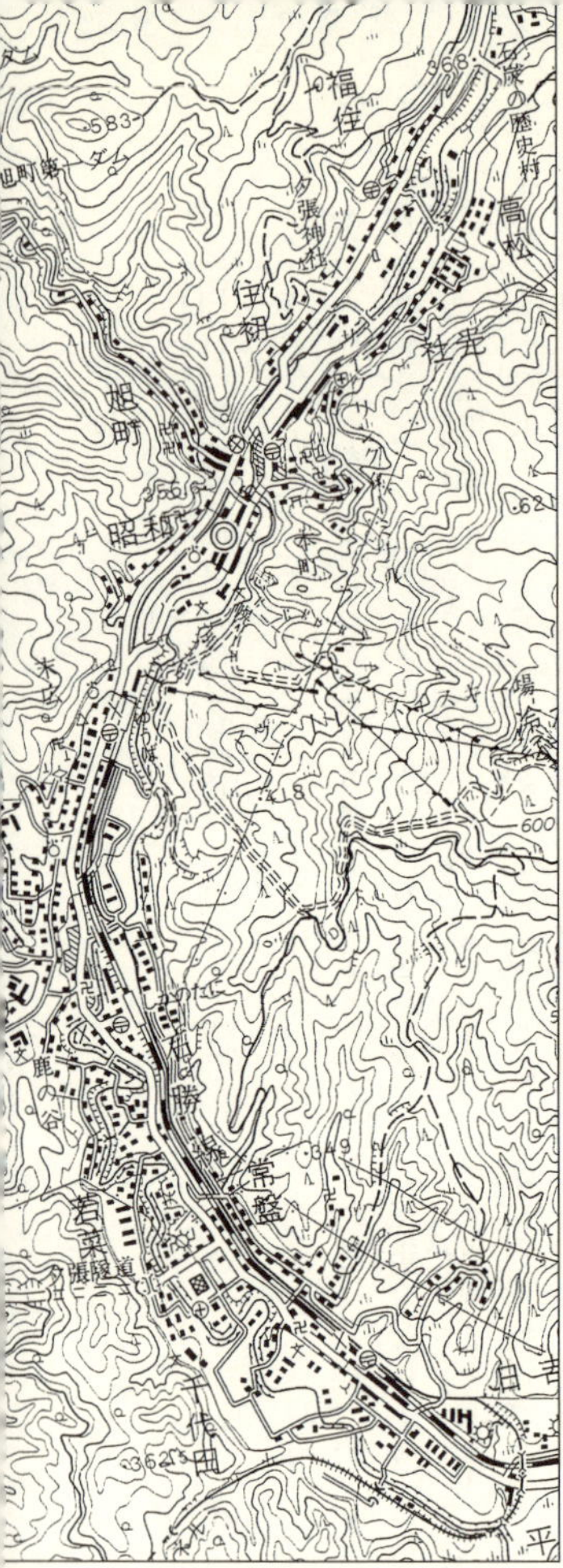

1：50,000「夕張」平成7年修正

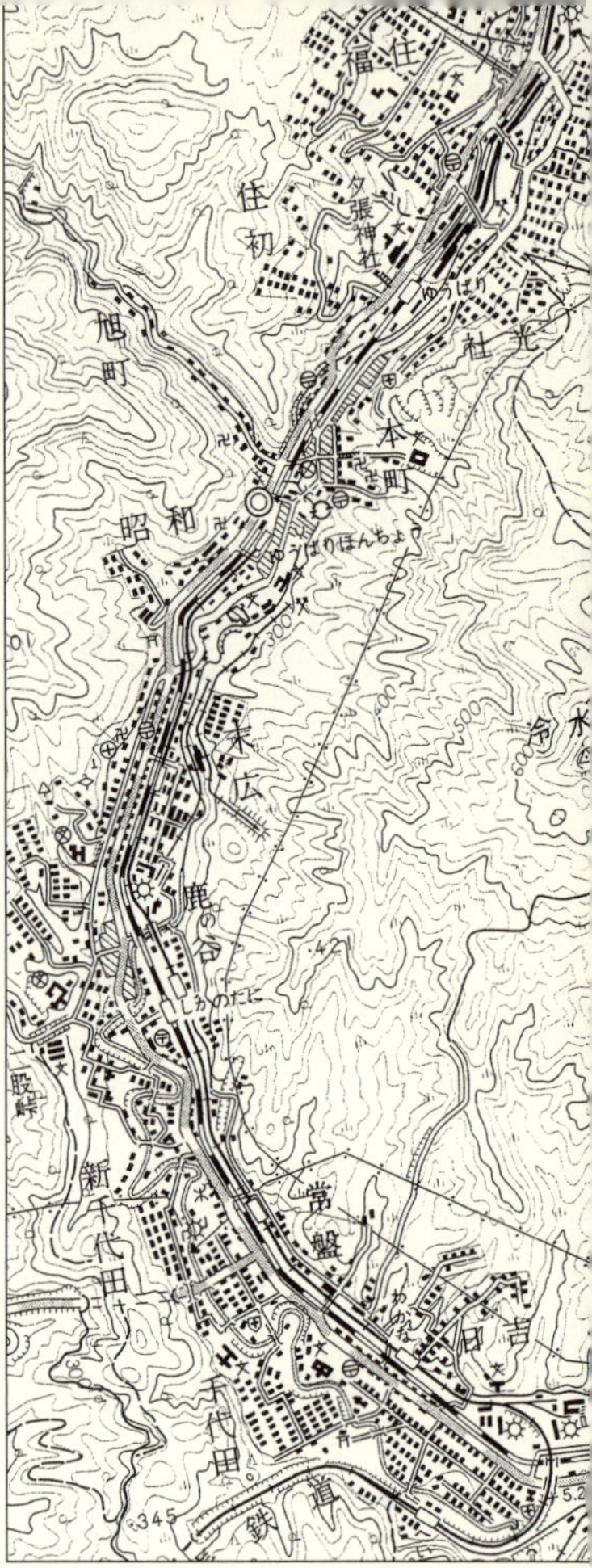

1：50,000「夕張」昭和47年修正

櫛の歯が欠けるように市街地が……

82ページの右図は最盛期をだいぶ過ぎた昭和47年（1972）の修正だが、50～60年代の住宅がまだほとんど残っている状態と思われる。一方、左図のほうは平成7年（1995）修正だから23年後の姿である。それでも左図の当時はまだ1・7万人の人口があった。

両者を比較して気づくのは、まず市街北東部がガランと空いていることだ。先に挙げた横浜の港北ニュータウンとは逆に、住宅がどんどんなくなっていく状況であり、右図の時点で斜面を埋めていた家々が左図ではすっかり撤去されて「荒地」の記号となってしまった。

児童数の激減とともに学校がいくつも廃校となり、その跡地の一つは現在「めろん城」になった（掲載範囲外）。炭鉱一色に見えた夕張にあって、地道に品種の改良を重ねて成功した夕張メロンの象徴である。

もう一つの脱・炭鉱の象徴としては市街東方にそびえる標高約703メートル（右図では708メートル）の冷水《れいすい》山に設置された「マウントレースイスキー場」だ。スキー場というのは何本かのリフトで簡単に見分けられるが、植生としては森林を切り開いて草地になっているので、炭鉱住宅跡地と同様に「荒地」の記号で表示される。

この間に鉄道もひとつ廃止されている。82ページの右図で国鉄夕張線（当時）に並行する私鉄の夕張鉄道がそれで、函館本線の野幌《のっぽろ》まで国鉄よりも近道で結んでいたが、右図から3年後の昭和50年（1975）に全線が廃止された。

とにかく人口がこれだけ急速に減少してしまっては交通機関も手の打ちようがないのに加え、自動車の急速な普及がとどめを刺した格好だろう。その後、夕張鉄道の廃線跡の一部は自転車専用道になり、誰でも気軽にたどれる廃線跡として知られていたが、現在はそれも閉鎖されてしまった。

また、鉄道路線図としては変化がないけれど、実はJRの一部も廃止された。82ページの右図で夕張神社のすぐ近くにあった夕張駅が2回に及ぶ移転で現在は2キロも南に後退し、今はスキー場の真下にある。その2キロの廃線跡もやはり自転車道路となっていることが、左図からもわかる。

よりゴーストタウン度の高い美唄炭山跡

次は夕張市街より約30キロ北の**美唄《びばい》市**東部を見よう（85ページ）。こちらは美唄炭山で、大正初期から三菱、三井など10余りの炭鉱が開発されたところだが、昭和48年（1973）にはすべて閉山している。美唄川の狭い谷を三菱鉱業美唄鉄道が遡《さかのぼ》っていた。

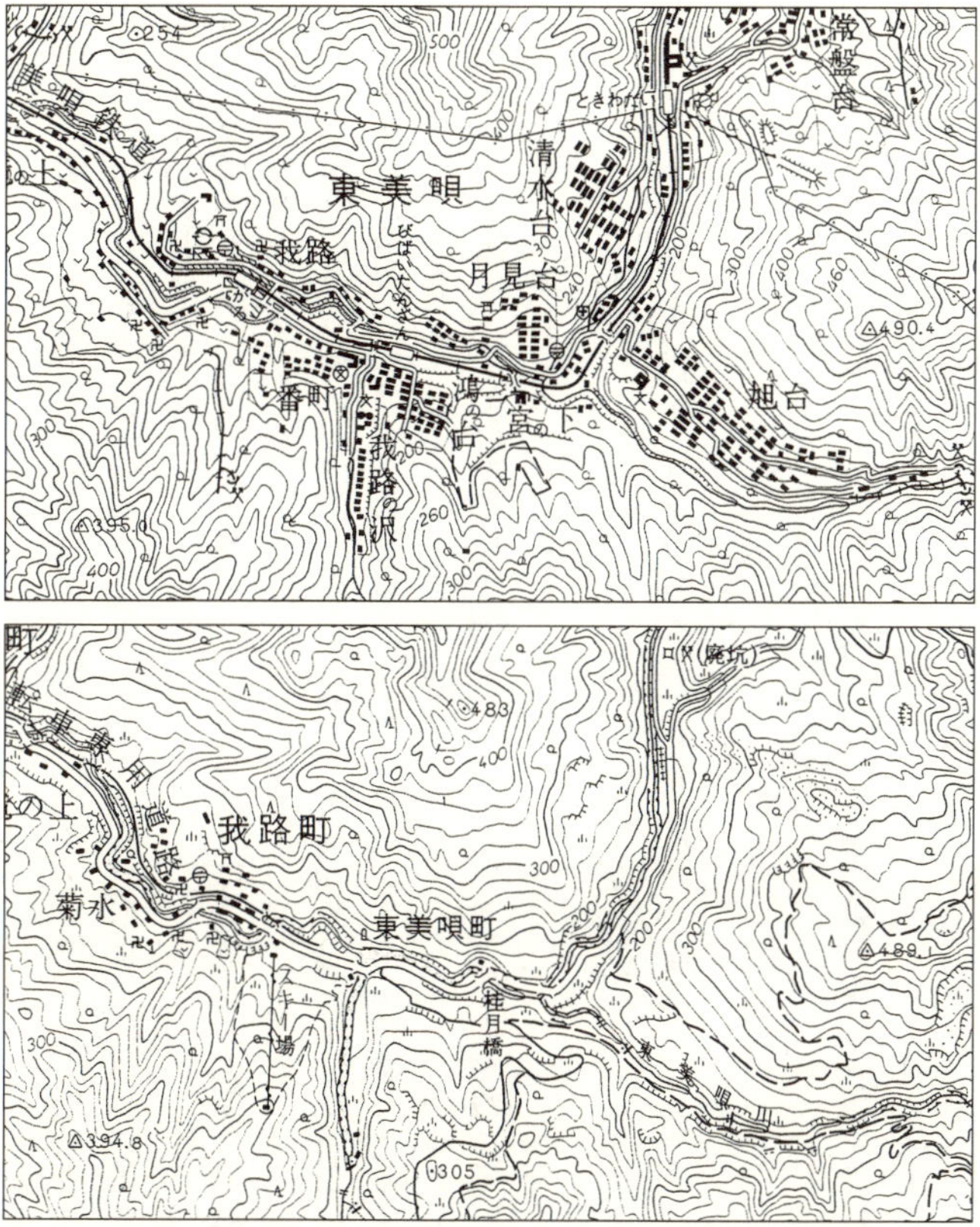

1：50,000「岩見沢」昭和43年編集（上）と同図平成7年修正（下）

この私鉄は函館本線美唄駅から終点・常盤台《ときわだい》を結ぶ10・6キロの短いものであったが、昭和43年（1968）編集の85ページの上図によれば沿線には炭鉱住宅がびっしり建ち並んでいた様子がわかる。

こちらは夕張よりも閉山が早く、昭和47年には鉄道も廃止され（末期には旅客列車が一日1往復のみ）、我路《がろ》から奥の住宅はまったく姿を消してしまった。

それでも小中学校から病院、郵便局など生活に不可欠な施設が揃っていたが、多くの労働者が住んだ住宅地は旭台、清水台などという地名とともに消滅してしまったのである。

先ほどの夕張の例は、まだ市役所などが近いためある程度の住宅が残っていたが、こちらはほとんど「廃村」と言っていい。

約30年で100キロも短くなった石狩川

地理の授業で河川の蛇行を習うとき、必ず登場したのが石狩川である。この川は「和人」たちが続々と北海道に入植した明治時代には、原野の中を奔放に蛇行を続けていた。イシカリというのがそもそも「回って（曲がりくねって）流れる川」を意味するとの説を信じれば、その蛇行ぶりはアイヌの人たちにも実感されていたのだろう。明治42年（1909）に出た吉田東伍《よしだとうご》『大日本地名辞書続編（北海道・樺太・琉球・台湾）』に引用された文献は石狩川をこう表現している。

「紆余曲折、長《ながさ》百十一里（中略）、曲折甚しく、又、浅淤深淵《せんよしんえん》、朝夕を易《か》ふる頻《しきり》なり、諸川陽春雪融くるに際して、洪水毎に河道の位置を変す、（中略）屈曲は水路を延長せしめ、従て緩流となすが故に、諸川の排水充分ならず、沿岸に森々たる沼沢をなすに至る、又、排洩の不充分なるがために、広大なる低野として、空《むなし》く卑湿荒蕪に委《ゆだね》せしめ、又船舶を通し得べき河道も、堰樹流木のために航路を妨げらるるの憾《うらみ》あり」（ルビ＝引用者）

蛇行を極める石狩川は、特に雪解けの時期にはあたり一面が水に浸かり、こんなところを開墾するのは無理だよ、と思わせるに十分だったらしい。水が平時より1丈（3メートル）も上まで上がってしまう、信じられないかもしらんが、その証拠に地上から1丈はある木の枝にゴミが引っかかっているんだから……。そんな記述もあった。この大河に直面した明治人たちはそんな驚嘆の面もちでこの大河を見たのだろう。とにかく、そんな川がもたらす莫大な量の土砂が作り上げたのが石狩平野なのである。

明治の『地名辞書』で石狩川の全長は111里と記述された。単純に計算すれば4

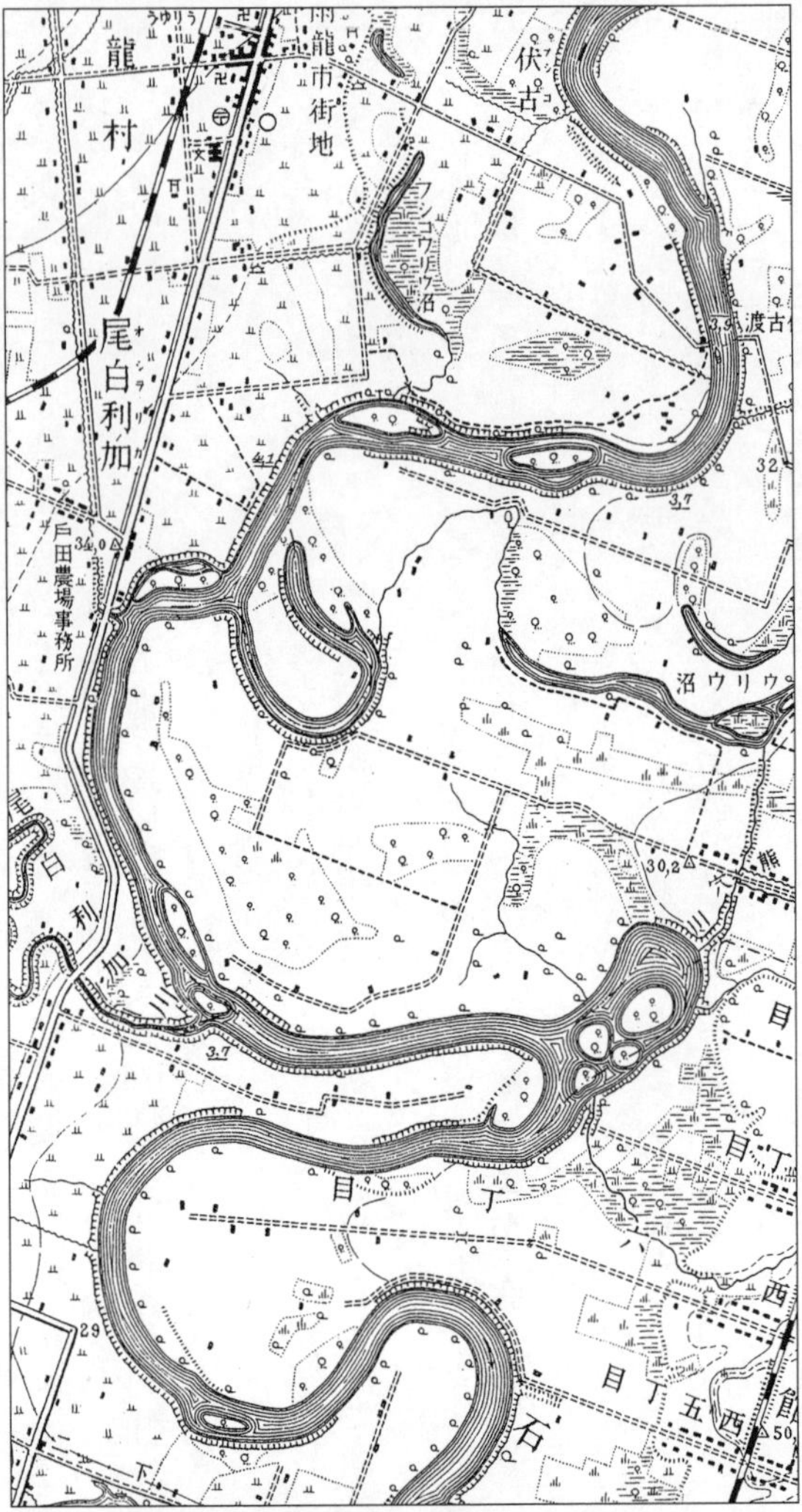

図1　1：50,000「滝川」昭和33年資料修正

36キロということになるが、まだ源流がはっきりわかっていない時点での記述である。ちなみに昭和37年（1962）発行の小学館『図説日本文化地理大系』では全長365キロ。同書では石狩川をとにかく「捷水路《しょうすいろ》方式」で短絡しなければ農地もできないし治水も成らない、としているが、当時は（今も？）石狩に限らず、蛇行により滞留してしまう水を河道を直線にすることで一刻も早く海に流してしまえ、という思想に貫かれていたのである。

かつての石狩川は日本一の長さ?

石狩川で最初の捷水路は昭和6年（1931）に掘削された札幌市の北にある生振《おやふる》のもので、昭和35年（1960）頃の時点ですでに26ヵ所も完成、旧流路の長さは大幅に短縮されている。現在日本最長の信濃川が367キロであるから、かつての石狩川は日本一だったのではないだろうか。信濃川もある程度蛇行部分が短くなったが、石狩川ほど蛇行は激しくなかった。

それでは現在の石狩川の長さはといえば、268キロである。昭和35年頃に比べて約100キロも短くなっているわけで、誤植ではないかと疑うほどの短絡が行われたことになる。それを一目瞭然に物語るのが図1（88ページ）と図2（91ページ）だ。

ここは石狩平野北部の**滝川市《たきかわ》**北部だが、水面の標高は30メートル程度である。

図1は昭和33年（1958）の資料修正ながら、地形そのものは大正期と思われる（地形の修正は呆れるほど長期間行われていない地域もある）。見ての通り堤防などは何もなく、奔放に蛇行を繰り返す石狩の原始の姿がわかる。周辺にはかつての流路の痕跡である河跡湖《かせきこ》（その形状から三日月湖と呼ばれる）がたくさん残り、これまでに何回となく洪水を繰り返しては河道を変えてきたことを無言で物語っている。

それが図2では両側の堤防が完備し、かつて手つかずの荒蕪地だった両岸の堤防ぎりぎりのところまで水田が広がっている。水田化するには強酸性の泥炭地土壌に石灰を入れ、また客土するなどの大変な手間暇をかけてようやくたどり着いたのだ。

地名も図2に「出島」というのが見えるが、図1を見ればその由来はすぐわかる。左岸（ここでは東側）からタコ坊主形に出た土地がそれだ。タコといえば、その北側の右岸からの出っ張りは、昭和43年（1968）編集の地図には「蛸《たこ》の首」という地名が記されていた。文字通りである。

図の欄外ではあるが、砂川付近には袋地という地名がある。蛇行によるこのような地形は日本では伝統的に「袋」と呼ばれ、全国各地に西袋、大袋、池袋などの地名が残っている。それを道内にも持ち込んだのが石狩川沿いの袋地名なのである。

もう一つ、西側から流れ込んでいる尾白利加川《おしらりかがわ》もかつては蛇行を繰り返していたのだが、今では解消されている。図1を見ると、小さな川は流量が小さいため蛇行の規

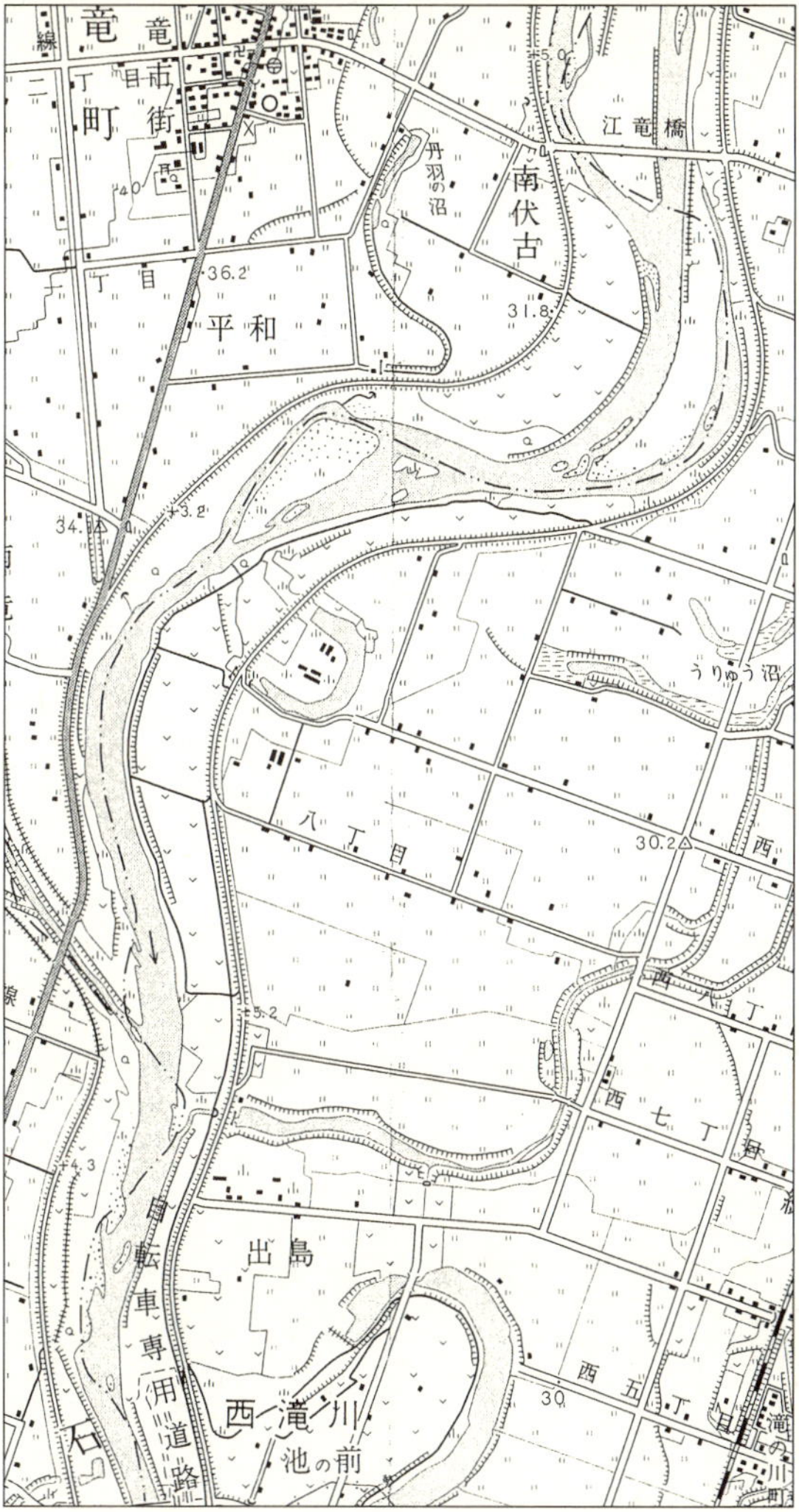

図2　1：50,000「滝川」平成7年修正

模も小さくなるのが明白に観察できて面白い。蛇行のことを地理用語ではメアンダーというが、これはトルコのビュユク・メンデレス川（ドイツ語名メアンダー川）にちなむ。もしもアイヌ語が地形用語に用いられていたとすれば、イシカリというのが蛇行を意味するようになっただろうか。

この駅は意外な過去をもっていた

一般に鉄道の駅名は所在地の地名を反映していることが最も多いが、ある施設の名、たとえば市役所前や病院前のようなものもある。もしその施設が移転になったり廃止されれば、長年親しんだ駅名も変わらざるを得ないのだが、中にはそのまま存続することもある。

ここでは千葉市の京成電鉄千葉線を観察してみよう。まず94ページの図1は昭和5年（1930）の部分修正で、京成電気軌道（現・京成電鉄）が千葉まで大正10年（1921）に開通して9年後の状態だ。埋め立て地に高層マンションが建ち並ぶ現在からは想像もつかないほど自然海岸がどこまでも続いている。幅は狭いながらも遠浅なので干潮時には沖合1キロ以上まで干潟が広がり、東京市民が気軽に行ける海水浴場として人気があった。

軍都と海水浴場の間で揺れた駅

京成はここに**浜海岸**と**千葉海岸**の2駅を開設した。千葉海岸駅の浜には海に突き出した構造物（矢印）が見られるが、これは海の家である。地形図の「波状水線」が家への「桟橋」の下に描かれているのは、満潮時には床下まで水が来ることを示している。シジミやハマグリなど、さぞたくさん採れたのだろう。

95ページの図2は戦後、昭和23年（1948）資料修正のものだが、2つの駅のうち浜海岸駅が450メートルほど千葉寄りに移転して**工学部前**を名乗っている。これは図に見える通り東京帝国大学第二工学部を指している。これは従来の工学部とは別に戦時中の昭和17年（1942）に新設された軍事技術者の高等養成機関として位置づけられ、駅はまず**帝大工学部前**として移転開業した。それが昭和22年（1947）に東京帝国大学が東京大学と改称されたため、駅名もそれに合わせて「工学部前」になったのである。総武本線にも西千葉駅が登場しているが、これも工学部の通学の便を確保するための開業（昭和17年［1942］）であった。

図1　1：25,000「千葉西部」昭和5年部分修正

大学と住宅地への変貌

96ページの図3は昭和46年（1971）修正で、周囲は大幅に市街化が進んでいる。東大第二工学部の敷地は新制の千葉大学および東大の生産技術研究所となったのを受けて、駅名も昭和26年（1951）に**黒砂**と、初めて地元の地名を採用したものとなった。隣の千葉海岸駅も昭和42年（1967）には**西登戸**《にしのぶと》と改称されているが、

この頃沖合まで進んだ埋め立てで、千葉海岸という駅名が現実離れしてきたからではないだろうか。

97ページの図4は現在だが、黒砂駅はさらに**みどり台**と改称されている。実は昭和46年（=図3の修正年）に改称されたのだが、地図にはこれが反映されなかったようだ。大阪万博の翌年にあたるが、「台」のついた駅名が流行した時期である。

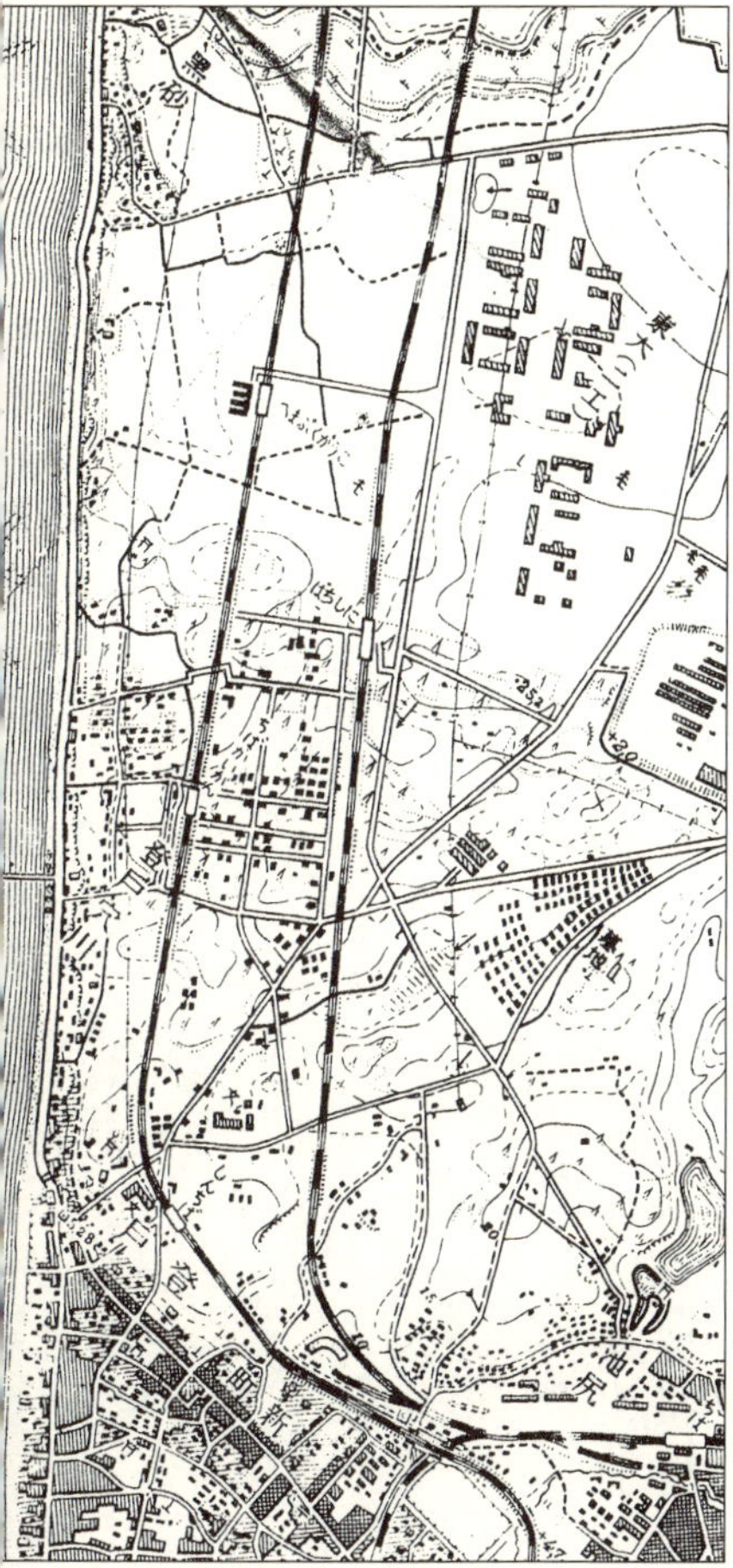

図2　1：25,000「千葉西部」昭和23年資料修正

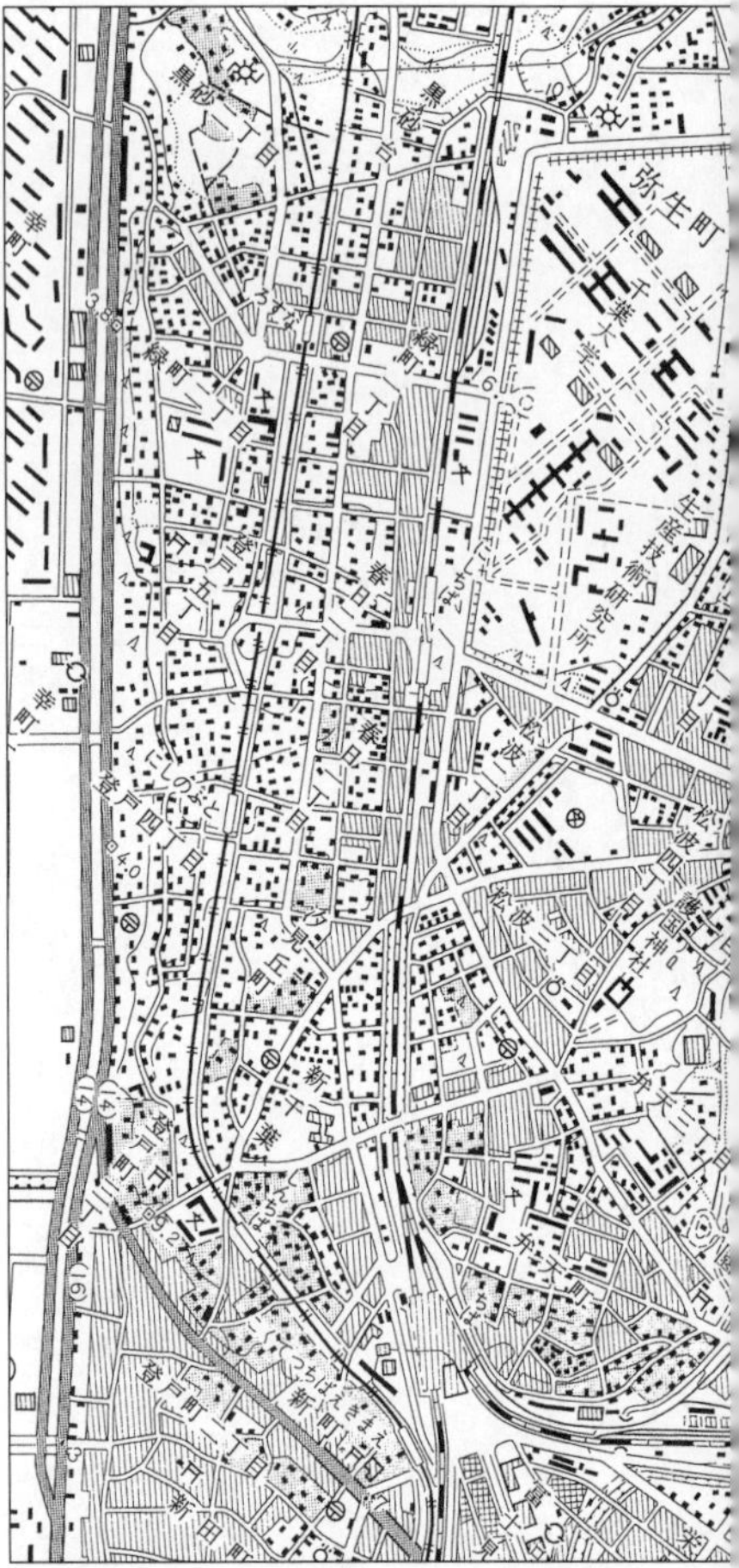

図3　1：25,000「千葉西部」昭和46年修正

海水浴場から軍事技術者養成機関、そして戦後の住宅地へと、お客さんも時代の流れとともに移っていったが、駅名はそれに合わせて4回もめまぐるしく変わってしまった。希有な例である。

軍関係の駅名は昭和15年（１９４０）頃までは全国に数多かったが、それがこの時期から次々と改称されていった。これは昭和12年（１９３７）の軍機保護法改正により地形図に軍事施設が描写されなくなったのと軌を一にする動きだが、たとえば京浜急行（当時は湘南電気鉄道）の横須賀軍港駅が昭和15年に横須賀汐留《しおどめ》（現・汐入《しおいり》）に改称されているし、陸軍の大航空基地のあった岐阜県各務原《かかみがはら》市を東西に走る名鉄各務原線は、昭和13年（1938）12月1日付で一聯隊前《いちれんたいまえ》→各務原運動場前（現・各務原市役所前）、飛行団前→六軒、航空廠前→三柿野《みかきの》、二聯隊前→名電各務原と四つの駅を一挙に改称している。

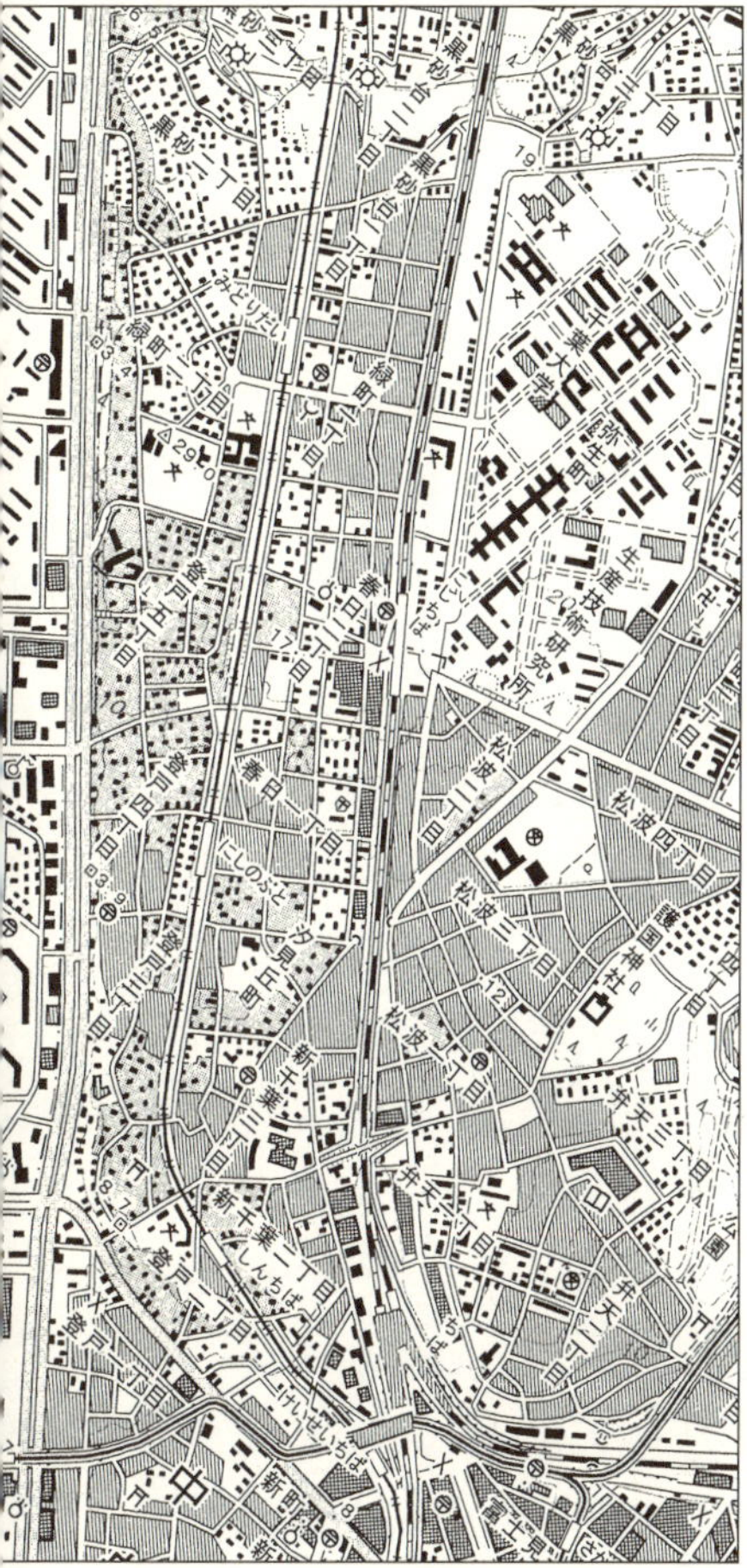

図4　1：25,000「千葉西部」平成16年更新

地形図と民間の地図

地形図とは何だろうか。その名称から「土地の起伏を表現」というほうに傾いたイメージになりがちだが、地形のみならず、鉄道や道路、市街地その他もろもろの人工物をも含めた「その土地の様子を、縮尺なりに詳しく表現した図」といえる。

特定の目的をもたず、広く応用されるべき使命を持った国の基本図であり、道路地図や市街地図もこれを基にしている。

日本では2万5千分の1が4371面で全国をカバーしている。ただし空中写真での測量ができない北方領土では戦前の地形図を修正した5万分の1のみが刊行されていたが、最近になって衛星画像による測量で順次西側から作成が行われ、現在では択捉島を除いた地域が刊行されている。また竹島も長らく地形図が存在しなかったが、平成19年（2007）に作成された。

高校地理が必修から外されて以来、地形図など中学1年でチラリと眺めるだけ、という人が増えているようだが、道路地図やインターネットで出てくる地図とは違う味わいのある世界を多くの人に味わってもらいたいものである。

地形図のみならず、最近は道路地図でさえカーナビやパソコンの普及もあって苦戦しているようだ。それでも、道路地図は民間地図出版社の紙の地図帳としては、主力商品だろう。

近年、紙の地図にも編集製作過程のデジタル化が進み、表現の可能性が広がったこともあり、見やすい地図へ進化が続いている。道路地図の古いのを捨てずにとっておけば、地域の「定点観測」にもなり、それが集積すれば後で貴重な歴史的資料になる。

第2章　地図記号を解読する

お役所優位？の日本地形図の記号

日本の地形図には昔から税務署の記号（◇）がある。軸の通ったソロバン玉をデザインしたものだ。ところがコンビニの記号はない。ふつうはコンビニの利用頻度のほうが税務署よりはるかに高いだろうが、地形図の記号には入っていないのだ。民間の道路地図や市街地図にはロゴマーク入りで登場するのに、どうしてだろう。

地形図の記号化基準には「公共性の高いもの」「永続性のあるもの」というのがあるが、コンビニは「公共性」の点でクリアしたとしても、永続性が厳しいのだろうか。ライバル店が近所にできると意外にあっさりと閉店してしまうこともあるし、また最近の都市部ではコンビニがあまりに多くて、記号化したらうるさくなり過ぎることもある。

それにしても、国土地理院の地形図の記号欄をじっくり見ると「お役所記号」が見事なほどに多い。市役所、裁判所、森林管理署（旧営林署）、気象台、警察署、保健所、郵便局、自衛隊……。ところが欧米の地形図には、警察や郵便を除けばこれらの記号はほとんど見られないのだ。

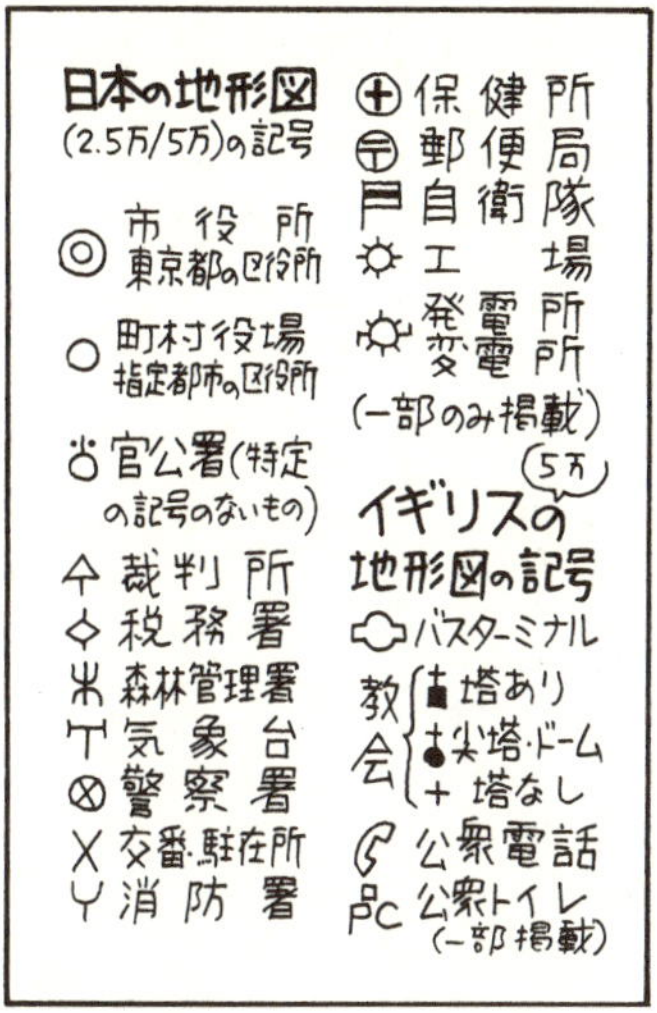

警察署も裁判所もない英国の地形図記号

イギリスの2万5千分の1地形図には教会や学校、病院などは明示されているのだが、税務署や警察署、裁判所のようなものはない。それではイギリスにあって日本の地形図にないものは何だろう。まず町中で目につくのがバスターミナル。バスに関する表現は、ごく一部の「バス専用道路」を除けば日本の地形図には何もない。たしかに空中写真に写るものといえば車庫ぐらいだし、よほどの意向が働かないと掲載には至らないのだろう。

しかしイギリスでは鉄道とともに公共交通を支える重要なシステムであり、せめてバスターミナルだけは載せよう、ということなのだろう。

別の効用もある。これが市街地にポツリと印刷されていると、鉄道のない町でも、だいたいそこが市の中心部であることがわかるのだ。他にもイギリスには「公衆電話」や「トイレ」（5万分の1）などもあるから、主に農村部や景勝地などにこの印があると大変助かる人が多いのではないだろうか。ユースホステルが記号化されているというのも、地形図を利用する旅行者を意識している表れだろう。

また、**イングランド北部**の**ヨーク**の2万5千分の1を見たらヨークの文字の下に「エブラクム EBVRACVM」という古称が併記されていた。これは古代ローマ帝国時代の1世紀に遡《さかのぼ》る地名で、東京の現代の地図に「江戸」と併記されるよりすごい。他にも古戦場の記号脇には必ずその戦いの年号が記されているし、廃線跡も破線で載せているなど、さすが歴史を大切にする国、という印象だ。同じ地形図といっても何に重点を置いて表現しているかは国によって大きく違う。地図は比較文化の題材にもなるのである。

東京タワーと火の見櫓が同じ記号？

地形図には市役所や寺院、学校、消防署や病院など、建物を伴う施設の記号が目立つが、温室やガスタンク、記念碑、電波塔など、家屋とかビルディングの概念からは外れるものも多い。

さて、**東京タワー**はテレビの電波を送る電波塔であるから当然「電波塔」の記号で表されるんだろうな、と記号欄を見るともう一つ「高塔」という記号もある。どちらを使うのか迷いそうだが、実際の地形図（2万5千分の1「東京西南部」）では「高塔」になっている。『地形図図式の手引き』（日本地図センター刊）によれば、「東京タワーなど観光の目的を兼ねる塔は高塔の記号で表わされている」とあり、横浜の**マリンタワー**も本来は灯台でありながら（平成20年［2008］に灯台は廃止）、こちらもやはり観光目的を兼ねているので高塔記号となっているのだ。

五重塔にも同じ記号が使われている！

それでは興福寺の五重塔のような「建物」的な塔はどうだろう。実はこれにも高塔の記号が使われる。かつては「梵塔」という別の記号が用意されていたのだが、種類の多すぎた記号を整理する方針のもと、戦後の図式では高塔記号に統合された。他にも展望台や時計台、団地の給水塔、消防署の望楼に至るまで高塔記号の守備範囲は広いが、札幌の有名な**時計台**など、今ではビルの谷間に埋もれてしまった雰囲気なのに、それでも平成に入るまで2万5千分の1にちゃんと「高塔」の記号で載っているのがいじらしい。

さらに農村部へいくと、火の見櫓《やぐら》にもこれが使われていることがある（長野県内

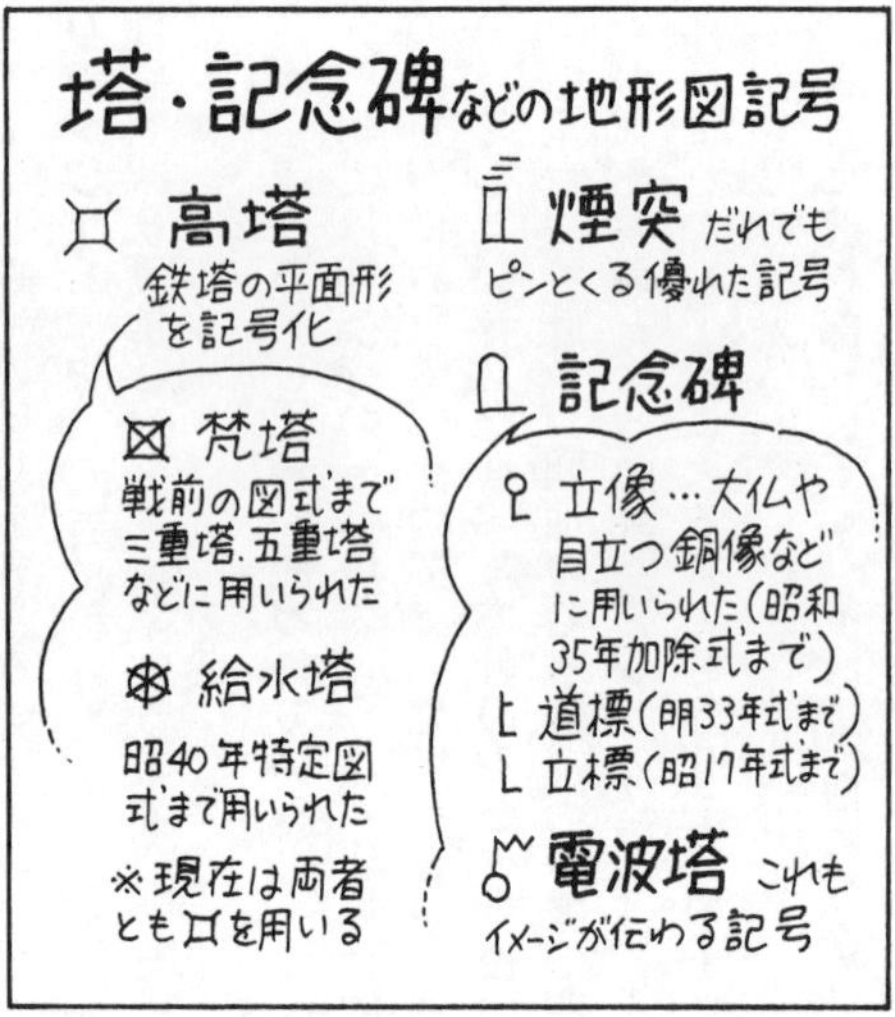

に目立つ)。2階建て程度の家が並ぶ農村集落では低くてもよく目立つからだ。札幌の時計台はともかく、「高塔」かどうかは周囲の状況に合わせた相対的なもの、ということなのである。

　鎌倉の大仏のように野外の巨大な像はどうかといえば、こちらは戦前の図式にあった「立像」記号が今は「記念碑」に統合されている。だから長谷《はせ》の大仏様も土地区画整理記念碑も忠魂碑も、今はみんな同じ記号だ。

　他に高いものといえば「煙突」の記号があるが、こちらも工場などにつきもののわかりやすい記号で、横から見た煙突から煙が立ち上っている図柄は小学生にもわかる優れた記号といえるだろう。

　余談だが、昭和30年代の1万分の1地形図で世田谷あたりを眺めていたら、住宅地にこの煙突記号が点在しているのに気づいた。町工場が混在しているわけでもあるまいし、と現在の市街地図と対照して調べてみたら銭湯であることがわかった。世田谷あたりでは学生が多いせいか、意外にたくさんの銭湯が今に至るまで健在なのに驚いたものだ。地図記号はそんなことも伝えてくれるのである。

世界の鉄道記号は何を語る？

国鉄は（、いわゆるハタザオ線）、私鉄は（）という区別はすっかり定着していた。だから筆者は国鉄がＪＲになった時、地形図のＪＲ線がすべて私鉄記号に入れ替わるのだろうかと気をもんでいた。しかしフタを開けてみると、それまでの国鉄は「普通鉄道（ＪＲ線）」などと改訂されただけで図そのものに変化はなく、拍子抜けしたものだ。考えてみれば、当時2万キロ（2万5千分の1地形図上では800メートル！）を超えていた国鉄路線のすべてを製図し直すなど、非現実的だったのだろう。

さて、世界各地の地図で鉄道はいろいろな種類の記号で表されているが、日本のように国鉄と私鉄といった経営主体によって区別する国は、私の知る限り他にはない。

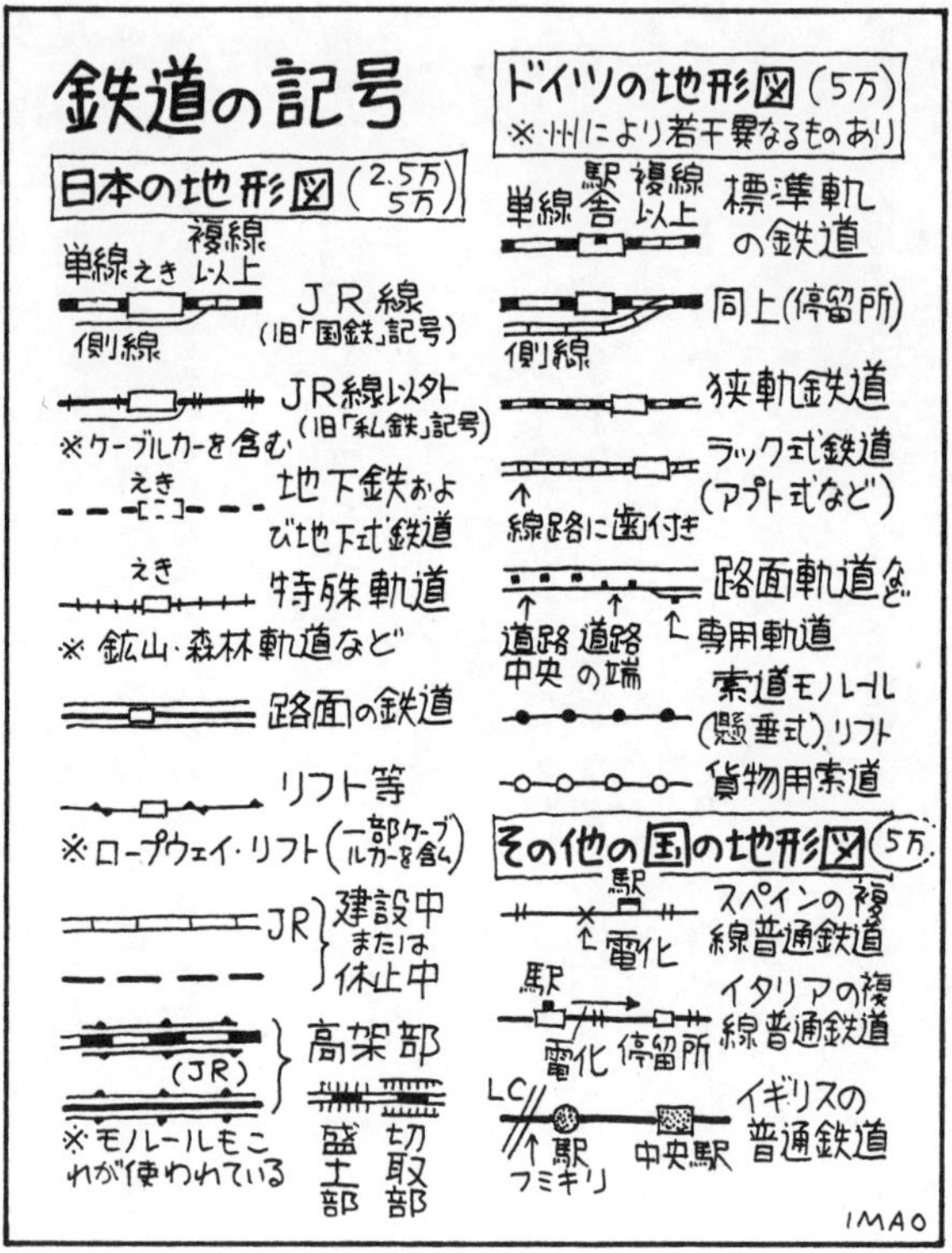
鉄道の記号
日本の地形図（2.5万 5万）
単線 えき 複線以上
JR線（旧「国鉄」記号）
側線
JR線以外（旧「私鉄」記号）
※ケーブルカーを含む
えき
地下鉄および地下式鉄道
えき
特殊軌道
※ 鉱山・森林軌道など
路面の鉄道
リフト等
※ロープウェイ・リフト（一部ケーブルカーを含む）
JR
建設中または休止中
高架部
（JR）
※モノレールもこれが使われている
盛土部
切取部
ドイツの地形図（5万）
※州により若干異なるものあり
単線 駅舎 複線以上
標準軌の鉄道
同上（停留所）
側線
狭軌鉄道
ラック式鉄道（アプト式など）
線路に歯付き
路面軌道など
道路中央
道路の端
専用軌道
索道モノレール（懸垂式）、リフト
貨物用索道
その他の国の地形図（5万）
駅
電化
スペインの複線普通鉄道
駅
電化 停留所
イタリアの複線普通鉄道
LC
駅
フミキリ
中央駅
イギリスの普通鉄道
IMAO

ではどのような基準で区別しているかといえば、まず軌間で区別するのが一般的だ。

外国の地形図におけるおおまかな常識では、標準軌（軌間＝レールの内法《うちのり》が1435ミリ）なら幹線鉄道またはそれに準ずるもの、そして狭軌（それ未満のもの）はその幅にもよるが補助的なローカル交通の役割を担うという考え方であり、これを地図記号の幅の太さなどで区別しているものが多いようだ。日本では新幹線以外のJRが幹線も支線も狭軌（1067ミリ）であるが、世界的には珍しいといえる。

路線の幅（軌間）で区別する欧米

フランスでは日本の私鉄記号に似たものを使っているが、これも標準軌は短線の間隔が広い（─┼─┼─）のを標準軌、狭い（┼┼┼┼）のを狭軌と区別している。**インド**などではハタザオ線も「私鉄形」も両方使っているが、「私鉄形」のほうが狭軌だ。
輸送量が倍以上は違うことから地形図で鉄道の単線・複線を区別することは軍事的にも重要であり、実際に区別している国は多い。それだけでなく電化区間に特別な記号を設けているところもある。**スペイン**や**イタリア**がそれで、スペインでは線路脇に稲妻形のマークや線路上に×印を配置し、イタリアでは線路脇に矢印を並行させるなどして電流のイメージを出している。旧東独にあたる州では私鉄形記号の短線部分を折り曲げて表示しているのはスマートだ（ドイツでは州測量局ごとに図式が少しずつ異なる)。

駅の表現もいろいろだが、おおむね日本と同じく白い長方形のところが多く、これはわかりやすい。駅舎の位置を示しているところもあるので、これは日本も見習ってほしいものだ。初めて行く駅で、どちら側に入り口があるか不明な時、とくにローカル線だと入り口が片方しかなくて迷うこともあるのだが、この表示があれば列車の時間があとわずか、という時でもどちらに駆け込めばいいかわかって助かるのだ。実は戦前の20万分の1帝国図(現地勢図)ではドイツにならってこの表記が行われていたが、戦後は図式簡略化の流れの中でとりやめになった。

鉄道の地位が低いと省略されることも

イギリスの5万分の1などは観光地図として特化しているせいか図式がユニークで、営業中の駅は赤い○印で表されるので目立つ。またこの国の図式では平面交差個所、つまり踏切にはLC(レベル・クロッシング)と一つずつ記載しているのが目立つ。それ以外の国では道路と鉄道線がそのまま交差して描かれていれば踏切、ということだ。

また**ドイツ**の一部の州では鉄道のキロポストを△印で記載しているものもある。これは大河川にも用いられているが、実際に車窓から見えるキロポストと地形図上を対比するのに便利だろう。図上の距離の目安にもなる。

小さな縮尺の道路地図などの場合、**アメリカ**では鉄道はまったく省略されてしまったりもする。クルマ社会が行き着くところまで行った国であることの証明のようだ(陸上貨物輸送では鉄道の割合が圧倒的だが)。**フランス**の観光ガイドブックで有名なミシュランではもちろん地図も出しているが、そもそもがタイヤメーカーだから鉄道よりクルマで移動してもらいたいため、鉄道をわざと目立たないようにしている、という話を聞いたことがある。なるほど色とりどりの道路の扱いに比べて鉄道は極細の線で影が薄い。

一方で、日本の中学や高校で使われる地図帳では逆に鉄道の方が目立つように描かれ、高速道路はもちろん一般国道などはきわめて見にくい。これは陸上交通のシェアの多く(特に旅客)を鉄道が占めていた高度経済成長期以前の名残といっていいだろうか。

たかが鉄道の記号とはいえ、その国の鉄道の置かれた状況や伝統、編集者の意図などが反映されているのである。

ドイツの地図には田んぼの記号はない

ドイツの地形図に田んぼの記号はない。あたり前だが、田んぼがないからだ（実験所などの例外は別として）。旧東ドイツの区域には日本の「田んぼ記号」にそっくりな記号があるが、これは草地を表している。

しかしその代わり、ドイツにはブドウ畑の記号がある。モーゼル・ワインやライン・ワインなどの産地の地形図を眺めると、このブドウ畑記号が山のてっぺんまで続いていて実に見事だ。

ホップ畑の記号もある。世界有数のビール王国であり、ほどよい苦みを与えるホップは不可欠だから、たとえばバイエルン州測量局の地形図には、×印のこの記号があちこちに点在しているのだ。

イタリアの官製地形図には地方色豊かな記号がたくさん使われていて壮観なのだが、たとえばオリーブ園。イタリア料理には不可欠なオリーブ油であればこそ、やはり地図にも欠かせないのである。

日本では小豆島などオリーブが植えられた場所もあることはあるが、記号化するほどまとまった量ではない。イタリアでは他にもブドウ畑はもちろん、アーモンド畑やイトスギなど、実にいろいろな記号が定められていて楽しい（詳細は113ページの図参照）。

日本に桑畑という特別な記号がある理由

さて、振り返って日本に「桑畑」などという特殊な記号が明治時代になぜ誕生したかといえば、やはり桑の葉で育つおカイコさんが出してくれる生糸の重要性だろう。もっぱらクルマやカメラ、電子部品など機械製品を輸出する今と違って、戦前まで生糸は日本のダントツの輸出品目であった。だから明治になって全国で養蚕農家が激増し、それに伴って桑畑も大幅に増え、必然的に記号化されたのである。

今や養蚕・製糸は主要産業の座から滑り落ちて久しく、桑畑そのものも激減したとはいえ、過去の栄光で桑畑の記号は今なお生きている。ついでながら、戦後ひっそりと消えていった記号に、かつて山間部に多かった和紙の原料・三椏《みつまた》の畑がある。四国の山間部の戦前の地形図を丹念に探していけば、文字通り三つ又のメルセデス・ベンツのマークのような記号が見つかるはずだ。

アフリカの地形図にはサイザル麻の記号も

筆者がたまたま入手した**モザンビーク**の地形図にはサイザル麻とかバナナ、タバコ、コーヒーなどの記号があったが、やはりこの国の重要な作物であるし、戦前の「満洲国」が作った5万分の1地形図にはコーリャン畑（丯）という記号もあった。またアメリカやタイ、オーストラリアなど自国内に亜熱帯・熱帯を抱える国にはマングローブ林の記号などもちゃんと用意されている。当然のことながら植生記号はその国の気候風土と密接にかかわった植生や農業の状況を反映しているのである。

なお、明治時代の一時期までは日本にも葡萄畑の記号があった（現在は果樹園の記号）。信じられないかもしれないが、ドイツの地形図図式を採り入れていた当時、日本に対象物があまりなくても記号化した傾向があるのだ。これが実際に使われている地形図を先日発見した。**茨城県**の**牛久**《うしく》だ。知る人ぞ知る古くからのワイナリーがあったのである。

また明治10年代、正式の測量に基づかずに取り急ぎ整備された2万分の1「迅速測図」には東京の青山学院（当時は東京英和学校）にやはり同じ記号でブドウ畑が描かれている。当時の外国人牧師さんたちが自前で醸造していたのだろうか。

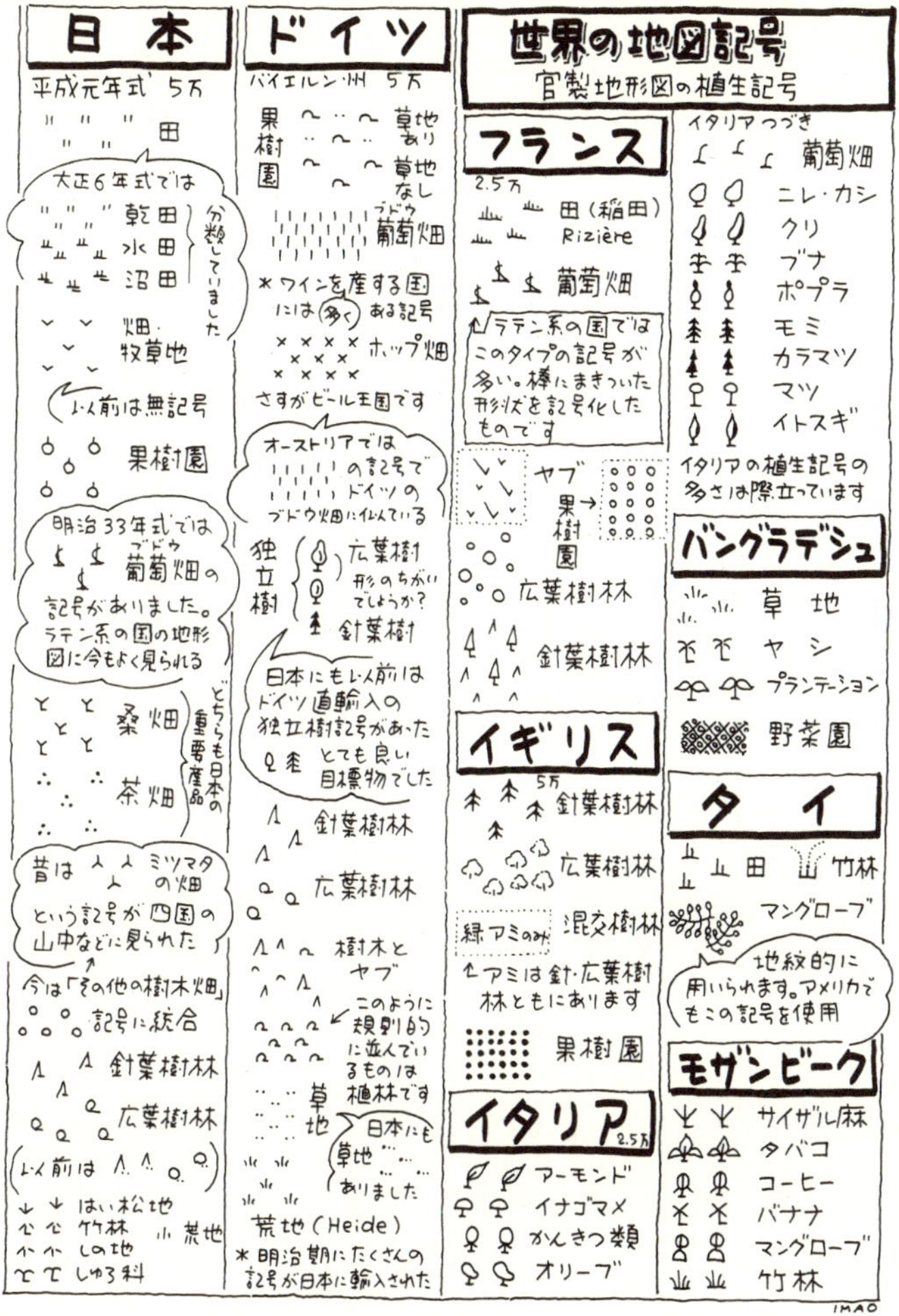

今尾恵介『地図の遊び方』（ちくま文庫）より

外国の地図でも郵便局はやはり〒印？

個人旅行で外国の町を歩くとき、市街地図はいうまでもなく必需品である。たとえば日本の家族へ手紙でも出そうか、というときに郵便局をその地図で探してみても、つい〒マークを探しそうになる人がいるようだ。このマークは日本独自の記号だから見つからないはずだが、ヨーロッパでもアジアでも、観光客が行きそうな都市の地図ならたいてい英語が併記してあるから、凡例でＰＯＳＴの記号を確認しさえすればいい。

別表のように、世界にはいろいろな形の郵便局記号がある。欧米の市街地図だと、やはり郵便馬車時代のポストホルンか封筒をデザインしているものが多い。最近では郵便事業者のロゴも目立つ。

こう見ると日本の記号がいかに特別であるかがわかる。それもそのはずで、あの〒マークは郵便だけでなく電気通信分野を幅広く管轄した、かつての逓信《ていしん》省のテの字を図案化したものだからだ。電気器具のコンセントにこの〒マークがあったのも、郵政省ではなく逓信省管轄ゆえの名残なのである。

ドイツの郵便局は封筒形だけではない

以前、あるクイズ番組に郵便局の地図記号をめぐる問題が出された。「日本の郵便局は〒だが、ドイツの地図の郵便局記号はどんな形？」という問いだったが、封筒形のものが「正解」とされたのである。

しかしこれはおかしい。**ドイツ**では官製の地形図に郵便局の記号はないし、民間の地図にはポストホルン形も封筒形のもある。一つの記号に決められているわけではないのだ。明治時代には日本の地形図の郵便局マークが封筒形だったこともあるのだから（明治24〜33年図式の「電信を扱わない郵便局」）。

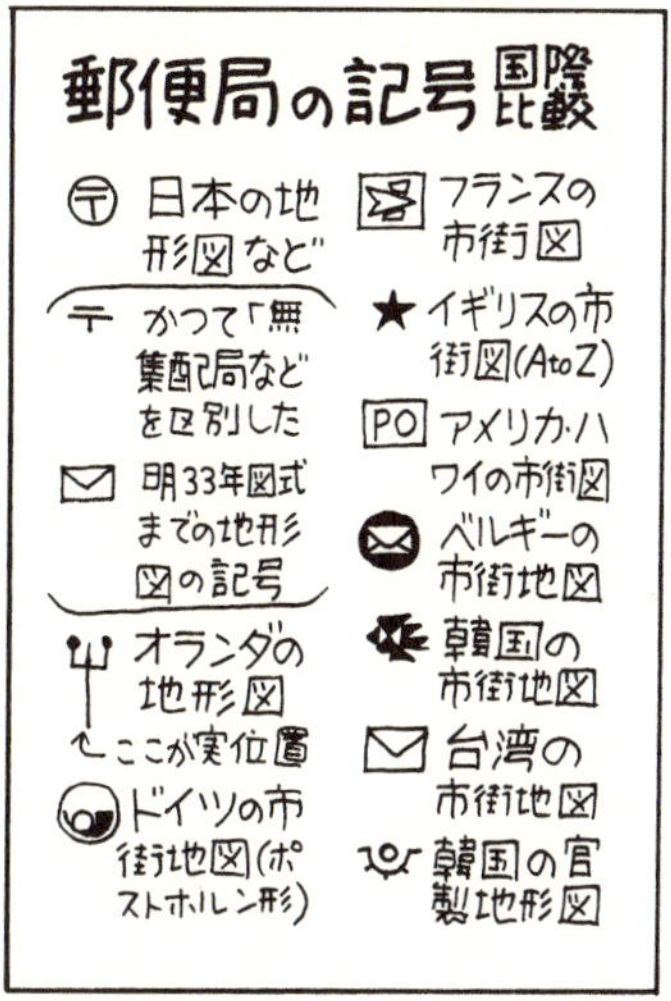

そもそも地図記号は法律で決まっているわけではないから、学校などで無条件に教え込むのは意味がない。記号がわからなければ隣にある凡例を見ればいいではないか。

韓国の官製地形図には「日本時

代」に国土地理院の前身である陸地測量部が地形図を作っていた名残で、日本の地形図の記号と同じものがいくつも見られて複雑な思いになる。

韓国の現在の地形図を見ても市役所や消防署、記念碑、煙突、三角点など共通する記号はとても多く、中には牧場や水車、倉庫など日本では廃止された記号が今でも使われているものがある。しかし郵便局に関しては〶マークではなく、まったく別の記号（☼）が使われている。韓国の郵政省のマークだろうか。また、民間会社のソウル市街地図を見たら115ページの図のような郵便局記号になっていたから、必ずしも決まった記号というわけでもなさそうだ。

また**台北市**の民間地図帳（大輿出版）では封筒マークだった。ついでながら銀行はなぜか鳥居に似た記号（亓）で、机の上に貴重品が載っている絵なのか、それとも金庫の入り口だろうか。韓国の銀行記号は官製地形図もソウルの民間地図帳も和同開珎的な古銭イメージであったが、お国ぶり、やはりさまざまなのである。

時代の変化で消えていった地図記号

地形図の記号といえば〶（郵便局）や卍（寺院）、文（小中学校）などは昔から長いこと使われているが、数ある記号の中には世の移り変わりとともにひっそり消えていったものも少なくない。

たとえば水車（水車房）。工場の記号が半分水に浸かったような形だが、見ての通り川の流れに水車が掛けられている絵だ。「昭和17年図式」まで使われてきたが、戦前の図式による地形図（戦後発行のものを含む）を見るとあちこちに点在している。

主に製粉用が多かったが、特に**生駒**《いこま》山地の西側ではこの水車の動力で銅線を伸ばして電線を作る伸線業が発達、この記号が小さな谷間に連続していた。もちろん山地だけでなく普通の小河川にもあった。

渋谷駅東口の、今はバスターミナルになっているあたりにも、大正時代の地形図を見れば渋谷川に水車がかかっていたのがわかる。時代の変貌はまったく目まぐるしく、観光用や博物館のを除けば、現役の水車などほとんど見られなくなってしまったから、地形図の記号としても姿を消してしまったのだ。

戦後は整理統合され減少していった

記号もあまり種類が多すぎると読む方が大変なので、戦後は整理統合の動きがあり、だいぶ多くの記号が整理されてしまったが、それとは別に、水車のように社会の急激な変化で記号の対象そのものが激減したものも多い。

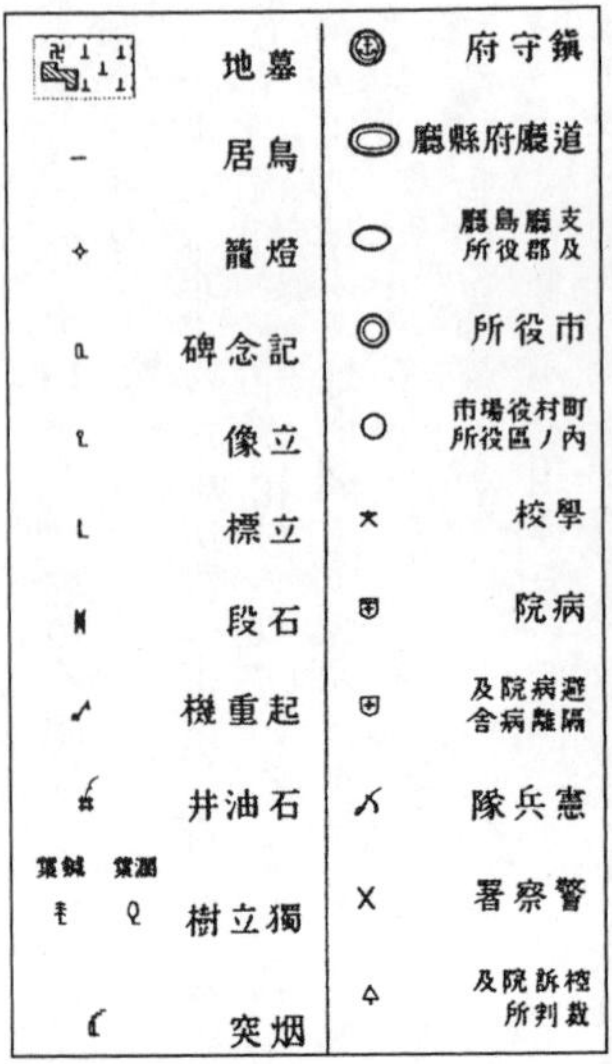

大正6年（大正14年加除）
図式による記号の一例

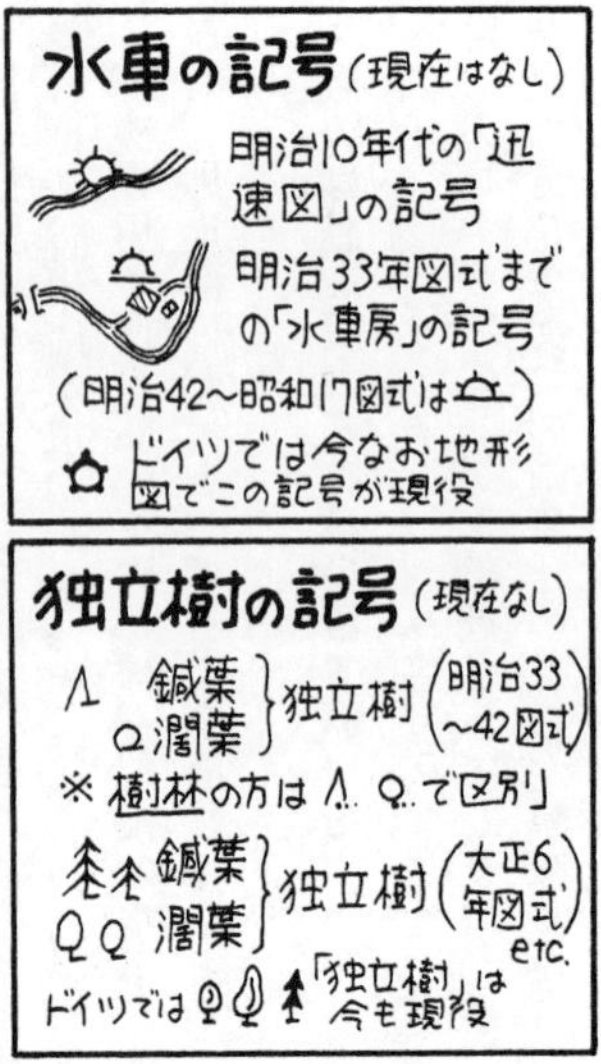

水車（上）と独立樹の記号（下）

たとえば民営化されてなくなった電報・電話局の記号。それから一足先に消えた専売局（後の日本専売公社）の記号。電話局など、町中に高いパラボラアンテナがそびえているのだから、目印としては大変優れていたのだが、国のつくる公式地形図が一民間企業の宣伝をするわけにはいかん、ということだろうか。

逆に、対象が増えすぎて当たり前になったため廃止された記号もある。たとえば「舗装道路」がそれだ。国道でさえ未舗装が当たり前だった昭和30年頃に定められた図式では、舗装道路は茶色に塗って表現していた。しかし周知の通り昭和45年頃から急速に舗装率が上がってしまい、これを墨守していたら地形図がまっ茶色になってしまっただろう。

当たり前だが、戦後は軍隊関係の記号もいっせいに消えた。師団司令部、鎮守府、憲兵隊などがそれである。ただし旗の立った陸軍兵営という記号は戦後「陸上自衛隊」として「昭和30年図式」に引き継がれ（陸海空３種あり）、現在も似た記号が陸海空自衛隊の施設に使われている。

もう一つ、惜しまれるのが独立樹の記号。これは鍼葉樹《しんよう》（針葉樹）・濶葉樹（広葉樹）の２種類があり、遠くからでも目立つ野原の一本松とか、ひときわ聳《そび》えている神社のご神木のようなものに用いられてきた。

寺院、教会、モスク、そして墓地のお国ぶりあれこれ

日本の地図に卍マークを発見して仰天する欧米人がいるという。もちろんナチスのハーケンクロイツとは向きが違うが、本来はナチス向き（右まんじ）のほうが正しいという説もあるらしい。もとはインドのヴィシュヌ神の胸にある印で、幸福と功徳を

示すものであり、彼らも最初はそのような縁起の良いものとしてこれを選んだようだ。

それはともかく、卍を見たらお寺という連想は鳥居マーク→神社と同様に日本人の脳の中に深く刻まれていて、地図記号としては最優秀賞を獲得できるレベルにまで定着している。「立小便禁止」の塀に鳥居記号を描いておくのも定着の証明だ。一時期、ある出版社が「ハーケンクロイツ似」を嫌ってか、市街地図のお寺記号を本堂の正面形に変えたことがあったようだが、やはり卍が主流である。

同じようにキリスト教圏では教会の記号の十字はつきものだ。もちろん**オランダ**の官製地形図などのように、丸印だけのものもあるとはいえ、ほとんどが十字をあしらってある。それも塔のあるものとないものを区別する場合もあり、さらに塔の数が単数か複数かを示したり、「三角点設置の塔あり教会」のような区分もあったりするので複雑だ。

塔の有無、塔の数を区別する教会の記号

ヨーロッパではとにかく町の中心でよく目立ち、しかも複数の教会を判断するためには大聖堂とその他の小教会・礼拝堂を区別したり、塔の数を示すのは宗教的にこだわっているというよりはランドマークとしての重要性からだろう。そのように目立つ

教会は遠くから見通して測量をする三角点の設置場所としても優れており、とくに山頂に頼れない平坦地の場合は現実的なのである。

国によっては当然ながらイスラム教のモスクの地図記号もある。回教国である**バングラデシュ**の地形図にはモスクはもちろん、キリスト教会も仏教のお寺もあって賑やかだ。実際には教会なども大きな都市に1ヵ所あるかどうかであるのに対して、モス

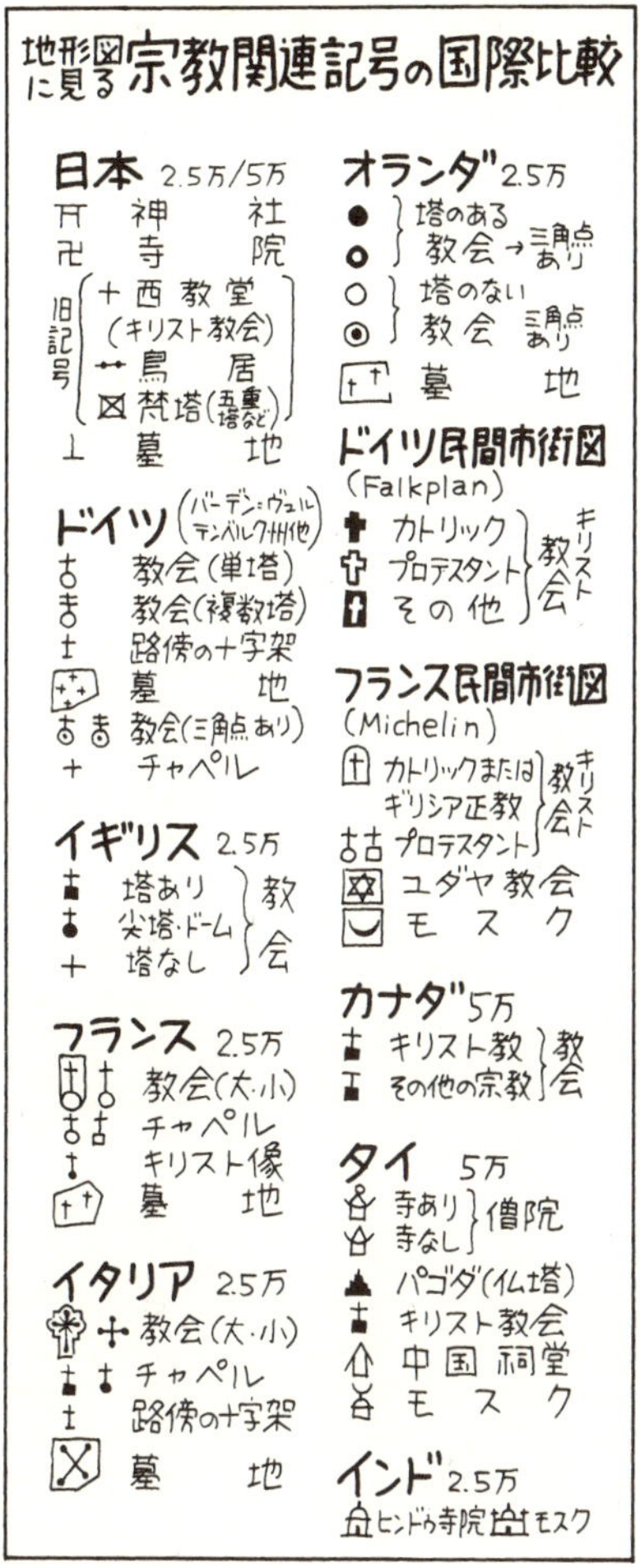

クの記号は農村の小さな集落にも必ずある。また、広く使われているミシュランのパリ市街地図など、場合によってはシナゴーグ（ユダヤ人教会）の記号もある。

どの国でも墓地には特別の記号を定めているようで、それぞれの墓の形態が記号の形に反映されているのが面白い。日本の記号はご存知（⊥）という記号だが、日本の伝統的な墓石のスタイルを簡潔に表していてわかりやすい。

この記号は歴史的有名人の墓なら記号は単独、注記つきであるのに対し、ある程度の広がりをもった墓地の場合はこの記号を敷きつめる。戦前の図式では天皇陵（山陵）は別の記号（丌）を使っていたが、今では墓地記号を用いて「多摩陵」などと注記が添えられている。「記号の民主化」が実現したということだろうか。

ヨーロッパではやはりその形態の通り十字架が記号で用いられているものが多いが、民間の市街地図など、キリスト教徒とユダヤ教徒の墓地を記号で区別しているものもある。ドイツの戦前の地形図でもキリスト教徒の墓地（十印）と非キリスト教徒の墓地（L印）を区別していた。

また、新旧教が混在している**ドイツ**などではカトリック教会とプロテスタントの教会を別の記号にする市街地図があるなど、かなり細分化されているところもあるが、さすがに日本では宗派別に記号を使い分けている地図にはお目にかかったことがない。

なお国土地理院の地形図では、天理教や金光教など在来仏教以外の施設については卍マークを使っておらず、大きな施設であれば固有名詞を記している。なお、神社仏閣に限らず、固有名詞を記したものについては記号は原則として略されている。

姿を消した地図記号のかずかず

「下筏」。ゲバツと読むそうだが、読んで字の如くイカダ下りが行われている河川であることを示す記号である。もちろんイカダ下りは今のような観光目的ではなく、木材を上流から下流へ運搬する手段として盛んに使われてきたものだ。

イカダに乗るのは大変に危険な仕事で、それだけに収入も良く、川沿いに発達した筏《いかだ》師たちの泊まる宿場はそんな筏師たちで賑わったそうだ。子供たちは格好いいと憧れた。

冬場など、農民が対岸の耕地へ通うなどのために水面ギリギリの低い位置に架けられた仮橋をめぐって、イカダ乗りたちと諍《いさか》いがしばしば起きたそうだが、筏師たちは小さな橋なら飛び越えていったという（もちろんイカダそのものは橋をくぐる）。ほとんどサーカスではないか。

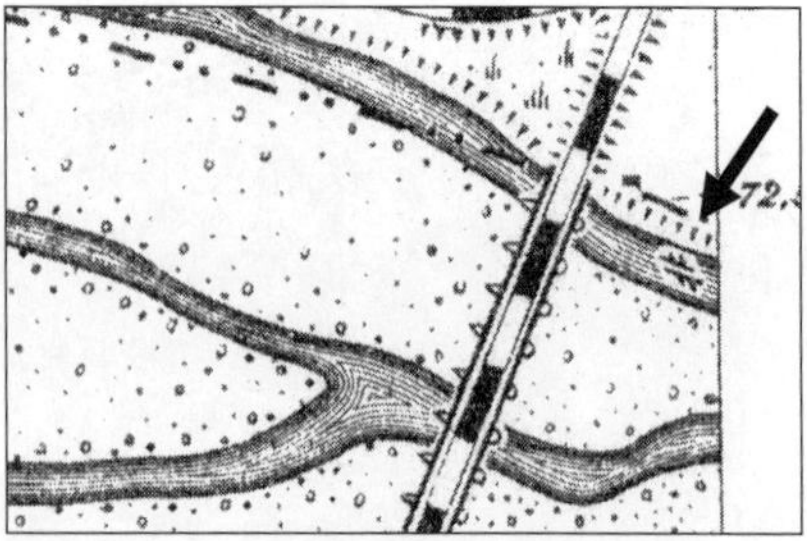

イカダ下りの記号
（1：20,000「拝島」明治39年測図）×2.0

それはともかく、地形図でこの記号に注意していると、今では発電や上水道に水を取られて乏しい水量からは信じられないような河川にも、昔はイカダが下っていたことがわかって感動してしまう。

もちろん**多摩川**にもイカダは下っており、上の明治期の2万分の1地形図には、甲州街道**日野**の宿場町の近くにも下筏の記号があった（矢印）。この記号はイカダ下りの区間が隣接図まで続く場合は必ず図の端に記されているが、旧版地形図を国土地理院などでコピーしてもらうときなど、河川の水線に隠れて記号が見えにくい場合があるので要注意だ。

昔は「灯台」でもあった灯籠《とうろう》も記号化

もう一つ懐かしい記号が灯籠だ。この記号も惜しくもなくなった。灯籠といっても、2万5千分の1や5万分の1に載っていたのは個人宅の庭にあるような小さいものではなく、江戸期以前からの湊町にそびえ、船の目印になっていたような大きなもの、または大きな神社の参道などに設けられた、ひときわ目立つ灯籠がその対象だった。「官幣大社《かんぺいたいしゃ》」クラスの立派な神社には必ずこの記号が参道にいくつも付いていたものである。

以前は「鳥居」の記号もあった。小さなお宮では拝殿も入り口の鳥居も同じような場所に固まっているが、記号化されるのは、やはりある程度大きな神社の境内にある

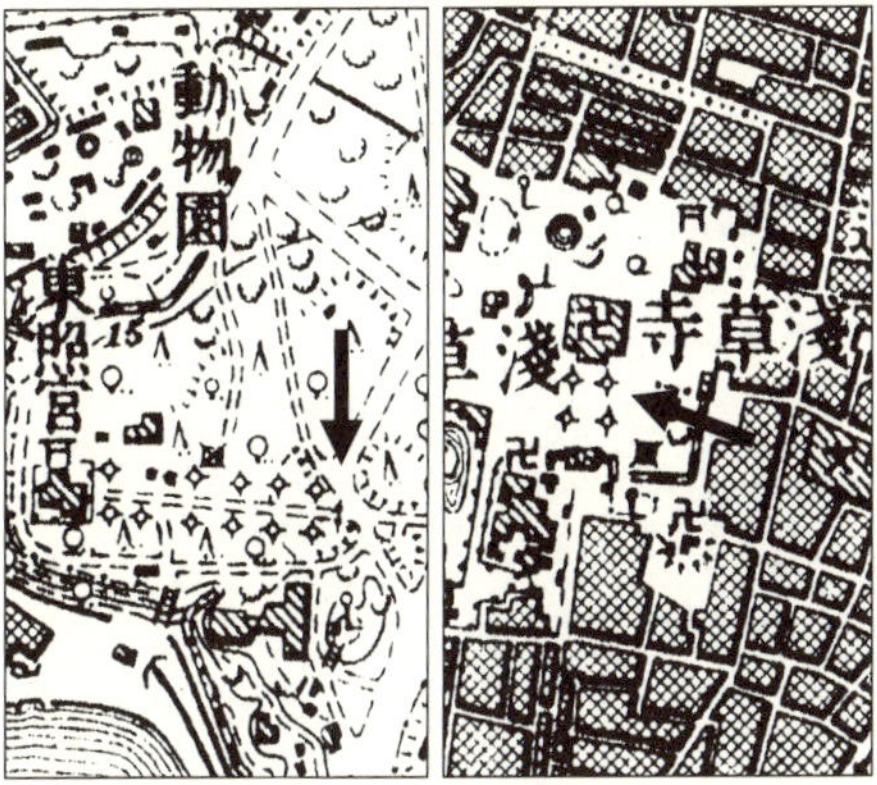

鳥居（左）と灯籠
（1：20,000「東京首部」明治42年測図）×2.0

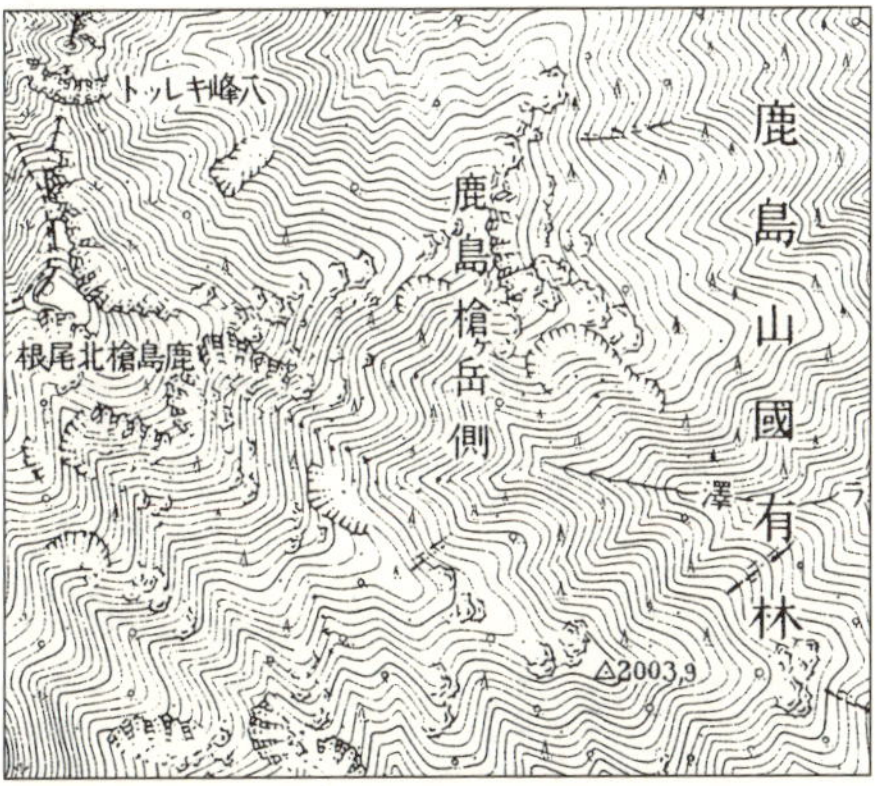

通過困難の部（1：50,000「大町」昭和６年修正）
全体的に点々と散らばった記号がそれ

塩田（1：50,000「高砂」大正12年修正）

もの、そして境内のはるか手前にあっても遠くから目印になる「一の鳥居」などのような神社境内から離れた大鳥居であった。

今では鳥居記号がないため、境内以外の著名な大鳥居は小さなドットを打ち、傍らに「○○大鳥居」などと注記がしてある。しかし記号があった時代よりはるかにその件数は少なくなった。

次は「通過困難の部」という記号である。これを筆者は長らく印刷のゴミ（紙粉）と勘違いしていたことがある。広葉樹林や針葉樹林の記号の間に点々と打たれる「最小の記号」なのだが、山地など樹木が密生していて歩いて通過するのが困難な部分といった意味である。もちろん「通過」するのは歩兵部隊であり、同じ田んぼでも水田か乾田、沼田（湿田）かの区別があったのと同様、あくまで行軍の可否を基準とした戦前の図式ならではの記号なのである。

製造方法の変化で姿を消した塩田《えんでん》記号

塩田。これは塩の製法が戦後、工場内でのイオン交換膜法に変わってから〝現物〟が激減したため廃止された。**瀬戸内海**沿岸の地形図を時代を追って見ていくと、砂のような点々がびっしり詰まった塩田記号が広がっていた海沿いの埋め立て地は、戦後しばらくは青い点々の記号で表現されていたのが、やがて広々とした空き地となり、その後は工場が立地するというパターンをたどった。

今ではその工場が撤退して第三セクターの遊園地などが進出したものの、バブル崩壊で破綻、なんていう物語も、地形図で定点観測をしていると見ることができるのである。

デフォルメが地図の命

地図という言葉を手元の『広辞苑』（第３版）で引いてみたら次のような説明だっ

た。「地表の諸現象を、それぞれの目的に応じて取捨選択し、主として平面上に表現した図。地形図・地質図・土地利用図・海図・天気図などがある」

なかなか網を広い範囲にかぶせた感じで、定義は厳密かもしれないが、一般にはちょっとわかりにくい。同じく岩波の『国語辞典』（第4版）ではもっと簡略に「一定の地域の状態を縮尺して平面に描いた図」とある。これはスンナリ理解できる。

おもしろいのは『国語辞典』が地域の状態を縮めて描いたもの、としているのに対して、『広辞苑』の方は縮めることなど一言も触れずに「目的に応じて取捨選択したもの」と捉えていることだ。筆者としてはどちらも欲しいところだが、どちらかといえば一般に見過ごされがちな「取捨選択」が前面に出ている『広辞苑』はさすが、と思う。

適切な取捨選択

さて、さまざまな地図のモトとなる国土地理院の2万5千分の1地形図は、真上から撮った空中写真から作られている。写真だから何もかも包み隠さず写っているはずで、解像度を問わなければ庭の犬小屋も深山幽谷の木の一本一本までが現実そのままに何も手を加えられずに並んでいる。

しかしこれを忠実にトレースしただけでは地図にならず、「目的に応じて取捨選択」する必要がある。それでは何を載せて何を捨てるか。国土地理院の2万5千分の1地形図は、日本にあっては統一的な最大縮尺の「国の基本図」であり、ある特定の目的というものはないが、その地域の状態を一目瞭然に表すべく、写った物を取捨選択している。

たとえば道路は実際より太く目立つように、森は数多くの樹木を一括して記号で表し、田畑や桑畑、そして果樹園などの植生や土地利用を明確にし、さらに役場や交番、郵便局など公共的な施設を記号で示し、密集した家々は斜線でまとめて示す。真上から見ただけではわからない土地の起伏を隣接した写真と合わせて立体写真とし、図化機で等高線を描いていく。これによ

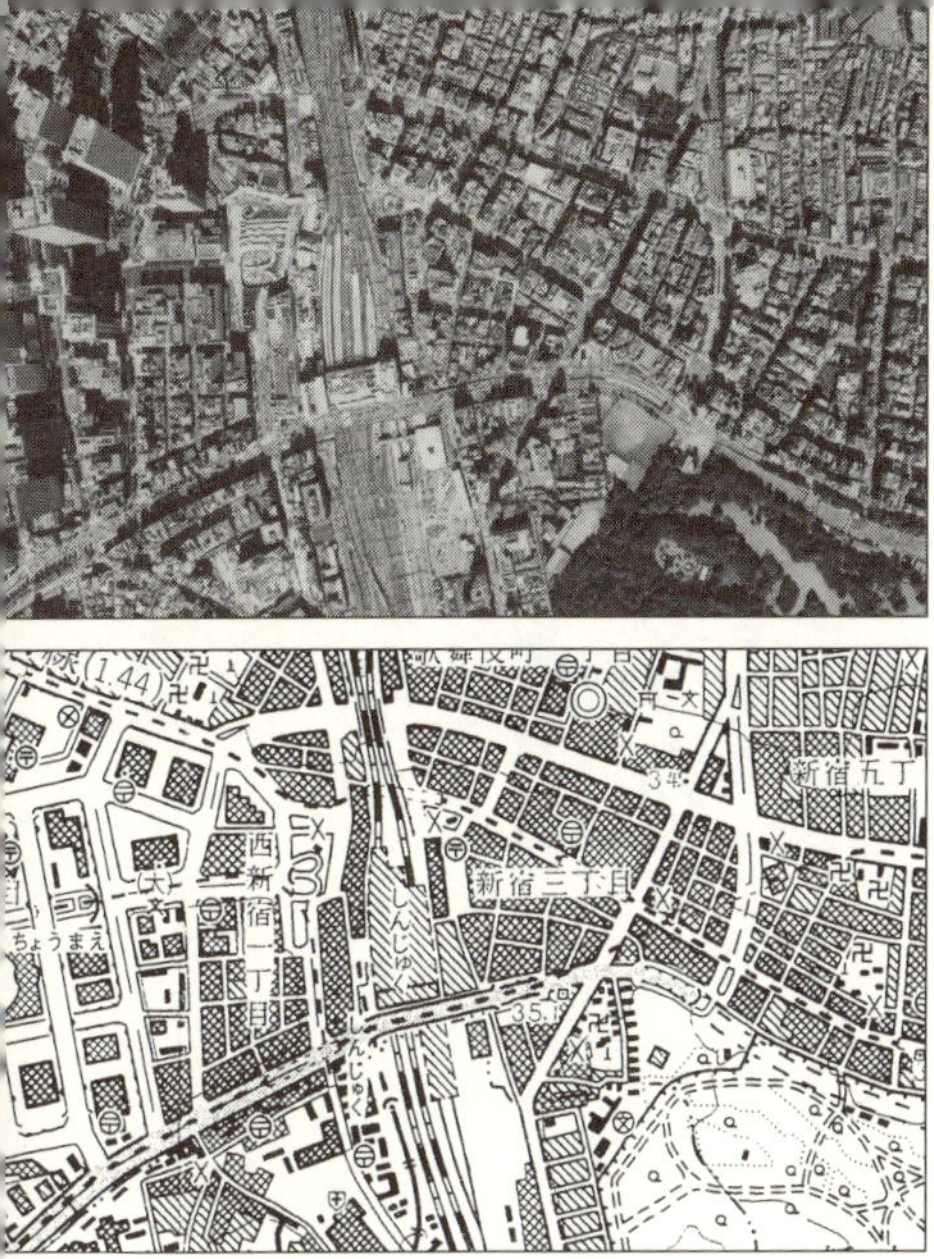

新宿駅周辺の空中写真（平成4年10月10日撮影）と同範囲・同縮尺の地形図（1：25,000「東京西部」平成10年部分修正）

り、きわめて微細に入り組み合っていた画面がスッキリ読み取り易くなり、その地域の「顔」が明瞭に浮かび上がってくるのだ。

家が一軒ずつ描かれた地図もある。住宅地図ならもちろん必要だが、縮尺によっては、それが煩雑な印象を与えるだけで、むしろ伝達すべき内容を邪魔してしまう。この場合は色の網やハッチ（密な斜線）で示したほうがいいこともある。

また、道路を正確な幅員で空中写真そのままに描いてしまったら、特に道路地図など、道路が細すぎては使いものにならない。かといってあまり太すぎても見にくくなる。地図はデフォルメそのものであり、それも場合に応じた適切なデフォルメ—取捨選択が必要不可欠なのだ。

地図はどこまで〝客観的〟なのか

マンガの付いた無縮尺のイラストマップなどを除けば、人々は地図が「客観的に作られている」と無条件に思い込んでいるフシがある。でも、そうだろうか。試しに国土地理院の1万分の1地形図と、同じ縮尺の民間の市街地図とを比べてみよう。

まず市街地図には地形図につきものの等高線が入っていないものが多い。また、地形図では一軒一軒の家が見事にすべてギッシリ描き込まれているのに対して、市街地図はたいてい町ごとに色分けしてはいるけれど、描かれるのはマンションや公民館など特定の建物だけだ。また市街地図にはそのマンション名が載っているけれど、地形図にはない。

信号と交差点名の表示は市街地図や道路地図の必須条件だが、地形図には信号のシの字もない。しかし逆に地形図なら畑か田んぼか果樹園かがわかるし、広葉樹林か針葉樹林かも区別されているから、現地の景観を思い浮かべるには最適だ……。

目的が違えば表現は違ってくる

同じ1万分の1といっても、これだけ掲載内容が違うのである。もし同じモデルを描いてもピカソとモネではまったく違う絵になるのと同じだ。つまり、地図製作の「目的に応じた取捨選択の基準」が異なると、結果が大幅に変わってくるのである。

地名の記載にしても担当者の裁量幅が意外に大きい。国土地理院の地形図の地名は決められた基準に従って記載されているが、その地名リストの元となる市町村の担当者の意識ひとつで結果は違ってくる。

「こんな小字《こあざ》の地名は今はほとんど使われていないから省略しよう」と考える人と、「使用頻度が低くても歴史を担った文化財であり、地形図上に載せるべき」という担当者では大いに違うのは当然だ。

また縮尺の小さい道路地図などの場合、市町村により粗密の差が激しい町名・小字名の省略のしかたは、まさに担当者しだい、ということにもなる。

メルカトルで「社会主義の脅威」を訴える?

次に図法をとってみよう。壁に貼られる世界地図がよく採用するメルカトル図法は経緯線がどこでも直交しているため、高緯度地方がやたらに拡大される。オーストラリアよりはるかに小さいはずのグリーンランドが、豪州大陸の数倍にも膨れ上がってしまうのだ。

高校などの地図帳には社会体制の国別色分け地図がよくあるが、ひと昔前なら「社会主義国」を示す赤色が、わざわざメルカトル図法を用いていたために高緯度地方、特にソ連のそれが大々的に拡大され、「世界を支配しつつある」ような印象を与えていたものである。

もし作図者の意図がそのことを強調したいのであれば、その目論見はメルカトル図法を使うことで見事に成功した、と言えるだろう。それでも、あくまでも「一般的な図法」で「事実」を表示しただけなのだから「客観的」と言い張ることは可能かもしれない。

また、太平洋がまん中にくる地図と大西洋が中心の地図では各国の世界での位置づけも微妙に印象が違ってくることはあるし、南が上の世界地図ならもっと違うイメージを喚起できるだろう。いずれもデータを改竄《かいざん》したわけではない。

これだけ見ても、すでに「客観的」は崩れ去っている。地図が「目的に応じた取捨選択」を経て出来上がる、という前提に立てば「客観的な地図」など存在しないことがわかるではないか。客観的な報道というのが形容矛盾であるのと同様に。

一軒家の鈴木さん宅が載っているのにわが家は……

2万5千分の1や5万分の1などの地形図で農村や郊外の住宅地などを表現するのに黒い小さな四角（黒抹家屋）が使われるが、分譲住宅などの場合、整然とびっしり並んだ黒四角が、同じような規格の家が建ち並んでいる様子を思い起こさせてくれる。

しかしこれらの四角は必ずしも家1軒に対応しているわけではなく、全体として家並みの様子を総合的に表現する方法なのである。だから「3軒を四角1個で表す」などと決まっているわけでもなく、臨機応変に描いていく。ちなみにわが家の場合はどうかと確認すると、9軒かたまりの分譲住宅がたった2つの黒四角にまとめられてしまっていた。

もっと家の密度が高くなると、あたり一帯を斜線でつぶす面的な表現になってしまうが、これは世界的な共通の表現方法である。斜線または網の点々で市街地を面的に表現するやり方を業界用語で「総描家屋」というが、まさに適度な総描こそが地図の使命である。

野中の一軒家は廃屋でも表示

その反対に、野中の一軒家の場合はまさに省略されることなく1軒は1軒で表示されるので、地図上で「これ、ウチです」と示すことが可能だ。山中の廃屋であっても家屋の形をなしていれば表示される。

北海道のバスで「次は高橋宅前」などというアナウンスが入ったりすることがあるが、そんな家なら確実に地形図に載る。これは道内には珍しくなく、何もバス会社に金を払ったわけではないだろう。しかしこれらが印刷物などに記載されてしまうと、高橋宅前が地名としての色彩をだんだん帯び始める傾向があるのは面白い。

別項で郵便局の記号を取り上げたが、実は2万5千分の1地形図も全国すべての郵便局を載せているわけではない。地方では小さな簡易局でも載るけれど、東京では高

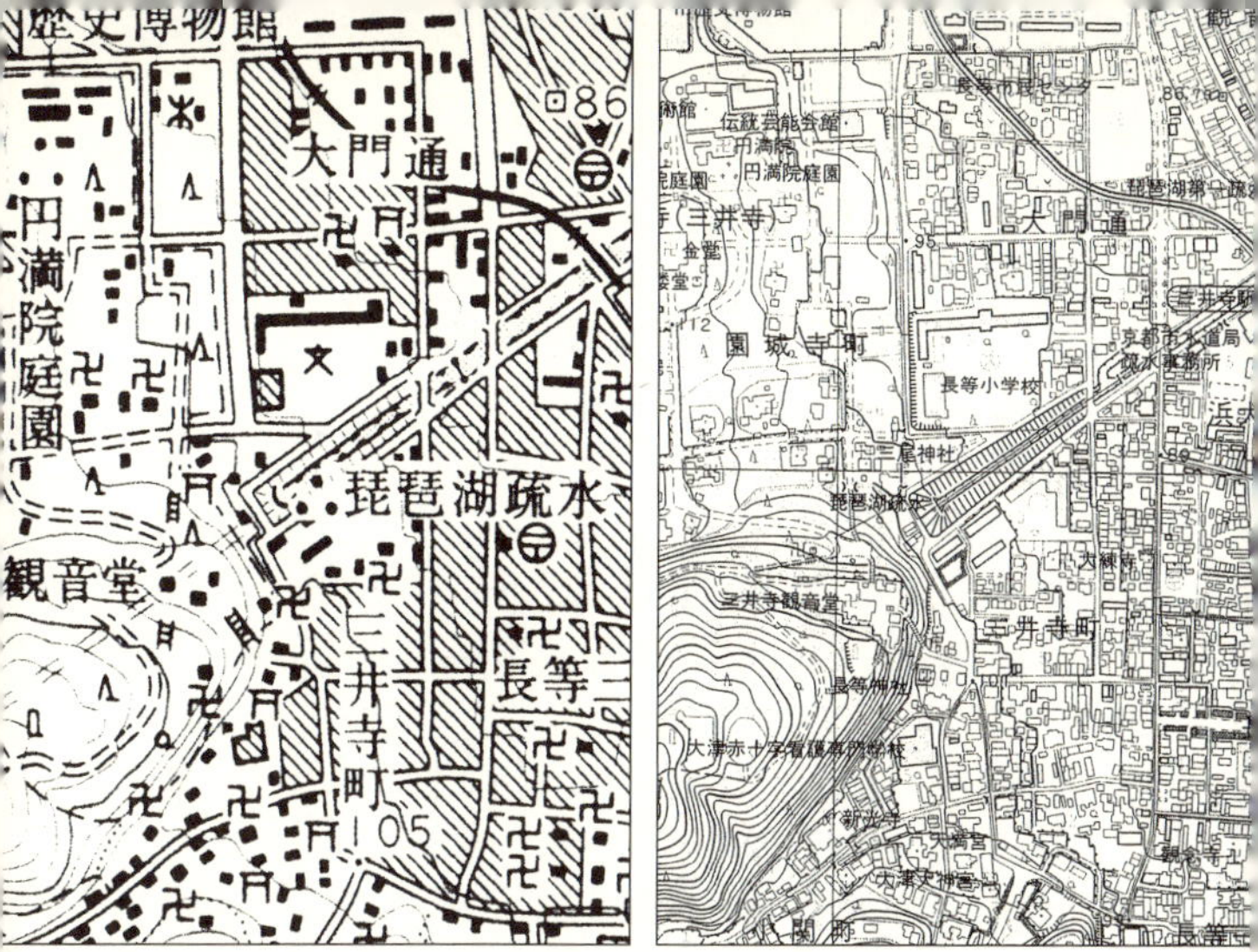

1：25,000「京都東北部」平成9年部分修正×2.0（左）と
1：10,000「大津」平成8年修正×0.8（右）
家の一軒一軒も、縮尺が小さくなれば左のように「総描」される

層ビル内郵便局などは適宜省略する。これらをすべて載せていたら「郵便局マップ」になってしまいかねない。

そういえばイギリスの5万分の1地形図には「公衆電話」という記号があるが、これもロンドン市内などではなく、駅から遠い村の辻や岬の突端などの希少価値のあるものが表示の対象である。

またPCという記号も地方に目立つ。これはパソコンをどうにかする施設かと思いきや、トイレ（パブリック・コンビニエンス）なのであった。観光地図に特化した観のあるイギリスの

5万分の1はそんな気配りも示しているのである。

山のピークを三つ越しても地図には一つ

137ページの図は三浦半島の西側にある**神奈川県葉山町**《はやま》の仙元山《せんげんやま》付近である。山の尾根線を通るハイキングコースが東西に通じているが、破線で描かれているのがそれだ。仙元山から東の189メートル（下図は188メートル）の標高点のある無記名の山頂まで1キロ弱のコースだが、それではこの間にアップダウンは何回あるだろうか。

137ページの上図では、仙元山から東へ向かうとすぐ下り坂で、100メートルの等高線（計曲線）を割り込んで約95メートルまで下ってまた上り、南斜面に開かれた住宅地を見下ろしながら130メートルの等高線を越えるまで緩い上り、そして戸根山の文字の北側の不明瞭なピークから125メートルほどまで下り、今度はかなりの急登で160メートルまで一気に上り、その後少し傾斜が緩くなり、また急になって189メートル地点に至る。これが地形図から見た概略だ。トータルで下り2回、上り2回となる。

1：25,000「鎌倉」平成10年修正

1：10,000「葉山」平成7年修正

縮尺によって山のピーク数が違う理由

しかしその後、1万分の1「葉山」で同じ地域を見よう（下図）。等高線は4メートル間隔と狭くなり、縮尺が大きいのでさらに微妙な地形が表現されている。アップダウンを数えてみると、大小合わせて5〜6回の上り下りが読みとれる。

つまり、2万5千分の1の10メートル間隔の等高線に引っかからなかった細かい起伏が1万分の1では把握できたということなのだ。これが2500分の1ならさらに上り下りは多くなるかもしれないし、逆に縮尺が小さくなれば凹凸は減るだろう。関東地方全図になれば、この尾根そのものが消滅するだろうし、東アジア全図の隅に描かれた日本だったら、三浦半島そのものが存在するかどうか怪しくなるのである。

こうして見ていくと、地図というものは縮尺に応じた省略を必ず行っているものであり、地図が現地にどれほど忠実であろうとしても、2万5千分の1で庭にモグラが積み上げた5センチの「山」を表現することはできないし、またその必要はないのである。

だから「三つピークを越えたのに図上では一つ、だから不正確！」などというのはおかしい。モグラ山は極端としても、「この窪みが表現されていなかったから、あの山の2万5千分の1は不正確」のような話は、それこそ木を見て森を見ない類なのだ。地図の情報には、それぞれの縮尺や用途に応じた守備範囲が必ずあり、それを認識した上で使わなければ道を誤ってしまう。

５万分の1の道路幅を５万倍したら

道路は地図上でもっとも注目されるものの一つだが、これを空中写真に忠実に、道幅も縮尺に合わせてしまうと細くて読みにくい。そのため、住宅地図のような大縮尺でない限り、図上の道路は実際より太く表されている。

それではどれだけ太いか。たとえば5万分の1地形図では、もっとも太い道路（幅員13メートル以上）は幅０・８ミリになっている。しかしこれを5万倍してみると幅40メートルにもなってしまう。

ちょっと狭苦しい４車線だと15メートル程度だから、３倍弱の幅で表現されていることになるのだ。向こう側の人の表情が読めないほど広い６〜８車線をもつ東京の新宿通りや昭和通りでも40メートル程度だから、そのデフォルメぶりが知れよう。

また「幅員３〜５・５メートルの道路」、つまりせいぜい１〜２車線にすぎない道路が５万分の１では０・５ミリ、25メートルということになる。これは広々した４車

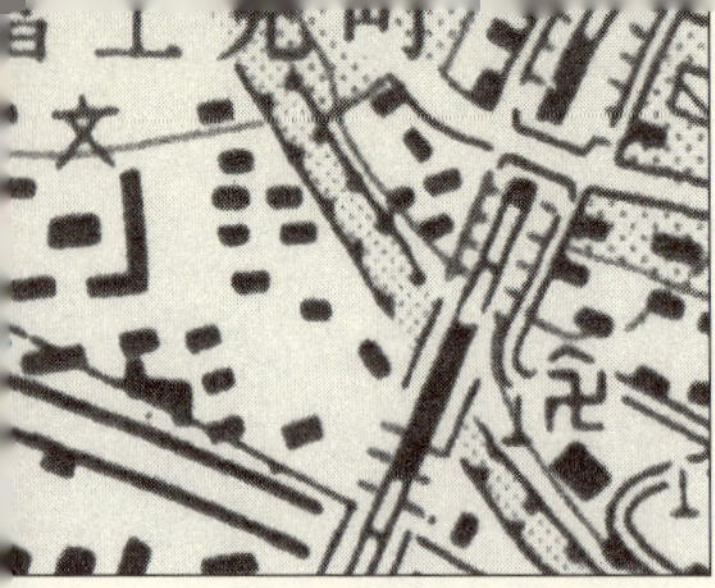

1：50,000「青梅」平成9年要部修正
×4.0

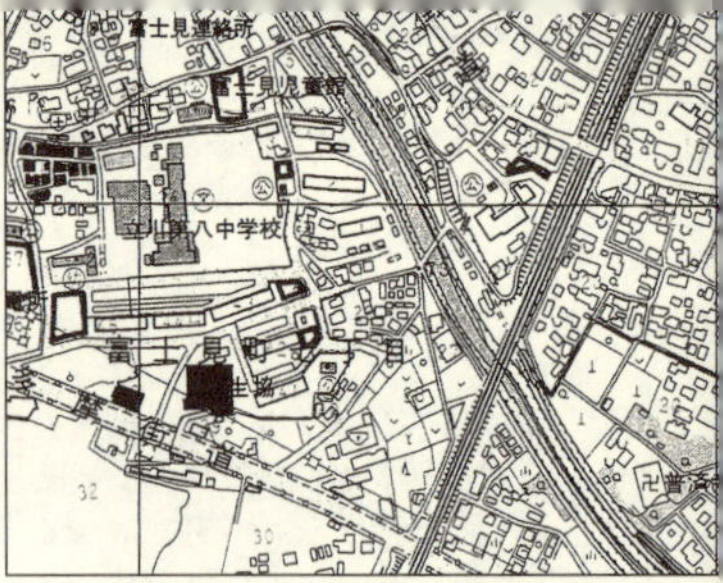

1：10,000「立川」平成11年修正
×0.8

1：200,000「東京」平成9年要部修正
×16.0

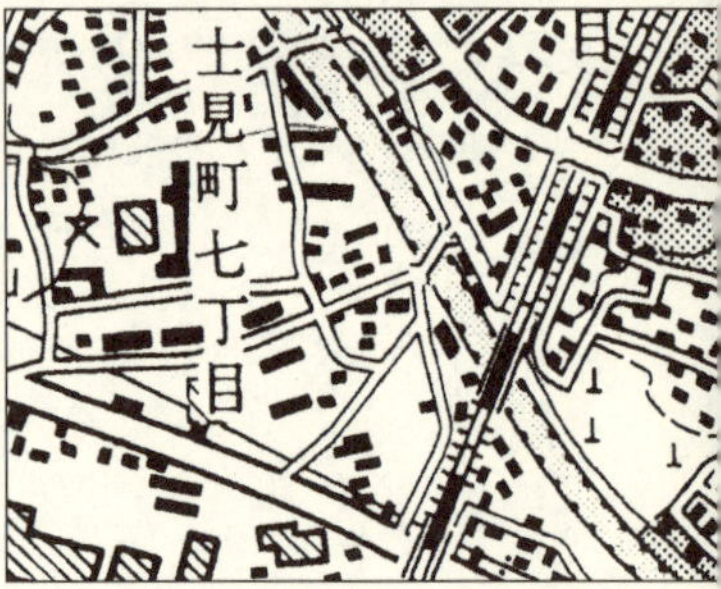

1：25,000「立川」平成11年部分修正
×2.0

線の高速道路に等しく、さらにデフォルメ率が高い。

2車線の主要道など縮尺通りなら髪の毛ほど

ところがその道幅を〝忠実に〟縮めて描いてしまったらどうだろう。地方の旧街道で幅5メートル程度の道路は、その重要性にもかかわらず、わずか0・1ミリという髪の毛のような線になる。これでは到底役に立たない地図が出来上がってしまう。もちろん道幅を誇張すれば道路脇の建物もズレて表示されるのだが、その欠点を補って余りある効果があるからこそ、太く誇張しているのである。

ただし、東京駅前から皇居方面に延びる幅員75メートルの道路は５万分の１、２万５千分の１レベルなら縮尺の通りにそれぞれ１・５ミリ、３ミリで表現される。つまり記号より実物のほうが太い場合はその通りに表現する（真幅道路）ということなのだ。

当然ながら縮尺が大きくなればなるほど「真幅道路」の割合が高くなり、１５００分の１の住宅地図など、山道などの例外を除けばすべて真幅だ。逆に記号化・誇張された道路を「記号道路」という。

デフォルメ率は日本地図とか世界地図になるとさらにアップする。たとえば２千万分の１のアジア全図など、０・２ミリほどで表現される国境線（本来は幅がゼロのはず）が、なんと幅４キロということになってしまう。これが不正確、というのではなく、地図というのは多少の差はあれ、そうやって「事実」をある意図に従って抽出し、誇張して表現する媒体なのである。

ワサビ田も「田」の記号

田んぼや桑畑、針葉樹林の記号など、植生の記号は比較的よく知られているものが多い。しかしその記号の管轄する範囲は意外に広くて判断に迷うこともある。

たとえば冒頭に挙げた「田」の記号（||）でさえ、植わっているものはイネだけとは限らないのだ。

『改訂版　地形図図式の手引き』（日本地図センター刊）によれば「田」の記号の掲載基準を「水をはって、水稲、はす、わさび、い草などを栽培している土地」としている。つまりワサビ田とかレンコンが植わった蓮田も含まれるのである。逆に水を張らない陸稲《おかぼ》は畑の記号だ。

それではパイナップル畑は果樹園（ó）と畑（∨）のどちらの記号が使われているだろうか。樹高があまりないので「果樹園」らしくはないが、あれだけ大きな果実が穫れるから果樹園記号では？　という考え方も成り立つだろう。

しかし正解は「畑」である。果樹園の記号は、作物はともかくあくまで果「樹」かどうかで区別しているので、スイカやイチゴなども当然「畑」であり、牧草地もこれに含まれる。なお、畑の記号は昭和42年改訂の5万分の1地形図図式で初めて登場した新しいものであり、それまでは空地と同じ「無記号」であった。

よく疑問が出される「その他の樹木畑」（○）という記号だが、具体的には何が植わっているのだろうか。前述書によれば「きり、はぜ、こうぞ、庭木などを栽培している土地。苗木畑も含む」とある。

第3章　地図で探る境界線

岡山県と香川県の県境が陸上にある⁉

　アメリカの州の境目は一直線なのが目立つが、これは「開拓時代」に尾根や谷などの地形をいちいち細かく把握するヒマがなかったからだろうが、特に中西部に多い。世界一の直線境界線であるカナダとの国境をはじめ、コロラド、ワイオミング、ユタの各州など、州の境界線すべてが直線である（厳密に言えば緯線沿いの境界は湾曲しているが）。

　ついでながら、そんな一直線州境が交差して四つの州が1点で接しているポイントというのが全米でただ1ヵ所ある。コロラド、ユタ、アリゾナ、ニューメキシコの「4州交会点」はロッキー山中の道路脇にあって、ここのモニュメントには観光客が思い思いに両手両足で「4州をまたにかける」ポーズをとり、記念写真におさまるのだそうだ。

　日本の境界線では一直線など北海道の一部にある程度だが、地図を子細に眺めれば意外な境界線はけっこうあるものだ。

漁場争いの末の島の境界

たとえば**岡山県**と**香川県**は瀬戸内海を隔てているから境界は海にしかない、と常識的には考えがちだが、実は陸上の県境が2ヵ所も存在する。

146ページの図がそれだが、まず石島または井島。両方とも「いしま」と読むが、石島が岡山県玉野《たまの》市側の、井島が香川県直島《なおしま》町の呼び方だ。現在は岡山県側のみに住民が暮らしている。

かつてこの島は瀬戸内海の漁場をめぐって備前《びぜん》岡山藩胸上《むねあげ》村と讃岐《さぬき》側の天領・直島の間で領有権が争われ、2度にわたる訴訟沙汰の結果、国境（現・県境）が確定した経緯がある。

もう一つが大槌島《おおづちしま》で、このピラミッド状の小島の北側が岡山県玉野市、南側が香川県高松市になっている。こちらも昔からの好漁場であったため領有争いがあって、折半と相成った。

領有権争いというのは昔だけの話ではなく、都府県境や市町村の中にはまだまだ未確定の境界があちこちに存在するのをご存知だろうか。

そもそも富士山の山頂の領有さえ決まっていない。**山梨県**と**静岡県**の両県にまたがっているのは確かだが、火口付近から4合目あたりまでの東側斜面が未定なのだ。この間、直線距離で5キロ以上もあり、このため関係市町村はもちろん、厳密には山梨・静岡両県の面積も定まってはいないのである。

今どきなぜ領有権争いかといえば、その面積が地方交付税交付金算定の一つの根拠になっていることがある。未定地はたいていは人の住まない山地であることが多いが、中には愛知・三重両県の間で何十年も未定だった木《き》曽《そ》岬《さき》干拓地など、帰属未定のため誰もそこで事業を始めることができずに、平成6年（1994）の境界決定まで放置されていた、などということもあった。

「国土面積」というときに、川や湖の面積を含むのかどうか、という疑問があるが、

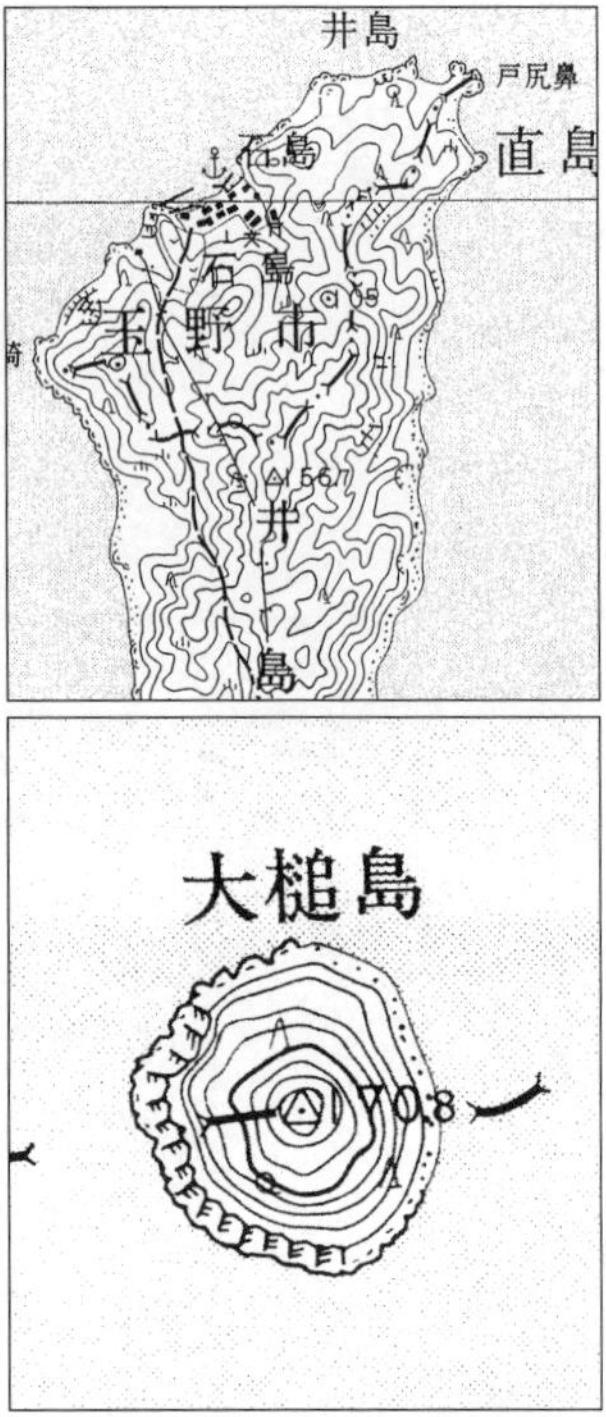

1：50,000「西大寺」平成元年修正＋「高松」平成２年修正（上）および1：50,000「玉野」昭和62年要部修正×2.0（下）

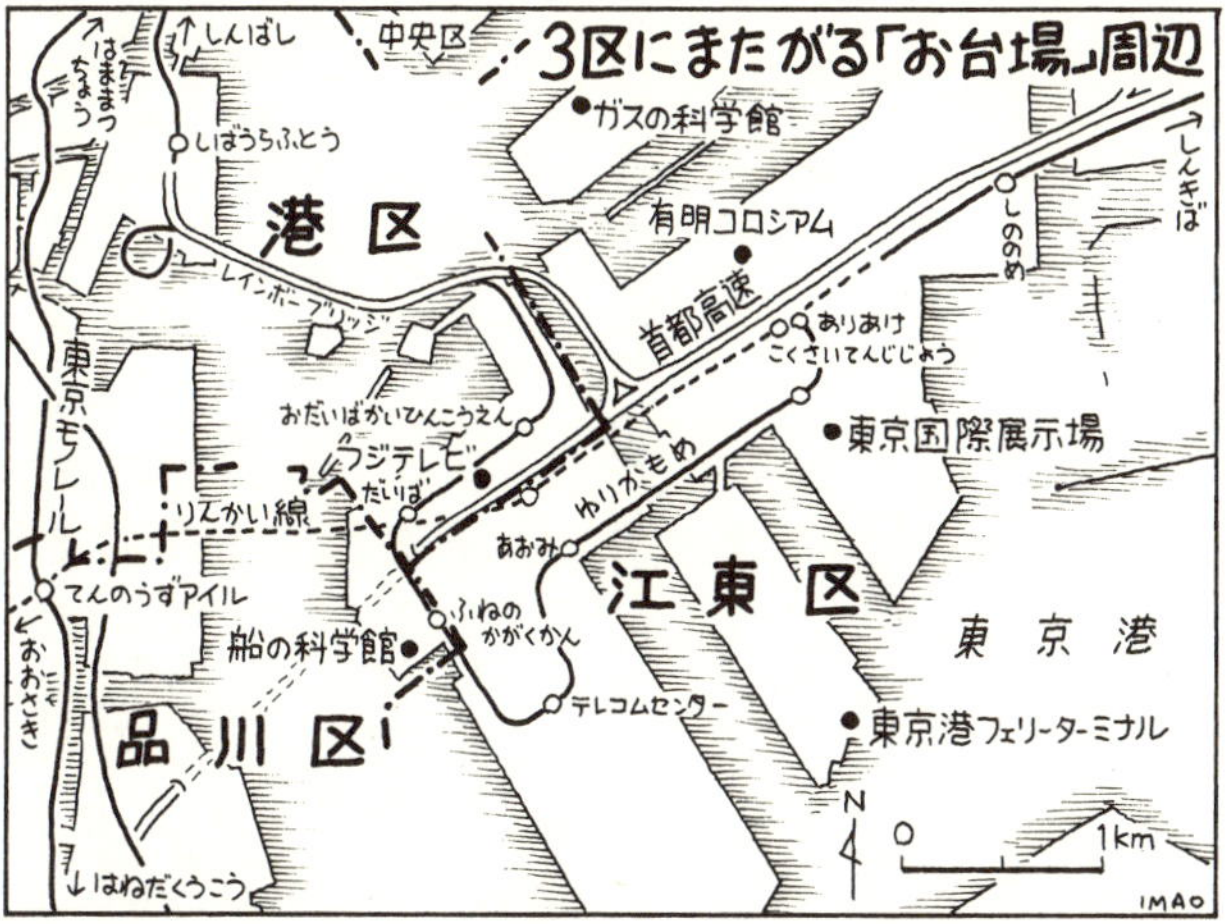

東京・お台場付近の埋め立て地で繰り広げられている、特別区同士による「争奪戦」の状況

「原則として含まれる」が正解だ。

だから湖上にも境界線が引かれるのがスジであり、実際に地形図を見ると湖の上に一点または二点鎖線が引かれていることが多い。しかし水面の境界が確定していない地域はとても多く、市町村や県の面積が確定できない例があちこちにある。

埋め立て地の境界争いは現在も続く

水面の所属未定では最大だったのが琵琶湖。平成19年（２００７）までは、**滋賀県**の市町村の面積を全部足した３３４７・１１平方キロと、「県の面積」の４０１

7・36平方キロが大幅に食い違っていた。要するにこの差し引き670・25平方キロが境界未定地であった琵琶湖の面積で、県内では長年の懸案であったところ、ようやくその年になって湖上の境界が確定したのである。

埋め立て地の争奪もなかなか激しく、東京湾のウォーターフロント開発などで埋め立て地が完成すると、決まって沿岸各区が争奪戦を繰り広げる。現在の地図に見られるお台場周辺の3区にまたがった境界線はその戦いの結果である。江東区と品川区が接していたなんて、私も知らなかった。

両国橋は東京隅田川だけじゃない

維新後間もない明治4年（1871）7月に廃藩置県が行われた。とりあえず旧来の藩をすべて県に置き換え、3府302県が誕生したのだが、同年末には3府72県に統合された。

その後は各県の間でのいくつもの目まぐるしい合併・分離の末、明治21年（1888）に愛媛県から香川県が分離独立したのを最後に、現在のような47道府県体制が定まったのである。その後三多摩の神奈川県から東京府への移管、東京が「都」になるなどの変化はあったが、総数は変わっていない（占領下の沖縄を除く）。

明治の過渡期にはさまざまな境界線が現れては消えていったが、結局は江戸時代まで長く続いた旧分国に沿った府県単位として落ち着いた例は多い。

やはり分水嶺や大河などによる自然国境が多かったこと、また古くからの文化的または経済的なまとまりがモノをいったのだろう。もちろん一国が比較的小さかった西日本では2〜3国合わせて1県という例も目立つが。

小田急は7回も都県境を越える！

さて、旧国境線以外が都府県境となっている部分には入り組んだところが多いようだ。これは一つには郡の境界をあてはめたことが多いからである。同じ武蔵国の中で分かれた**東京都**と**神奈川県**の境界はどうなっているだろうか。

その境界の西半分は旧武蔵・相模の境、文字通りの境川が担っているが、東側は多摩郡と橘樹《たちばな》郡、都筑《つづき》郡の境界がたまたま採用されたために川崎市に飛地が生じているなど複雑になってしまった。

新宿から小田急線に乗るとまず多摩川で神奈川県に入るが、その後柿生《かきお》駅を出て東京都町田市に入り、次の鶴川駅前後までの短い区間で計5回の都県境越えをし、町田駅を出てようやく神奈川県に落ち着く、という具合だ。この間の「越境」回数は実に

湯河原温泉・千歳川にかかる両国橋は相模・伊豆両国の境界

7回。

境界が山中の分水嶺なら問題はないのだが、川の場合は両側の交流が多い地域だと不便もある。たとえば神奈川県南西端にある**湯河原《ゆがわら》**。温泉街のまん中を流れる千歳川から南側は実は静岡県熱海市であり、「湯河原温泉に泊まった」つもりでも、領収書には「熱海市泉《いずみ》」などの地名が印刷されている、という具合だ。

熱海へ行った覚えはないぞ！　と驚くかもしれないが、それも境界線のなせるワザである。だから湯河原温泉の地図を注意して見れば、千歳川を渡る両国橋という橋の名に気づくはずだ。相模と伊豆の両国である。そんなわけで、熱海市側は通称「伊豆湯河原温泉」とも呼ばれている。

ちなみに東京の両国橋は両岸とも東京都であり、昔から武蔵国ではないか、と思うかもしれないが、江戸前期に初代の橋が架けられた頃は隅田川の東が下総《しもうさ》国だった。だから両国橋は東京の専売特許というわけではなく、全国各地に無名の両国橋が存

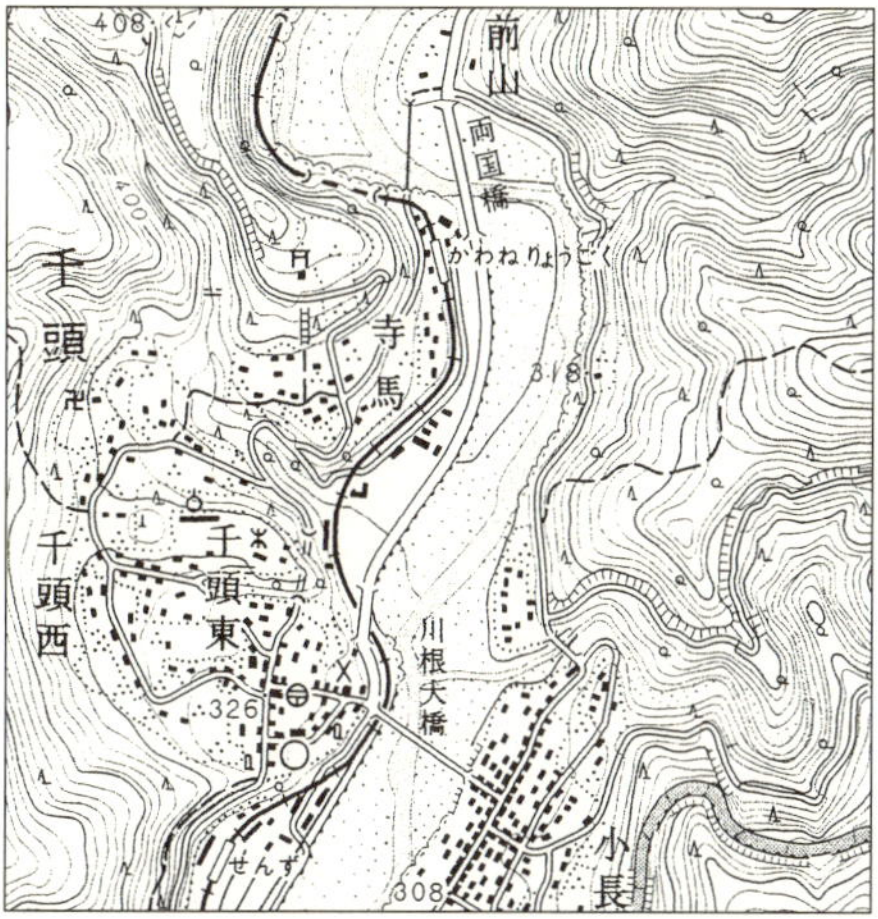

1：25,000「千頭」平成9年部分修正

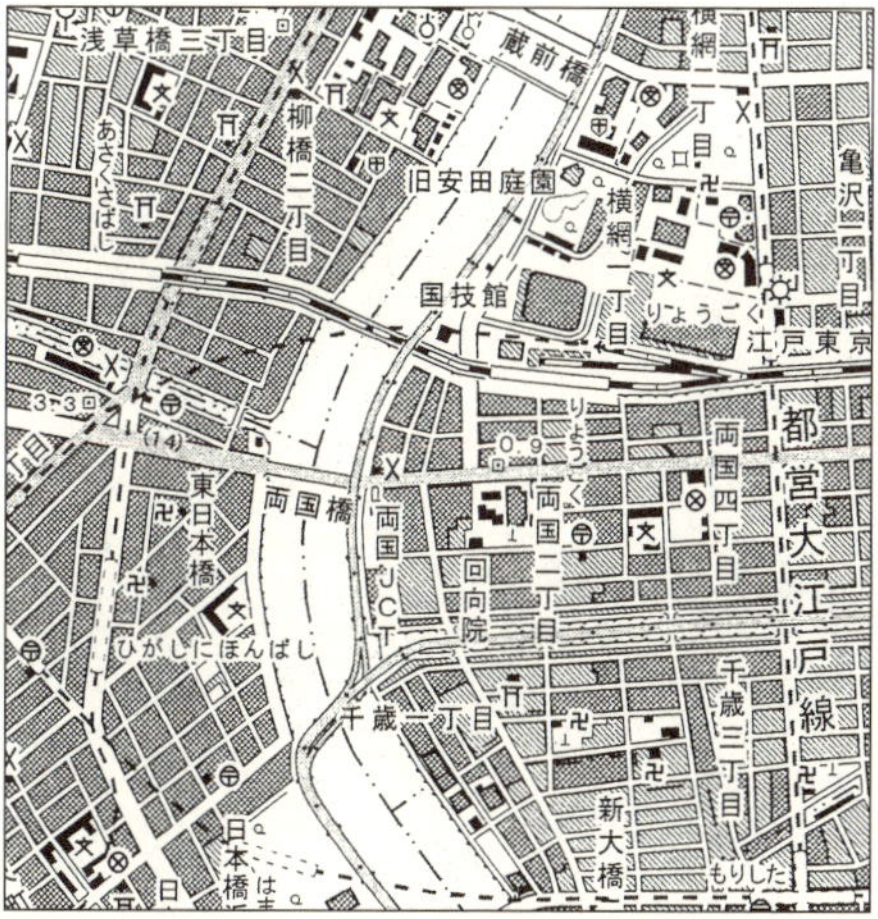

1：25,000「東京首部」平成17年更新

在するのである。**群馬県桐生《きりゅう》市**の南東部にも小さな「両国橋」が桐生川に架かっており、ここは現在でこそ桐生市内の菱町《ひしまち》一丁目と境野町《さかいのちょう》の境界に過ぎないのだが、この菱町は昭和34年（1959）に隣の栃木県から移籍した菱村で、それまではホン

モノの県境であり、上野《こうづけ》・下野《しもつけ》両国の境だったのである。

もう一つ、大井川鐵道に川根両国《かわねりょうごく》という駅があるが、こちらも大井川が駿河《するが》（151ページの上図東岸）・遠江《とおとうみ》の国境であった名残であり、実際に大井川を渡る両国橋も存在する。

両国橋の他にも、全国には両郡橋や郡界橋、境橋など、現在または過去の境界にまつわる痕跡はいろいろな所にたくさん残っているので、探してみてはいかが。

社会主義との訣別は地名の変更から

旧東ドイツに「カール・マルクス・シュタット」という都市があった。かのマルクスにちなんで（生地ではなく、また活躍した所というわけでもないらしい）1953年に由緒あるケムニッツの名を捨てて変更されたのだが、ベルリンの壁崩壊の翌年、東西ドイツが統一された1990年にふたたび旧名に戻された。その後ソ連もなくなってロシアとその他いくつものＣＩＳ（独立国家共同体）諸国が誕生し、とにかく人々は従来の「体制」との訣別を急いだのである。

その結果、旧ソ連を中心に各所で称されてきた数多くの「革命功労者」たちの名を冠する都市名が旧に復することになり、地図が大幅に変わってしまった。手元にある80年代の高校地図帳と現在のを比べてみると、主な都市だけでも次のように変わっている。

クイビシェフ（ゴスプラン議長名）↓サマーラ

スベルドロフスク（共産党活動家）↓エカテリンブルク（ロシア皇帝エカテリーナⅠ世）

ゴーリキー（作家の生地）↓ニジニノブゴロド

カリーニン（共産党活動家）↓トベリ

社会主義への功労者を地名に

カッコ内にどんな人の名であったかを簡単に示したが、やはり当局の大いなるお墨付きを得て改名されたものだから、その当局の終焉とともに旧に復するのは当然かもしれない。ソ連崩壊前の1980年代にすでに「死んでいた」都市名も次のようにあるが、言うまでもなく「スターリン批判」後の、やはり当局の意向を反映したということだったのだろう。

スターリナバード↓ドゥシャンベ（タジキスタン）

スターリングラード↓ボルゴグラード

スターリンスク↓ノボクズネック

ついでながら旧ソ連の最高峰（7495メートル）にはスターリン峰という名が付いていたのだが、やはり批判後に「共産主義峰（コムニズム峰）」と改名された経緯を持っている。

38 Straßen haben neue Namen

Alter Straßenname	Neuer Straßenname
Karl-Marx-Städter Straße	Chemnitzer Straße
Philipp-Müller-Straße	Zschochersche Straße
Straße der Befreiung 8. Mai 1945	Dresdner Straße
Straße der DSF	Delitzscher Straße
Leninstraße	Prager Straße
Fritz-Austel-Straße	Bornaische Straße
Erich-Ferl-Straße	Wurzner Straße
Straße des Komsomol	Dieskaustraße
Dr.-Kurt-Fischer-Straße	Pfaffendorfer Straße
Ernst-Thälmann-Straße	Eisenbahnstraße-
Verbindung Tröndlinring/Dittrichring einschl. Fr.-Engels-Platz	Goerdelerring
Friedrich-Ludwig-Jahn-Allee	Jahnallee
Wilhelm-Liebknecht-Platz	Lindenauer Markt
Ho-Chi-Minh-Straße	Karlsruher Straße
Spartakusstraße	Heidelberger Straße
Straße der Aktivisten	Ulmer Straße
Straße der Bauarbeiter	Breisgaustraße
Straße der Jugend	Mannheimer Straße
Straße der Solidarität	Ludwigsburger Straße
Straße der Völkerfreundschaft	Offenburger Straße
Straße der Waffenbrüderschaft	Heilbronner Straße
Wilhelm-Pieck-Allee	Stuttgarter Allee
Straße der Jungen Pioniere	Rittergutsstraße
Otto-Nuschke-Straße	Ehrensteinstraße
Straße der NVA	Sylter Straße
Richard-Sorge-Straße	Diderotstraße
Hugo-Joachim-Straße und Bruno-Plache-Straße	Lene-Voigt-Straße
Dimitroffstraße (von Harkort- bis Beethovenstraße)	Wächterstraße
Rudkowskystraße	Helmholtzstraße
Maurice-Thorez-Straße	Könneritzstraße
Rudolf-Harting-Straße	Hupfeldstraße
Bruno-Leuchner-Straße	Otto-Michael-Straße
Ernst-Grube-Straße	Samuel-Lampel-Straße
Frida-Hockauf-Straße	Katzmannstraße
Kurt-Kühn-Straße	Witkowskistraße
Paul-Heine-Straße	Carlebachstraße
Brnoer Straße	Brünner Straße
Krakower Straße	Krakauer Straße

ライプツィヒ市では旧東独時代の通り名を多く改称した（新旧対照表）

しかしタジキスタンとなった今、タジク民族王朝・サーマーン朝の創始者のひとりの名を冠した「イスモイル・ソモニー峰」に再び変更された。不動の最高峰も時局に翻弄されっぱなしである。

さて、旧東ドイツに戻るが、都市名だけでなく、新旧の地図を比較してみると、通りの名前も大幅に変わったことがわかる。たとえばライプツィヒ市の通りの名の変わり方はこんな具合だ。1945年5月8日解放通り↓ドレスデン通り、レーニン通り↓プラハ通り、共産主義青年同盟《コムソモール》通り↓ディースカウ通り、ホーチミン通り↓カールスルーエ通り、建築労働者通り↓ブライスガウ通り、リヒャルト・ゾルゲ通り↓ディデロ通り……。

他にも人名を付けた通り名が数多く都市名を冠した昔の通り名（原則としてその都市へ向かう通り）に取って代わられている。こうして消えた人名は今はなき東ドイツ当局にとっての功労者だったのだろう。さしずめ叙勲の取り消し、といったところか。

苦労して埼玉から東京へ編入した村

平成11年（1999）に始まった「平成の大合併」は、オカミによる期限付きの「アメとムチ政策」が効いたこともあって、競うように実行されて自治体数はほぼ半減している。さて、その半世紀近くも昔の昭和30年（1955）前後にも、やはり市町村合併が大規模に行われた。昭和28年（1953）に施行された「町村合併促進法」による大量合併で、施行直前の9868市町村が、3年後には3975と2・5分の1に激減したのである。

合併の是非論はひとまずおくとして、全国の市町村の多くはこの時期に何らかの合併を経験しているのだが、同時期には県境を越えた「越境合併」もいくつか行われた。

たとえば**埼玉県**にあった**入間《いるま》郡**の旧**元狭山《もとさやま》村**がそうだ。お相手は**東京都西多摩郡瑞穂《みずほ》町《まち》**で、話は戦前からあったという。他県とはいえ明治以前は同じ武蔵国であり、同じ狭山丘陵北西側で隣り合った両町村では昔から人の交流も多く、当地で盛んな狭山茶の販路から見て元狭山村が東京都に編入して瑞穂町と合併するのが最適、と村民の

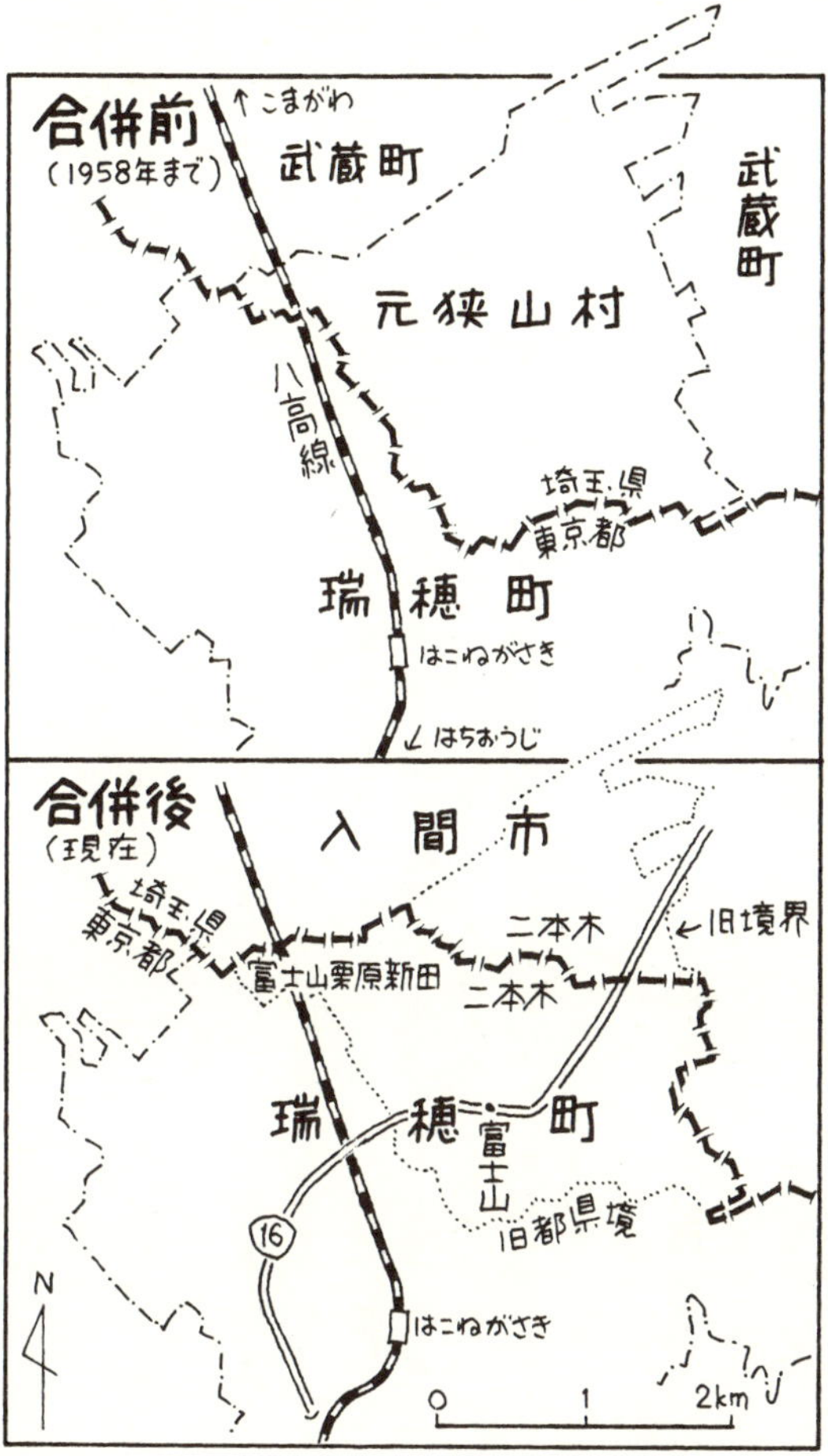
合併前
(1958年まで)
↑こまがわ
武蔵町
武蔵町
元狭山村
八高線
埼玉県
東京都
瑞穂町
はこねがさき
↓はちおうじ
合併後
(現在)
入間市
埼玉県
東京都
富士山栗原新田
二本木
二本木
旧境界
瑞穂町
富士山
旧都県境
16
はこねがさき
N
0
1
2km

ほとんどが賛同、元狭山村議会でも合併を議決と相成ったのである。

全村東京都編入を希望したが、埼玉県は許さず

しかし埼玉県議会はこれを許さなかった。他の市町村にこの動きが及んだらサイタマ存亡の危機、ということだったのだろうか。

その後は村民が国会や旧自治省へノボリを立てて訴えたり、とさまざまな動きがあったのだが、結局は村の3分の2は東京都へ編入、残りの3分の1は埼玉に残る（入間郡武蔵町。現在は入間市）、という妥協案で決着することとなった。

それも村の分割ラインは大字二本木《にほんぎ》のまん中、町内会の境界線とされた。今はこれが都県境なのだが、そのため埼玉県入間市二本木と東京都瑞穂町二本木という、「二つの二本木」が存在することになったのである。合併は昭和33年（1958）のことであった。

157ページの図は合併前と合併後の状況を示したものだが、従来富士山《ふじやま》栗原新田から南東へ向かっていた都県境がそのまま東へ向かうようになった。その結果、二本木のまん中に都県境が走り、その南に位置する駒形、富士山（合わせて大字駒形富士山）、高根の各集落も埼玉県から東京都へと所属が変わった（二本木の中に点在している両者の飛地は埼玉県内に残留）。

ちなみに富士山という変わった地名は、ここにある富士山を祀《まつ》った富士浅間《せんげん》神社がもとになっており、国道16号には「富士山」という交差点もある。

他の越県合併については、拙著『地図で今昔』（けやき出版）を参照していただきたい。

いろいろな理由で飛地になりました

160ページの図は昭和はじめの**千葉県九十九里浜**の東端近くで、ほぼ現在の旭市域にあたる。浜沿いを見ると「平和村飛地《とびち》」「豊畑《とよはた》村飛地」「匝瑳《そうさ》郡豊畑村飛地」「旭町飛地」という4つの飛地が見える。これほど飛地が続くのは珍しいと思われるが、それでは一体どんな理由でここに飛地が集中したのだろうか。

まず平和村の本体は図の範囲外なのでおくとして、次の豊畑村の本体は内陸へ入った北側にある。この村は明治22年（1889）の町村制施行の際に泉川《いずみかわ》村、井戸野《いどの》村、川口村、大塚原村、駒込村が合併して誕生したのだが、西側の「豊畑村飛地」の方の駒込浜という地名が示すように、ここは旧駒込村（豊畑村大字駒込）の飛地だった部分が豊畑村の飛地として存続したものだ。

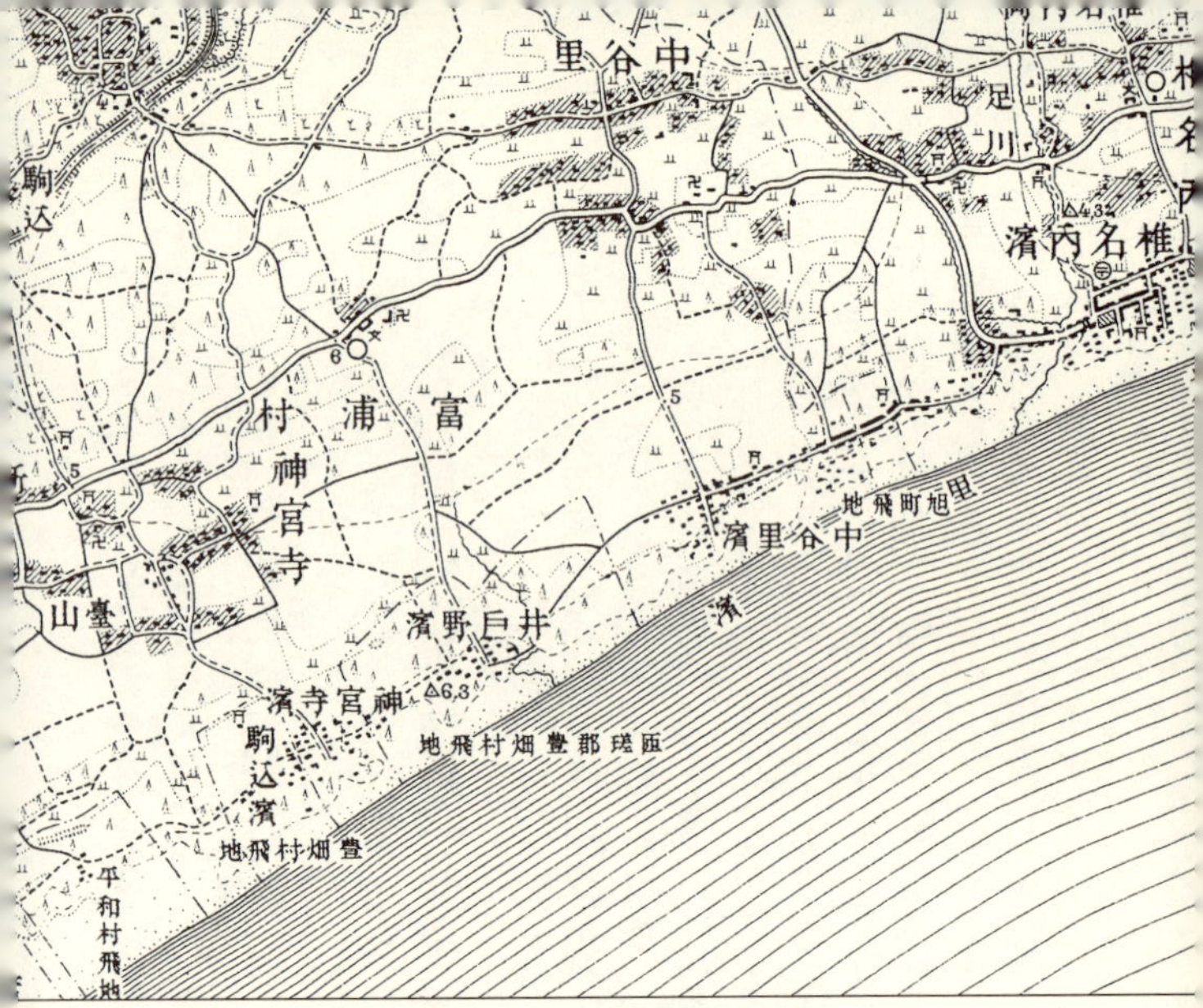

九十九里浜にあった納屋集落起源の飛地。
1：50,000「八日市場」昭和9年修正

九十九里浜は江戸時代中期に急速にイワシの地引網漁が盛んになった地域として知られている。イワシといっても食べるためではなく、速効性のある肥料としてイワシを干《ほし》鰯《か》にして畑に施した。

鰯漁が生んだ飛地

これが上方や四国の木綿や藍などの作物となり、当時爆発的に普及しつつあった木綿の衣服の増産を支えたのである。この干鰯需要の急騰でにわかに農村集落は漁に目覚め、競って浜へ納屋を建て、そこで地引き網を行うように

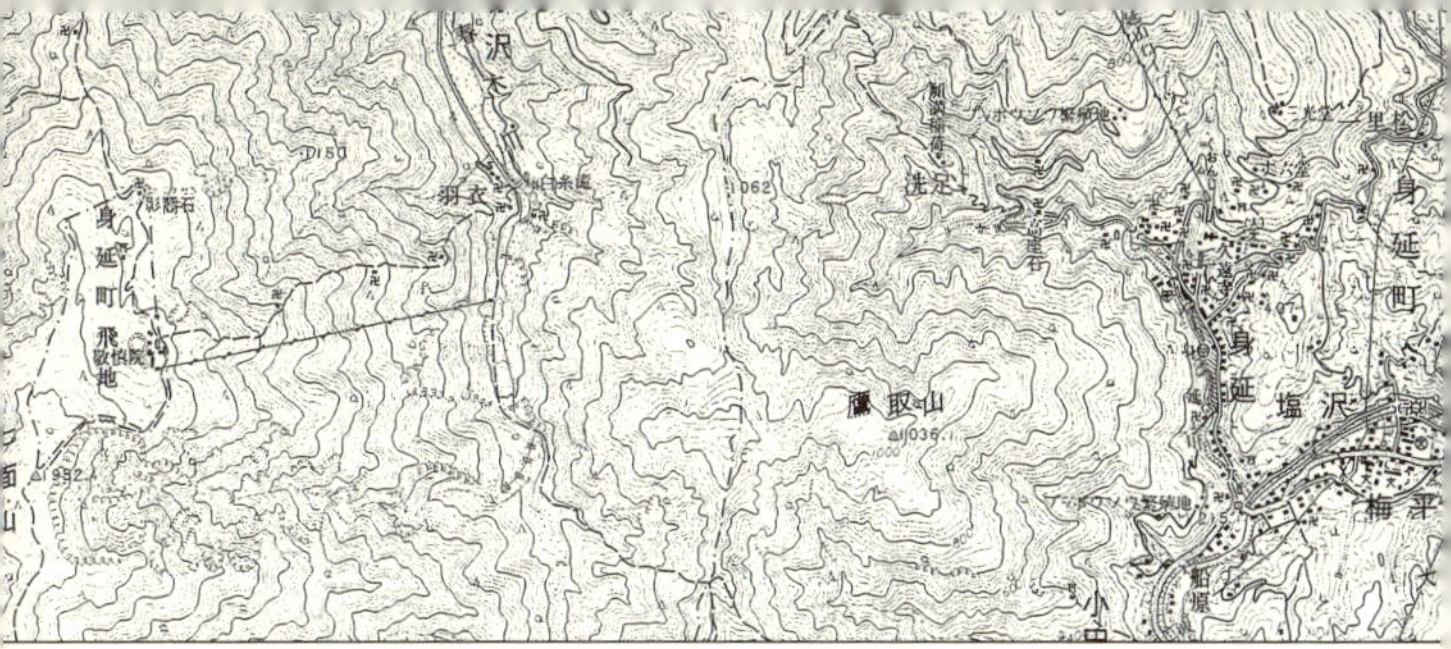

1：50,000「身延」平成9年修正×0.6

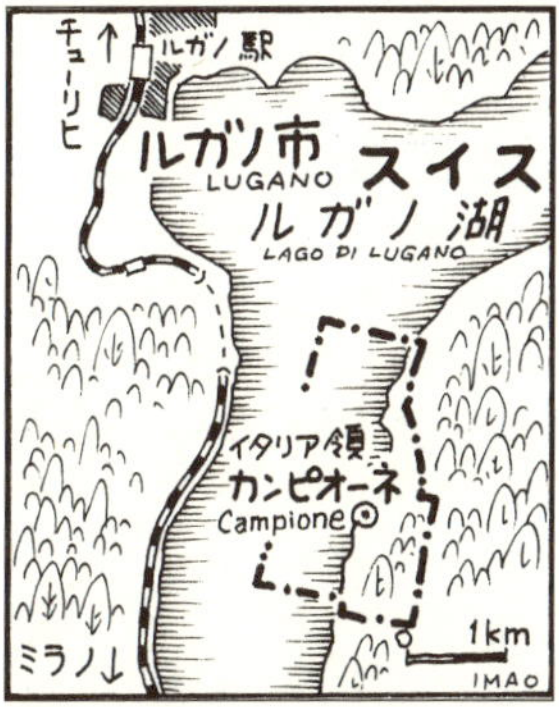

スイスの中のイタリアの飛地

なるのだが、その浜の納屋集落はやがて漁業専従者の増加とともに定住集落への道をたどっていった。

これらの地名は九十九里浜南部では「○○納屋」、北部では「△△浜」と名付けられることが多かった。この図にある○○浜は、まさにそのような納屋集落であり、その地名は内陸の本村とペアで存在し、共通の神社を持ち、住人たちは各々親戚関係にあった。

こんな岡集落と納屋集落の固い結びつきがあるために、地理上の不合理があっても簡単に隣村に併合させるわけにもいかず、飛地は温存されたのである。

駒込浜の本村（岡集落という）は駒込浜から2・5キロほども内陸へ入ったところに見

える し、次の「匝瑳郡豊畑村飛地」も井戸野浜の地名が示すように、やはり3キロも内陸の井戸野の本村（駒込の北東隣）と結びついている。その西の神宮寺浜や東の中谷《なかやり》里浜も、たまたますぐ近くに本体があったために飛地にならなかったに過ぎない。

全国には現在もまだまだ飛地がたくさんある。九十九里に似た理由もあれば、そうでない場合もあるが、たとえば離れた荒地を開墾した場合、その土地を所有するのは離れていたとしてもやはり開墾者だろうし、江戸時代の複雑な藩の境界がそのまま明治以降に持ち越された例も珍しくない。

中には宗教的な飛地もある。161ページの上図は**山梨県**の**身延山**《みのぶさん》で、ここは久遠《くおん》寺《じ》のある日蓮宗の「聖地」として知られているが、久遠寺の奥之院からも数キロ離れた七面《しちめん》山のあたりが早川町の中にポツンと離れた身延町の飛地になっているのだ。これは日蓮門下の僧・日朗《にちろう》がここに永仁5年（1297）小祠《しょうし》を建てた土地であり、やはり身延町と切り離すことができない土地なのである。

外国でも同様に飛地は各地に存在しているが、例を一つだけ挙げてみよう。161ページの下図はスイスの中にあるイタリアの飛地、**カンピオーネ**という小さな村である。一見何の変哲もない山村であるが、実はここにはカジノがあり、賭け金に制限のあるスイス国内と違ってイタリア領のため無制限で、これを目当てに訪れる人が多いのだそうだ。飛地ならではの役得、である。そういえばかつて西ベルリンも東側の領域内の「西側の飛地」であり、自由主義のショーウィンドウの異名をとったものだ。

地図上で続く国際政治バトル

民国（中華民国暦）58年（1969）発行の台湾の地図帳を入手した。『詳明中国地図』という、ほぼB5大32ページの地図編と14ページの資料編から成る小冊子で、中国全図の後に省別地図が続いている。

この全図（164ページ）を一見して何となく違和感を覚えたのだが、どこが違うのだろう。全体に太った印象なのでよく見ると、モンゴルが完全に「中華民国の蒙古地方」になっていた。

首都のはずの**ウランバートル**（赤い英雄の意）も旧来の中国名である「庫倫《クーロン》」と表記されており、またエニセイ川上流のロシア領トゥーバ共和国の領域も「蒙古地方」に入ってしまっている。

また「新疆《シンチャン》省」（中国では新疆ウイグル自治区）のページを開けると西の方がやけに長い。そこで現在の地図と比べると、現在のタジキスタンの半分に及ぶ領域が中国領とされており、旧ソ連最高峰であった共産主義峰（現イスモイル・ソモニー峰）の

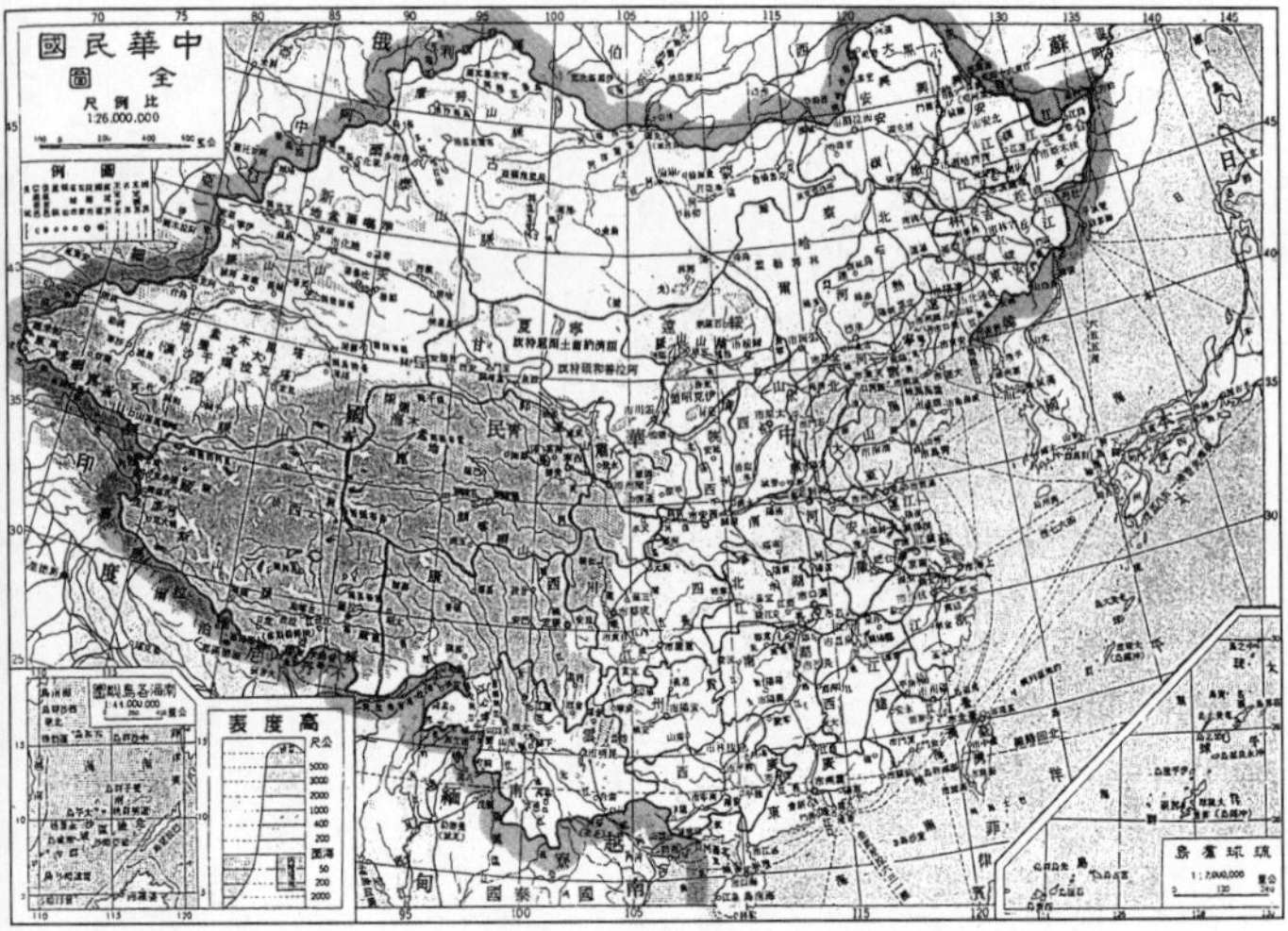

モンゴルも入った「中華民国全図」(中学適用『詳明中国地図』、三友出版社1969年) 輪郭を強調加工した

あたりも入っている。

北京は「北平」、清朝時代の話も持ち出して……

挿入図の「西北辺疆失地図」(165ページ図参照)には、かつて清帝国が獲得した領土が「清代極盛時的疆界線」で示されている。巨魚マンボウの形に西側に膨張したラインは現在のカザフスタンやウズベキスタンと重なり、アラル海をすべて呑み込み、ほとんどカスピ海に達する寸前まで広がっている。

北京市は「北平市」と表記されているが、これは1928年に蒋介石が首都を南京に移した際に改称した呼称である（１９４９年の中華人民共和国成立で「北京」の名に復した）。したがって首都を示す赤い印もその北平にはなく、もちろん南京市に付けられていた。これは実に鮮烈である。

もちろん、この地図帳の出版された１９６９年当時も、蔣介石（１９７５年没）率いる国民政府の「所在地」ということになっていたわけで、現状がどうあろうが、あくまでも「中華民国」は台湾だけでなくモンゴルやロシアの一部分をも含めた広大な領域を持ち、南京を首都としているのだ。地図も原理原則にとことんこだわるとこんな風に現実離れしてくる、という好例と言えるだろう。

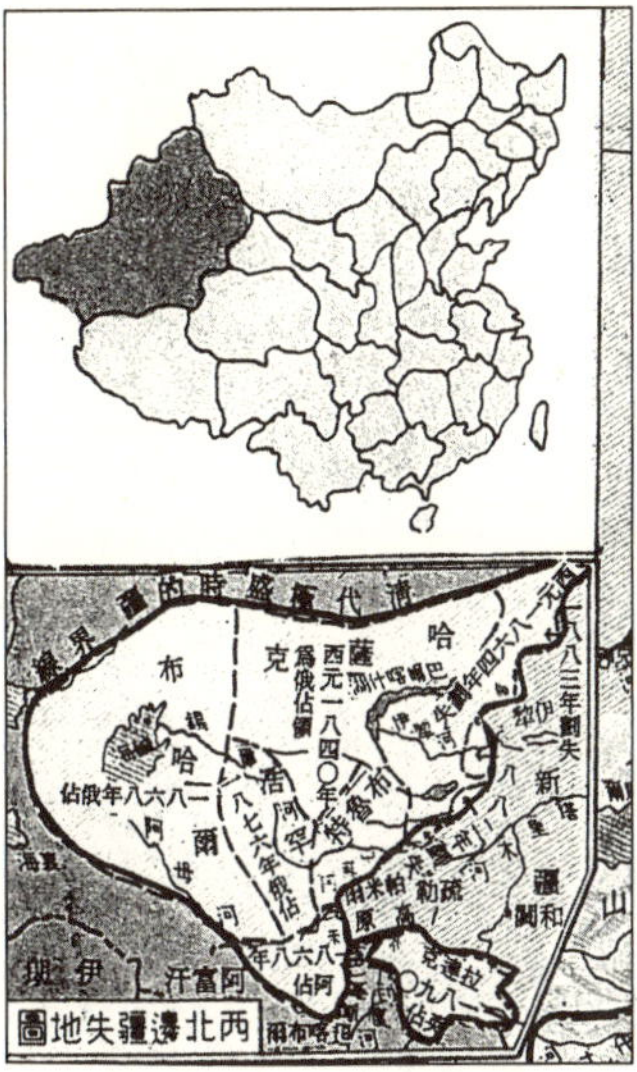

同地図帳より「新疆省」

しかし、この地図を日本人は「思想的に偏っていて客観的でない地図」などと批判はできない。なぜなら、中学高校で使われている地図帳があくまで中華人民共和国が唯一の中国、との政府見解（という一つの考え方）を支持しているからだ。

検定を受ける「教科書」の扱いである学校の地図帳は、やはり「こうあるべき」という日本政府の意を受けた存在なのである。そんなわけで、台湾海峡に事実上厳然と存在する金門島の「国境地帯ゆえの緊迫」は、1969年の台湾地図帳からも、日本の学校地図帳からも伝わってこない。

ついでに、164ページの図の朝鮮半島をご覧いただきたい。北朝鮮と韓国の38度線・休戦ラインはまったく描かれておらず、南北合わせて「韓国」となっている。朝鮮民主主義人民共和国などという国は存在しないことになっているのだ。もちろん首都が漢城（ソウル）であるのは言うまでもない（現在、ソウルの中国語表記は「首尓（爾）」となっている）。

また20年ほど前、中韓国交樹立以前の中華人民共和国の出した地図では逆に「韓国」の名がなく、全域が「朝鮮」という国であり、首都は平壌であった。

もう一つ、「台湾省」の地図を見ると「釣魚台列嶼」という挿入図があるが、これは日本の尖閣《せんかく》諸島のことだ。宜蘭《イーラン》県に属しているそうだが、この無人の諸島を台湾と中国はそれぞれ現在も領有を主張している。

当然ながら日本側は石垣市域として自国の面積に含めていて、2万5千分の1も国土地理院が発行しているが、台湾も中国も負けずに同諸島の地形図を出している。地図上でも熱い〝バトル〟は続いているのである。

地図で見つけた「大字なし」って何？

美濃市1350番地。

どこか妙に涼しい住所である。誤植と思われるかもしれない。日本の住所は都市圏なら「岡山市北区大供1－1－1」または「弘前市大字上白銀町1番地1」、郡部なら「軽井沢町大字長倉2381番地1」（いずれも市役所または町役場所在地）といった形式が多いのに、この住所には「○○町」や「大字《おおあざ》△△」にあたる部分が欠落しているからだ。それでもこの住所は間違いではなく、レッキとした美濃市役所の所在地なのである。

全国には市町村役場だけに限っても龍ケ崎市3710番地（茨城県）、道志村6181－1（山梨県）、原村6549－1（長野県）、垂井町1532－1（岐阜県）など「△△町」にあたる部分のない住所はあちこちに存在する。

そんな地域は市街図でどんな表記になっているかといえば、何も町名がなくて番地だけが記されているか、または「大字なし」と記されている。ただ「大字なし」という地名だと思われないよう、（大字なし）とカッコ付きなのだが。

「東村山三丁目」のこと

それはともかく、このタイプの住所を履歴書に書かなければならない人は気をもむ。人事担当者に「自分の住所もまともに書けないの？」と思われはしないか、と。

古い話で恐縮だが、かの志村けん氏が「東村山音頭」を歌っていた。その歌詞に「東村山三丁目」というのがあり、どうして東村山市△△町三丁目じゃないのか、と当時中学生ぐらいであった筆者は疑問に思ったものだ。現在の東村山市に「いきなり丁目」の住所は存在しないが、伊豆の下田市民会館は今でも下田市四丁目である。

これらの「町」は、それでは郵便番号簿にはどんなふうに載っているのだろうか。7ケタの郵便番号は市町村内の大字や字ごとに振られているから、気になるところだ。美濃市の場合、ズラリと町名の並んだリストの筆頭にこんな項目があった。「美濃市の次に番地がくる場合　501－3701」。ちなみに下田市の「いきなり四丁目」というのは五十音順の町名配列の中で「ヨ」の項目にある。

それではなぜ、このような「大字なし」地域が生まれたのだろうか。調べていくと、明治22年（1889）に行われた市制・町村制の時代にまで遡る。

この年は大日本帝国憲法発布の年にあたり、この時に従来の小規模な村々を「近代

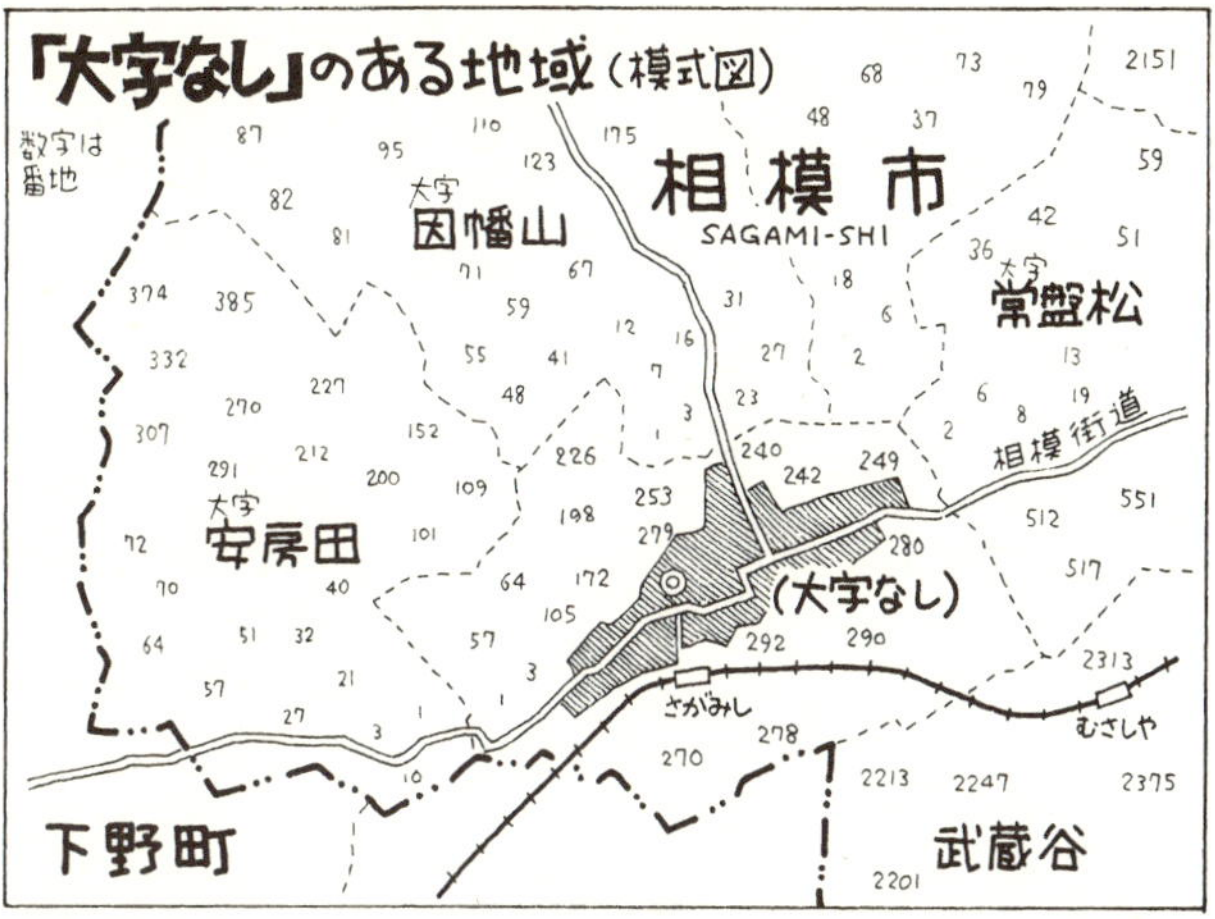

国家の末端行政機関としての任を遂行できる規模」にすべく合併させたが、美濃市の場合、まず同年に上有知《こうづち》村が単独で町制施行して上有知町となった。他村と合併しなくても自立できると判断されたのかもしれない。

最初に単独町制施行したところに多い

その後明治44年（1911）に当地特産の美濃紙や国名にあやかった形で美濃町と町名を変更し、大正14年（1925）に初めて隣接する安曾野《あその》村を編入している。

この村名は町村制施行の際に安毛《あたげ》、曾《そ》代《だい》、前野の3村から1文字ずつとって組み合わせたものであるが、旧村名は全国の他の多くの町村と同様にそのまま大字となった（美濃町大字安毛など）。その後は戦後の町村合併促進法による「昭和の大合併」の中で昭和29年（１９５４）に洲原《すわら》村、下牧《しもまき》村、上牧村、中有知《なかうち》村、藍見《あいみ》村、大矢田《おおやだ》村と合体、市制施行してほぼ現在に至っている。

このうち旧上有知町の領域は単独で町制施行したため、他の町村と異なって大字を設定しなくてもよかったのである。だから上有知町の字米屋町《こめやちょう》、字俵町《たわらまち》などと表示していた。

しかし地番が旧上有知町全域を通して振られたため、字の名などわざわざ書かなくても番地だけで郵便も届く。それで次第に字の地名が宛名に書かれなくなったようだ。

その後は他村を併合しても、そちらは美濃市大字○○となる一方で、相変わらず中心部の旧上有知町域は数字のみで表示、という習慣が今日まで引き継がれたのだろう。このことは、明治22年（１８８９）に単独で町村制を施行したところに見られる傾向だ（後世の合併で大字を設定したところも多いが）。

ついでながら、そのように単独で町や村になり、以来〝独身〟を貫き続けた市町村の郵便番号は1種類しかないことがある。たとえば大正12年（１９２３）以来独立を続けて今に至る東京都神津島《こうづしま》村は、郵便番号簿に「神津島村一円　１００－０６０1」とある。

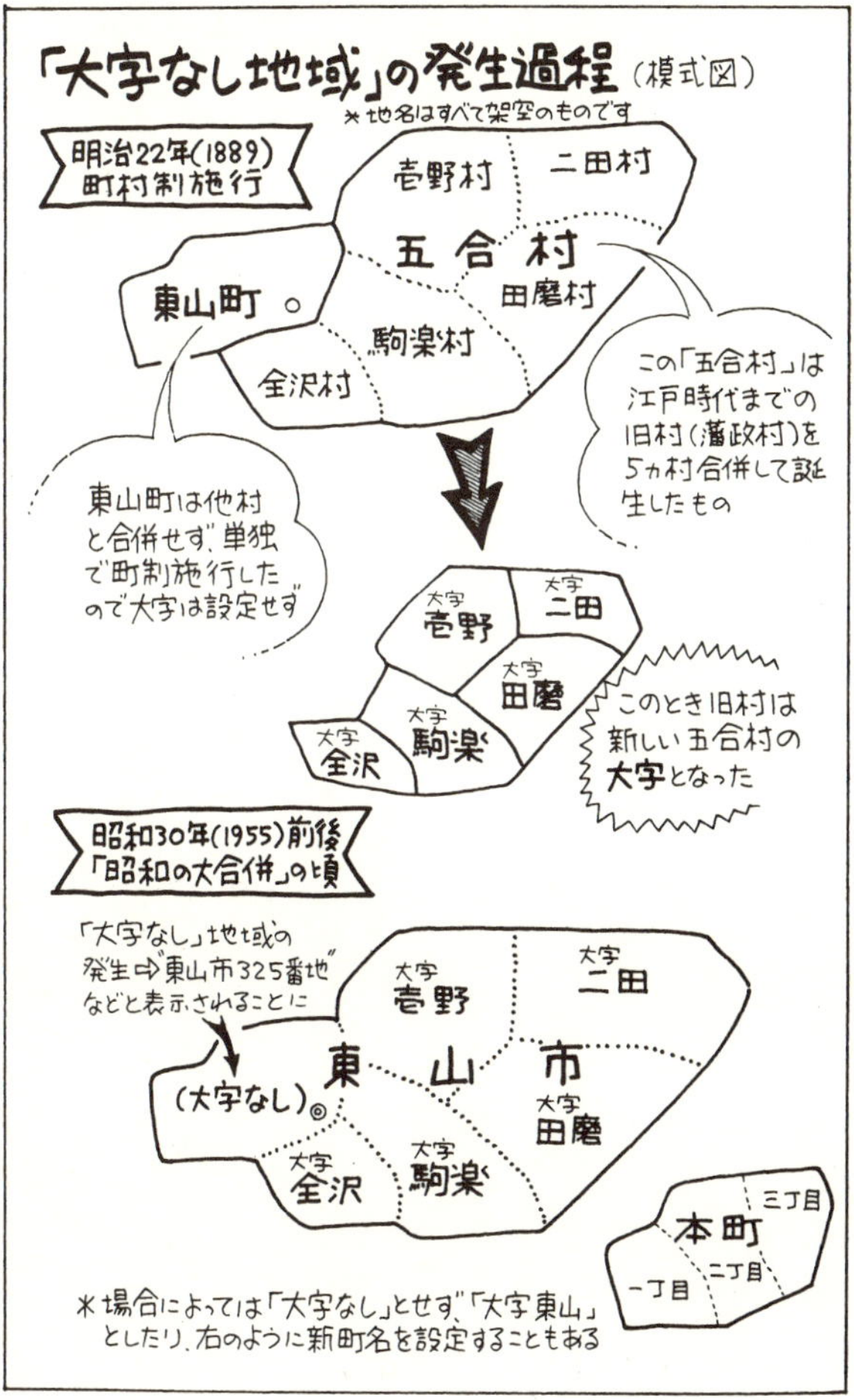
「大字なし地域」の発生過程（模式図）
＊地名はすべて架空のものです
明治22年(1889)
町村制施行
壱野村
二田村
五合村
東山町
田磨村
駒楽村
全沢村
この「五合村」は
江戸時代までの
旧村（藩政村）を
5ヵ村合併して誕
生したもの
東山町は他村
と合併せず、単独
で町制施行した
ので大字は設定せず
大字
壱野
大字
二田
大字
田磨
大字
駒楽
大字
全沢
このとき旧村は
新しい五合村の
大字となった
昭和30年(1955)前後
「昭和の大合併」の頃
「大字なし」地域の
発生⇨"東山市325番地"
などと表示されることに
東山市
（大字なし）
大字
壱野
大字
二田
大字
田磨
大字
駒楽
大字
全沢
本町
一丁目
二丁目
三丁目
＊場合によっては「大字なし」とせず、「大字東山」
としたり、右のように新町名を設定することもある

外国地図を個人輸入する

最近は外国商品の個人輸入が一般的になってきたが、地図もインターネットで気軽に注文できる時代になった。

たとえばアメリカのUSGS（米国地質調査所）発行の2万4千分の1地形図など、ホームページ（www.usgs.gov）から各州の索引図を呼び出し、欲しい図の部分をクリックすれば買える。決済はクレジットカードだし、筆者が注文したときもたしか1〜2週間程度で届いた記憶がある。ネットが一般的でなかった十数年前まで、筆者はドイツのヘッセン州（フランクフルト・アム・マインが最大の都市）測量局のカタログにあった欧州各国の測量局の住所に片っ端からカタログ請求の手紙を出し、ファクスで注文、支払いも外国郵便為替で行ったものだ。

ネット注文でも何らかの理由でカードが使えない場合、自分個人の郵便振替口座を開設しておけば、郵便振替口座間の振替となり、送金額にかかわらず一律400円で送れるのは嬉しい……と、この本を最初に単行本で出した時には書いたのだが、郵政民営化の影響で手数料は一挙に2500円に値上がりしたので、銀行からの送金と変わらなくなってしまった。残念である。

各国測量局のホームページアドレスは巻末266〜267ページに掲載したが、各国のヤフー（.yahoo.com の前に de＝ドイツ、fr＝フランス、uk＝イギリスなど国略号を付ける）などで topographic map（地形図）といった関連語句を適宜入れて探せば、わりと簡単に検索できるのでお試しいただきたい。なお、そのページに英語版などがなく、その国の言葉に自信のない場合、注文の際にはいい加減にクリックしないよう、十分ご注意を。

第4章　秘密の地図・謎の地図

横須賀鎮守府(軍港)とその周辺を覆う広大な空白の語るもの

176ページの上図は昭和13年(1938)に発行された5万分の1の地形図「**極**《ごく》**楽寺**《らくじ》」である(大正10年［1921］修正)。極楽寺といえば鎌倉西部にある地名だが、よく見ると三浦半島がそっくり消えていて、図上はほとんどまっ白なのだ。

次は下図。こちらは敗戦直後に発行された5万分の1の「**横須賀**」(昭和19年［1944］修正・昭和22年［1947］発行)であるが、図の範囲はまったく上図と同じだ。こちらは三浦半島部分もちゃんと載っている。

周知の通り、横須賀は明治17年(1884)から東京湾を守る位置として鎮守府《ちんじゅふ》(拠点軍港)が置かれており、要塞地帯であった。だから戦前は長いこと地形図が一般に発売されず、三浦半島の本当の姿は一般に知られることがなかったのだ。発売されてもこのようにほとんどまっ白、横須賀という都市の存在さえ隠すかのように、図名も「極楽寺」とされた。

地形図では要塞地帯を空白にした

このような例は全国の要塞地帯にいくつもあり、たとえば同じく鎮守府のあった呉《くれ》や舞鶴《まいづる》、佐世保《させぼ》、造船所のある重要港湾の長崎、また軍事上重要な海域として津軽海峡、関門海峡、豊予《ほうよ》海峡、対馬《つしま》海峡などの周辺で同様の措置がとられていた。

もちろん市販の地図一覧図にも載っておらず、政府や軍関係のごく一部の人しか、これらの地域の正しい地形図を見ることはできなかったのである（これらの措置は昭和12年［1937］の軍機保護法改正による改描《かいびょう》とは別で、以前から行われていた）。図の左欄外にある凡例には「鎮守府」などという記号も載っているのだが、肝心のその場所が白紙なのだから、実際に記号が使われているのを見ることは普通の人には不可能だったのである。

しかし地図がなくては不便なので、軍事情報を完全に抹消し、地形情報を大雑把な海岸線だけに限定、土地の高低情報もなくした怪しげな「代用品」として5万分の1「三浦半島」が出版された。横須賀市内ではトンネルが続く京浜急行（当時は湘南電気鉄道）も、トンネルを表示したら山地であることがバレるからと、平地を走っているかのように表示されている。

そんなわけで、要塞地帯を含む地図を作ることは、たとえ小縮尺の分県地図であっ

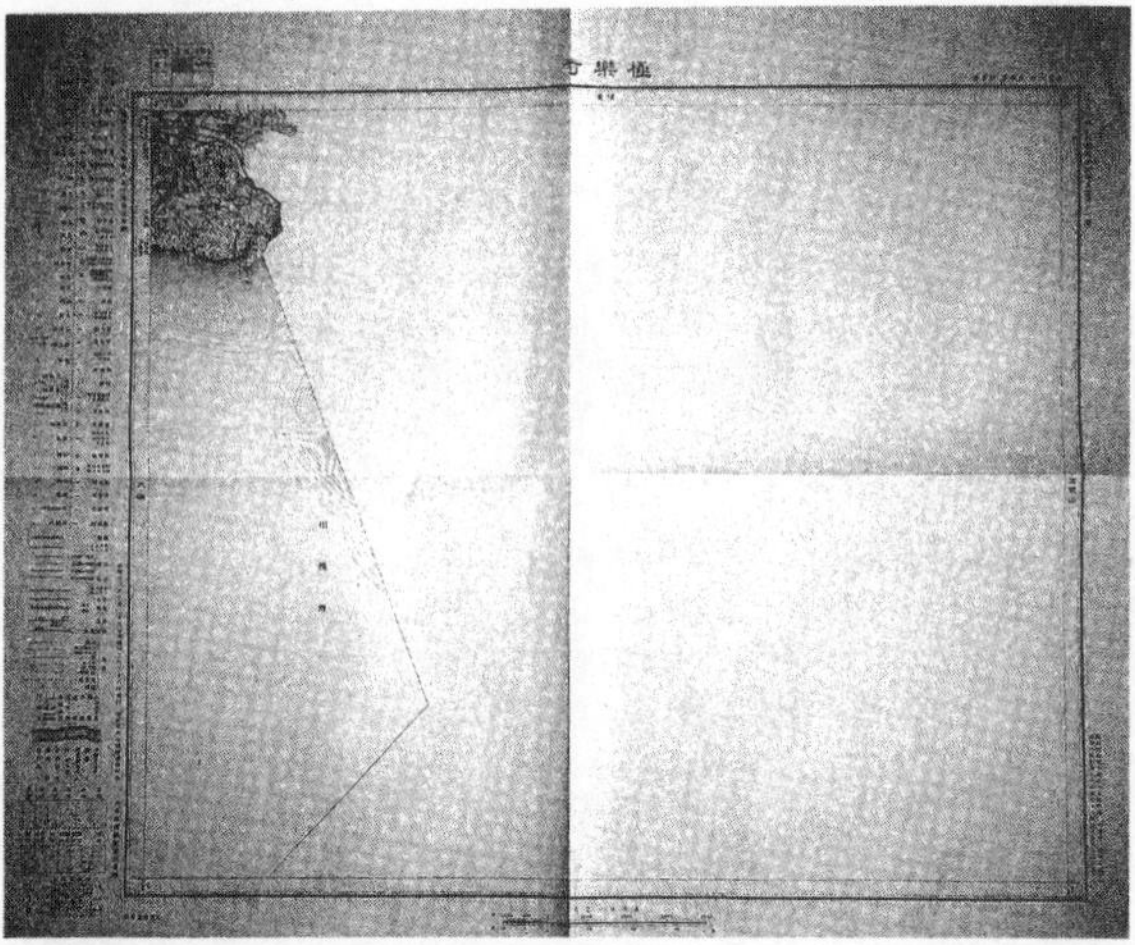

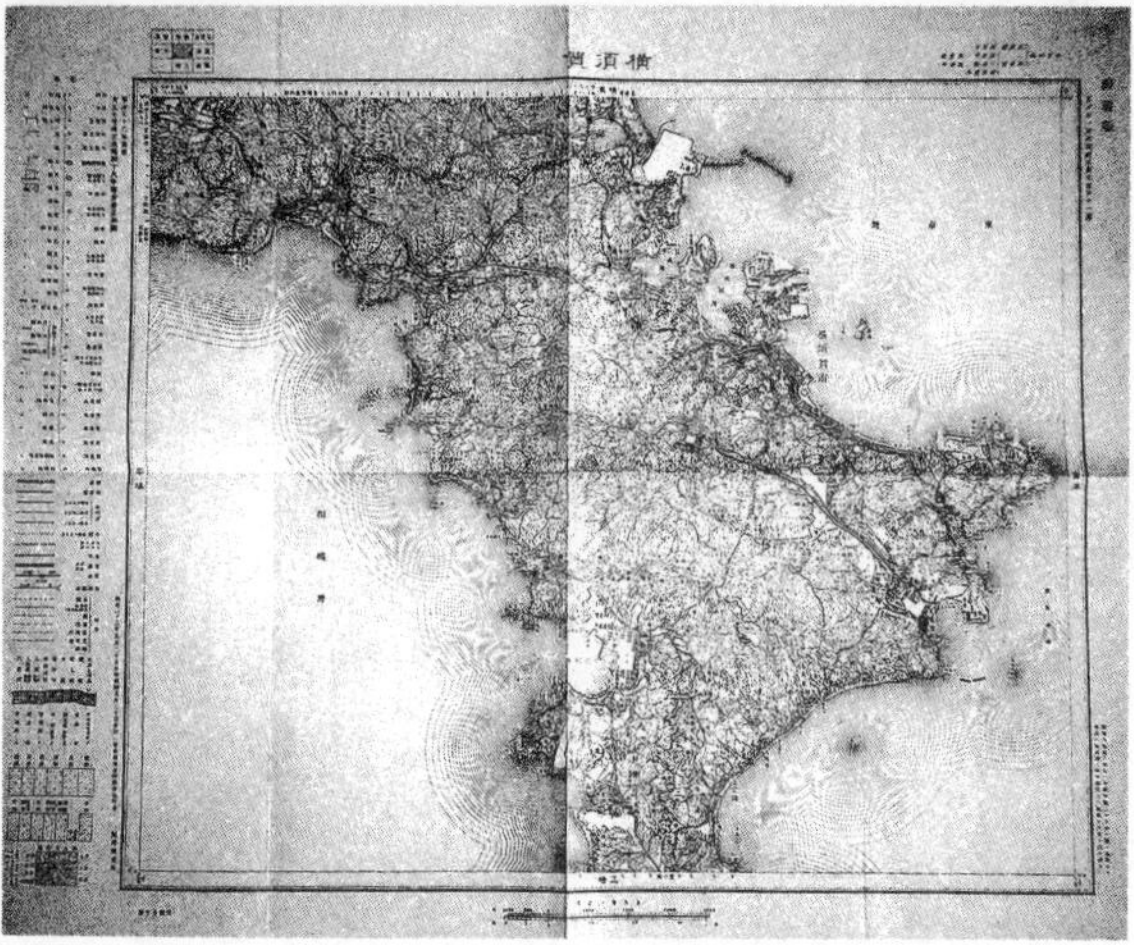

要塞地帯が空白とされた地形図（上＝1：50,000「極楽寺」大正10年修正）は戦後ようやくベールを脱いだ（下＝1：50,000「横須賀」昭和19年修正・22年発行）

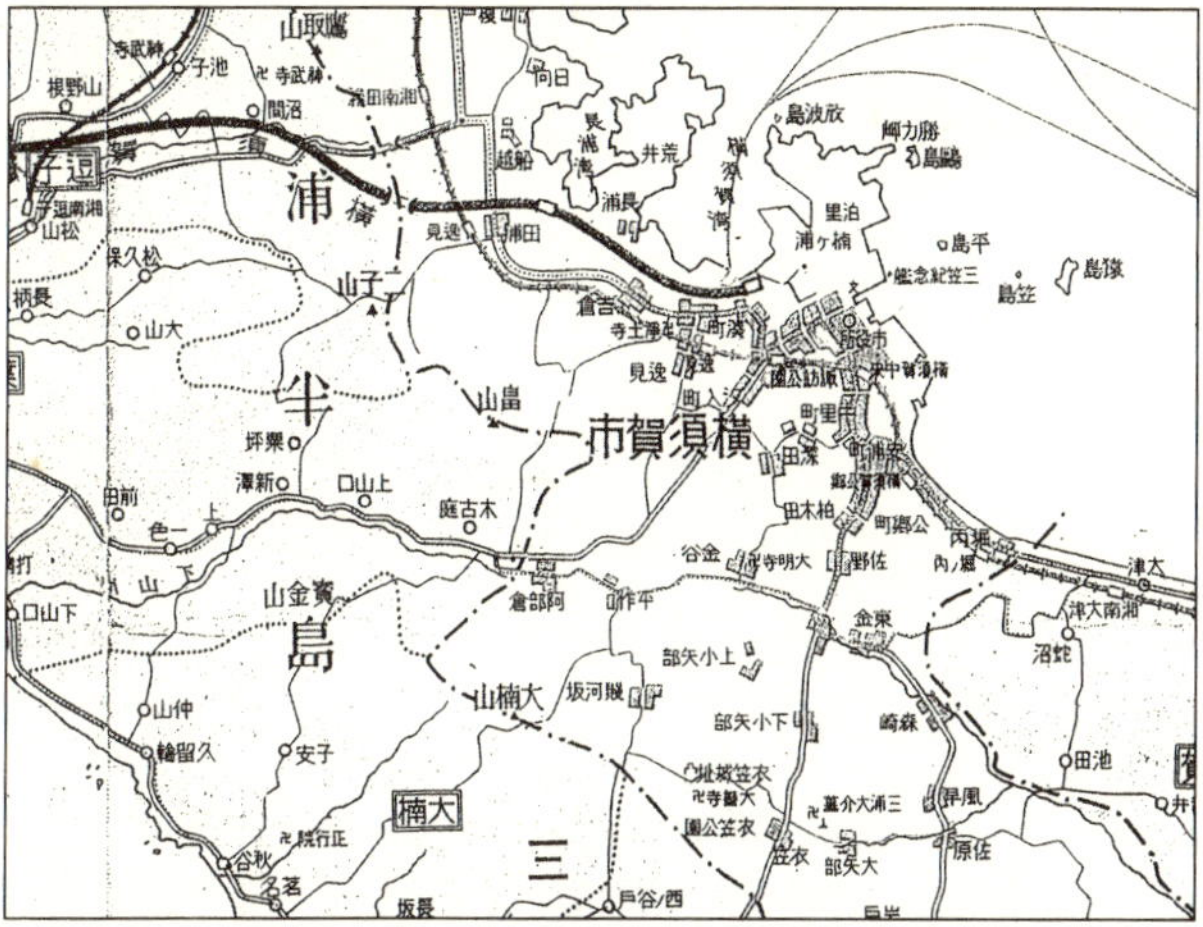

戦時改描に合わせて民間地図でも等高線等での地形表現が省略された。多数あるはずの鉄道トンネルもほとんど描かれていない。和楽路屋『大日本分県地図・神奈川県』昭和13年

ても大変だった。

筆者の持っている昭和13年（1938）発行の神奈川県の地図には「東京湾要塞司令部許可済」「横須賀鎮守府検閲済」という文字が記載されている。

写真の取り締まりも厳重で、地理書などで下関や長崎などの商店街の写真を掲載するような、一見軍の施設とは関係ないと思われる対象であっても、一枚ごとに検閲を受けて「許可済」の文字を印刷する必要があった。

さて、軍事的な地理情報の扱いが厳しいのは昔だけではなく、特に途上国には今でも多

い。ごく普通の地域でも大きな縮尺の地形図は「許可なく国外持ち出し禁止」という国は珍しくないのである。

今や軍事衛星から地上にある50センチのものが識別できる時代なのに、何を無意味なと思うかもしれないが、一ッ軍人ハ隠スコトヲ本分トスヘシ、であったりするので、まだまだ世界的に地形図が開放される時代は遠いかもしれない。その間にも軍事衛星を持っている国はどんどん「盗撮コレクション」を拡充している……。

門外不出だった旧東ドイツ秘密地形図

1990年まで存在したドイツ民主共和国（旧東ドイツ）では、戦時中の日本と同様に一般人が詳細な地形図を入手することはできなかった。自由に買うことができたのは当局によって加工された地図であり、こちらは工場があってもそれと表記されず、もちろん軍事施設も隠されていた。

一方で、ありのままを詳細に記した地形図は「門外不出扱い」として一部の限られた人たちだけが持っていたのである。これらの地形図の下欄外にはこう記されていた。〈作製・内務省測量地図局、発行・国防省陸軍地理局〉。

ドイツ統一後、これらの地形図はドイツ連邦共和国の新しい各州の測量局の管轄となったのだが、発足後しばらくは旧東政府が発行していたこれらの秘密地形図の「機密書類」の表示にシールを貼り、またはゴム印で機密解除の表示をして販売していた。

謎の数字を解くカギを入手してみると……

筆者はドイツ統一直後にこの旧東独地形図を入手したのだが、地形図を見てみると、その表記にはいろいろ不明な点があった。

そこで記号解明のカギとなる「地形図図式」を探したところ、某所からめでたく入手することができ、地形図各所に記された多くの意味不明の数字や記号の詳細が明らかになったのでご報告しよう。

まず主な道路の脇に必ず記されている数字だが、たとえばアウトバーン（高速道路）に付された「A7」および「2×8B」は、A7がアウトバーンの番号を示すもので、国道○号のような表示だ。これは謎でも何でもなく、ヨーロッパではアルファベットと数字で表された号数は標準になっている。

次の「2×8B」はわからなかったのだが、これは幅員8メートル、コンクリート舗装（B＝ベトン）が2レーンという意味だ。中央分離帯をはさんで8メートルずつというのだから、4メートル×2車線ずつ、計4車線ということなのだろう。

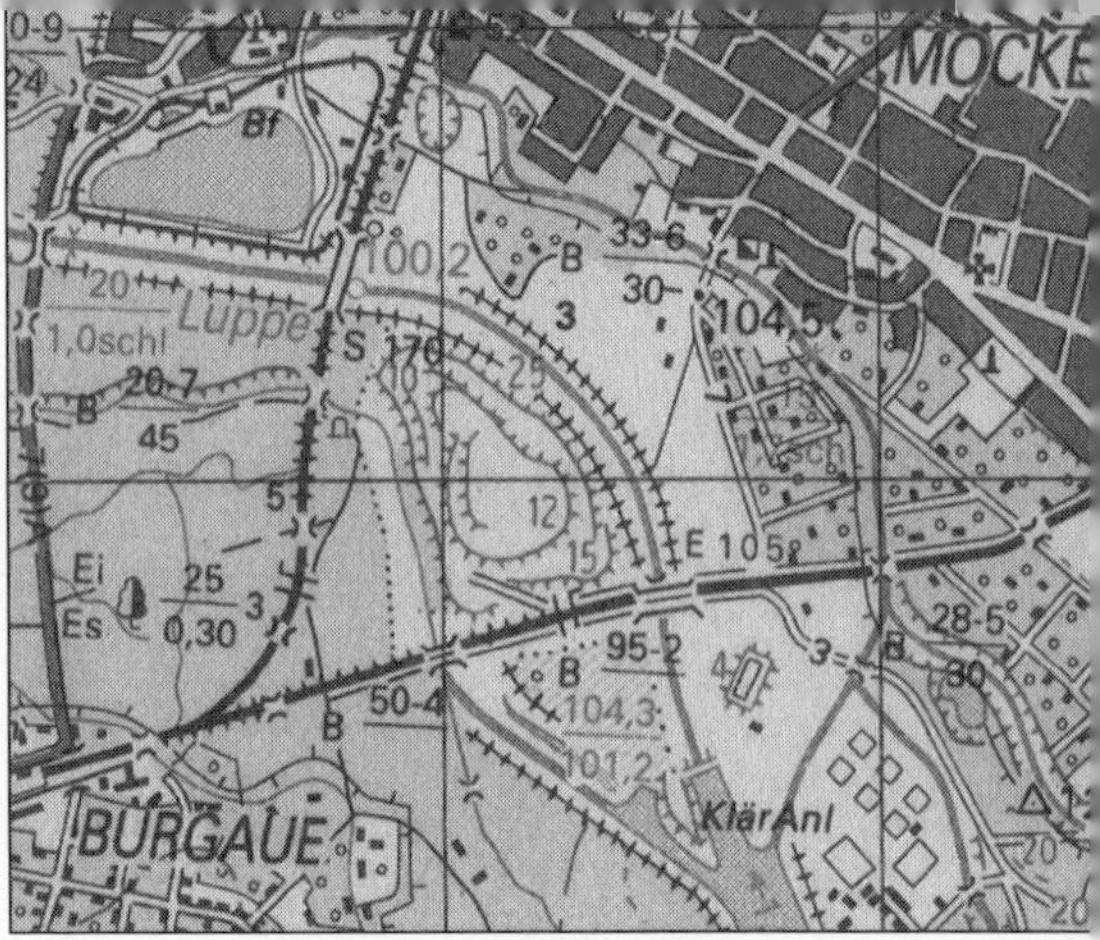

情報の多かった東独官製地形図
1：50,000 Leipzig, 国防省、1985年

橋やトンネルは寸法や構造を詳しく表示

舗装の材質についてはAがアスファルト、Pが敷石などの区分になっている。また、一般道路などに「6（9）A」とあれば、車道幅員6メートル、歩道を含めた全幅が9メートル、舗装はアスファルトということになる。

トンネルについては「6×8／100」（実際は分数の表示、以下同様）などと表示されているのだが、これは「入口の高さ×同幅員／全長」だ。

橋はさらに複雑で、「B150—10／60」はコンクリート橋（B）で全長150メートル、幅員10メートル、重量60トンまで耐え得る、ということで、このデータはイザ有事というとき戦車を走らせる場合などに役立つのだろう。その橋近くの水部に独立した数字があれば、水面から橋桁までの高さを示すという念の入れ方だ。

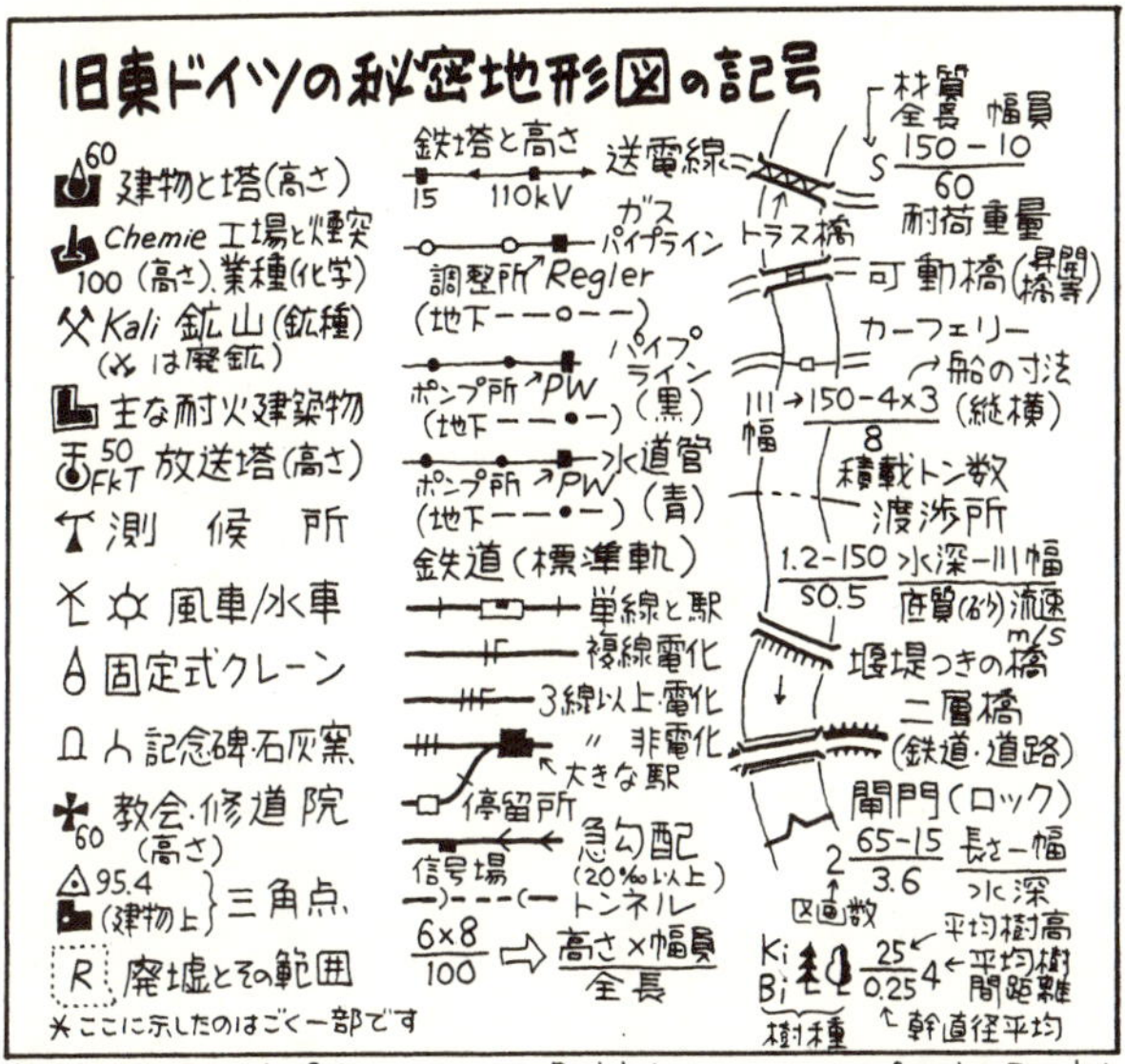

参照：Zeichenvorschrift, Instruktion u. Redaktionsanweisung für die Bearbeitung der Topographischen Karten 1:25000, 1:50000, 1:100.000 usw., hrsg: Ministerium des Innern, Verwaltung Vermessungs- u. Kartenwesen, 1984

橋については材質だけでなく構造的にも「トラスが上路か下路か」などが記号で区別されていて、日本の明治期にあった橋脚・橋桁の材質を区別した記号を思い出す。日本の地形図記号はいずれにせよドイツから直輸入したものが多いので似ているのは当たり前ではあるが。

　橋のない所で歩いて川を渡る「徒渉所」はもっとデータが詳細で、「1・2―150／s 0・5」は水深―川幅／

底質（s＝砂）流速を表す。これも完全に歩兵の移動が念頭にあると考えていいだろう。

森林についても非常に細かい。180ページの図はライプツィヒの西郊だが、左下に広葉樹マークにEiとEsの略号、そして数字が「25／0・30　3」とある。これはEi＝カシまたはナラおよびEs＝トネリコの混合林であり（樹種により略号が決められ、針葉樹林か広葉樹林かを記号で区別している）、平均樹高25メートル、木の太さが30センチ、平均樹間距離3メートルという詳細なものだ。

これを全国の森林で定期的に調べていたのだから、その手間ヒマは想像を絶するものがあっただろう。そして、成果はごく一部の人が独占していたのだ。しかし一方で、電話機や自動車を買おうと申し込んでも10年以上待たされるという国でもあった。数ある政策の中で何を優先するかが西側と東側でしばしば逆だったりする好例といっていいだろう。

地図がウソをついていた頃――戦時改描

184ページの上図は**新宿周辺**の戦前の5万分の1地形図である。京王線が甲州街道を走っていて伊勢丹の前まで行っていたり、路面電車（後の都電）がガードの東西に路線を延ばしていたりして興味深いのだが、新宿駅西口にある「公園」は何だろうか。新宿中央公園がこんなに昔からあったのか？　それにしても広すぎるではないか……。

下図はまったく同じ年月日に発行された同じく5万分の1なのだが、こちらには新宿駅西口前に大きな浄水場（図では「浄水所」）があるではないか。そう、これこそが明治32年（1899）に完成して東京の近代上水道を支えた淀橋《よどばし》浄水場だ。戦争中はもちろん、昭和40年（1965）に浄水場が東村山市に移転するまでずっとここで稼働していたのである。

結論から言えば、上図の地形図はウソつきだ。下図と比べてみると一目瞭然だが、あるはずの浄水場を公園に描き換え、市ヶ谷の士官学校はなんとなく「住宅地」に、図の上方の陸軍戸山学校や射撃場などを空地にするなど、軍事施設が軒並みカモフラージュされている。

「芝生」にされてしまった多摩湖・狭山湖

これが「戦時改描」である。日中戦争が始まった昭和12年（1937）に軍機保護法が改正されたのを受け、陸軍陸地測量部（国土地理院の前身）は国防上重要な施設

1：50,000「東京西北部」昭和7年要部修正・改描あり

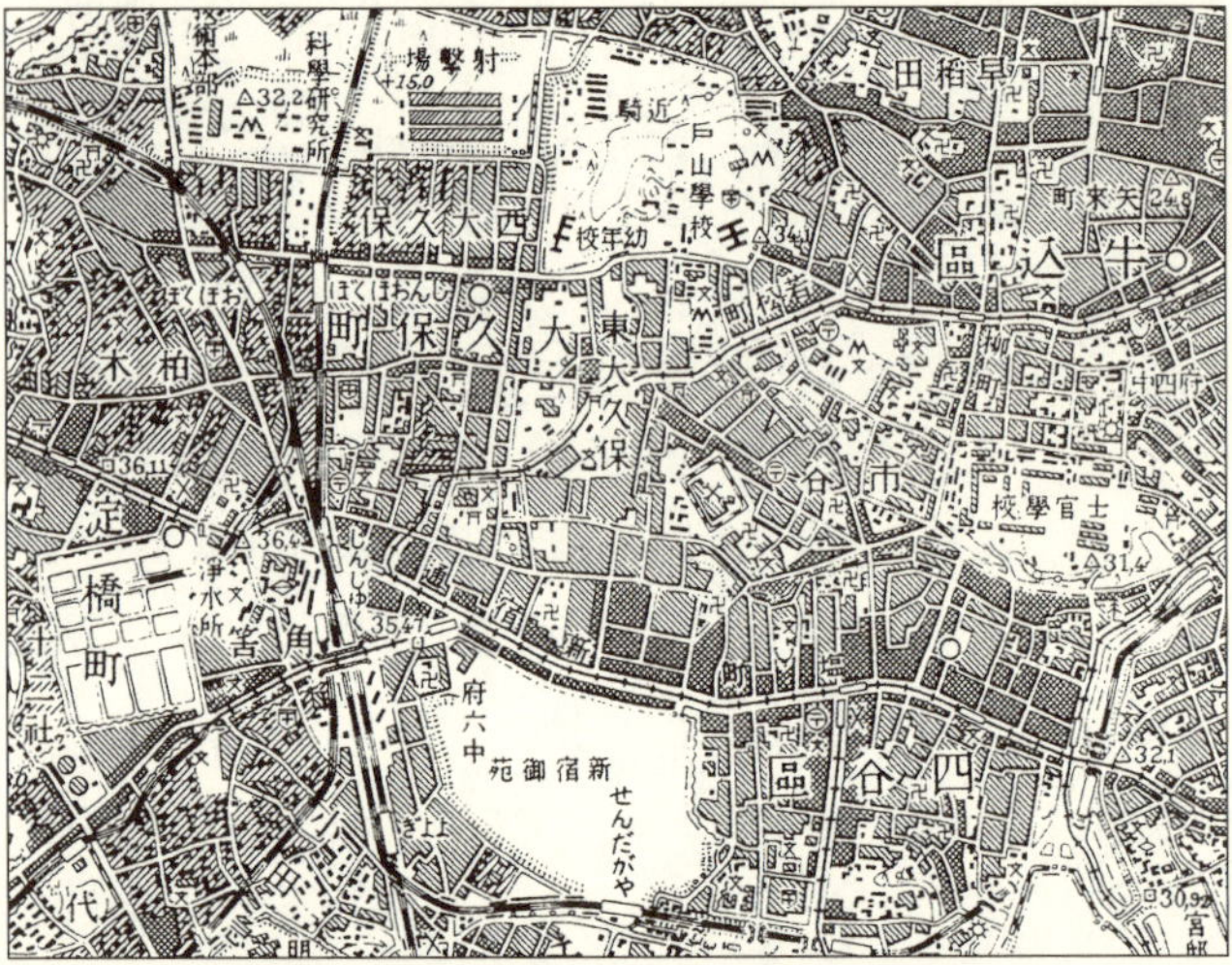

1：50,000「東京西北部」昭和7年要部修正・改描なし

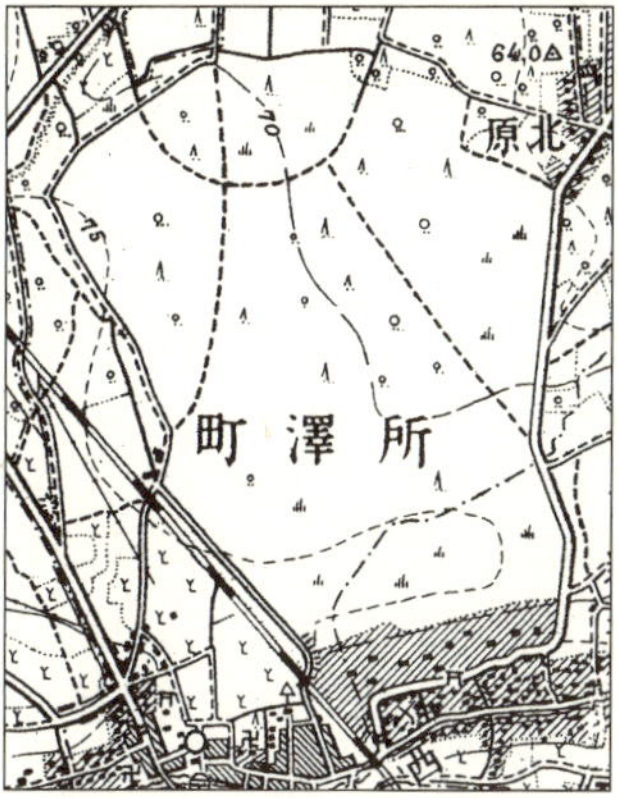

1：50,000「青梅」昭和12年修正・改描あり

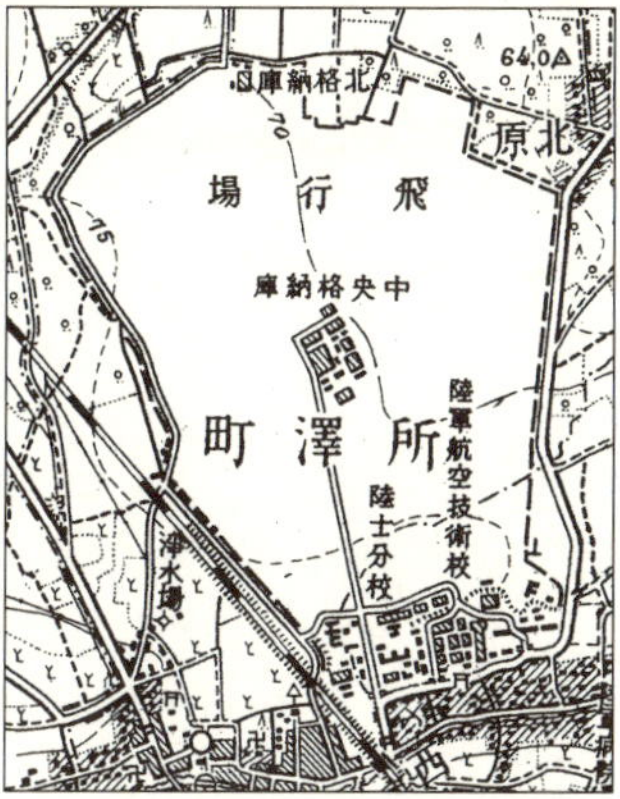

1：50,000「青梅」昭和12年修正・改描なし

を図上から抹消し、そこに架空のモノを改描したのだ。浄水場は帝都市民の命を握っているし、工場も狙われやすいからである。

　この改描は全国規模で行われ、他にも兵営や練兵場など他の軍施設はもちろん、鉄道の工場引き込み線や操車場、発電所や造船所などが、ただの空地や住宅地、公園などに変えられていったのである。

　184ページの上図が下図と同じ発行日で、しかも軍機保護法の改正以前にもかかわらず改描されている理由は、同じ版の地図を追加印刷する際に「改描版」に差し替えたからである。だから上図の実際の印刷日は法の改正後のはずだ。

　次に186ページの上下図。これは実

1：50,000「青梅」昭和12年修正・改描なし

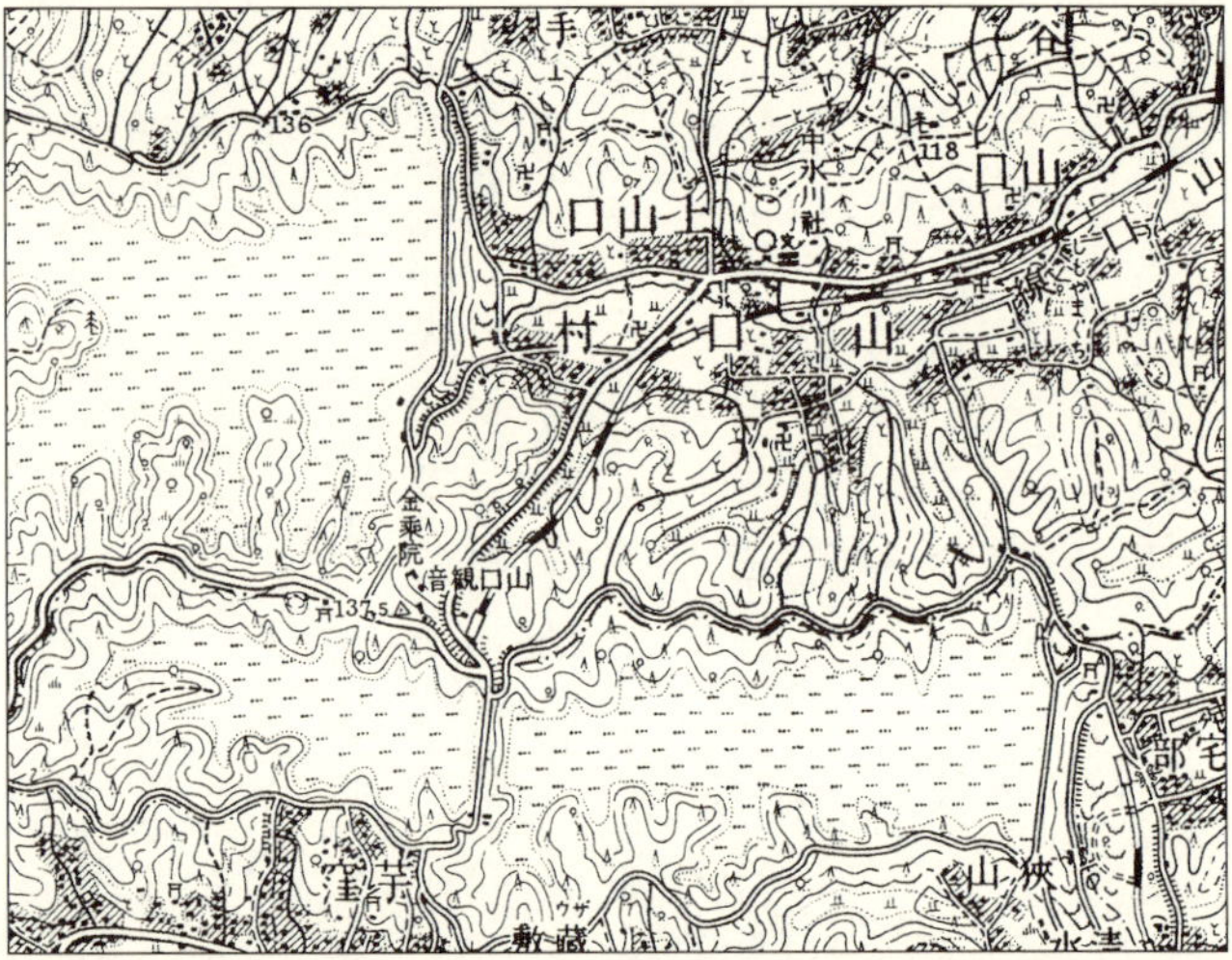

1：50,000「青梅」昭和12年修正・改描あり

に激しい改描が加えられている。おなじみの**多摩湖**（村山貯水池）と**狭山湖**《さやま》（山口貯水池）が、なんと下図では芝生（草原）になっているではないか！

これもやはり戦時改描で、ダムが狙われたら大変、という理由だろう。しかしここまでやるとワザとらしさを超越し、防諜《ぼうちょう》どころか噴飯ものだ。それでも当時は〝マジメ〟に行われたのである。

ただ、筆者の推察するところ、これは陸地測量部員の反抗ではないかと思う。なぜなら、行われた改描はあまりにも稚拙でワザとらしく、超一流の技術を持った彼らの仕事とは到底思えないからである。

当時の陸軍官僚の愚かな命令に対し、図上で黙々と抵抗していたに違いない。国土の姿を紙上に真摯に図化してきた彼らの仕事が根底で冒瀆《ぼうとく》されたのだから。一方、米軍側はとっくにその辺の調べは済ませ、精密な日本の地形図を独自に作っていた。

戦中派の地図がひた隠しにしたもの

戦時改描は東京などの都市部だけではなかった。188～189ページの図は上下どちらも昭和8年（1933）鉄道補入版の5万分の1地形図「**日光**」であるが、昭和10年（1935）4月30日とまったく同日の発行ながら、内容はだいぶ違うのがわかるだろうか。

まず、下図では皇室関係の記述がなくなっている。東照宮にほど近い「日光御用邸」（掲載範囲外）と少し西にある「田母沢《たもざわ》御用邸」（矢印）の文字が消えた。それから上図のまん中あたりにあったはずの精銅所が下図ではものの見事になくなり、その

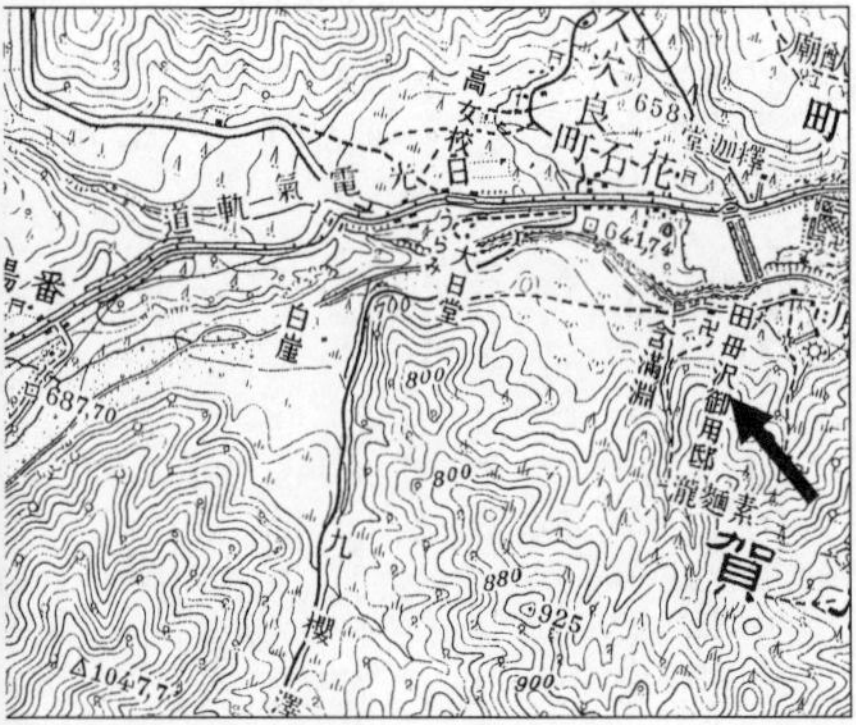

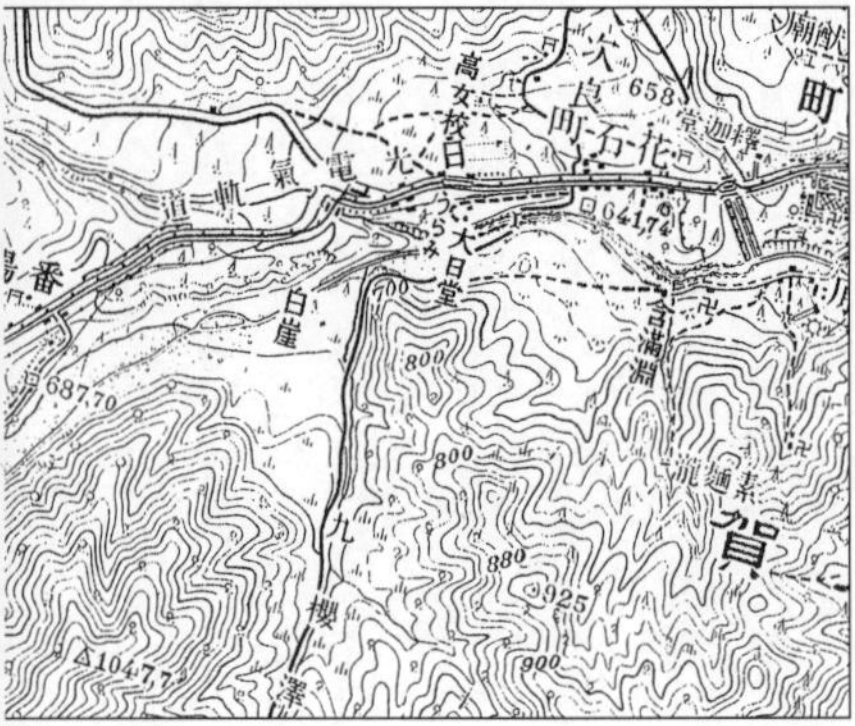

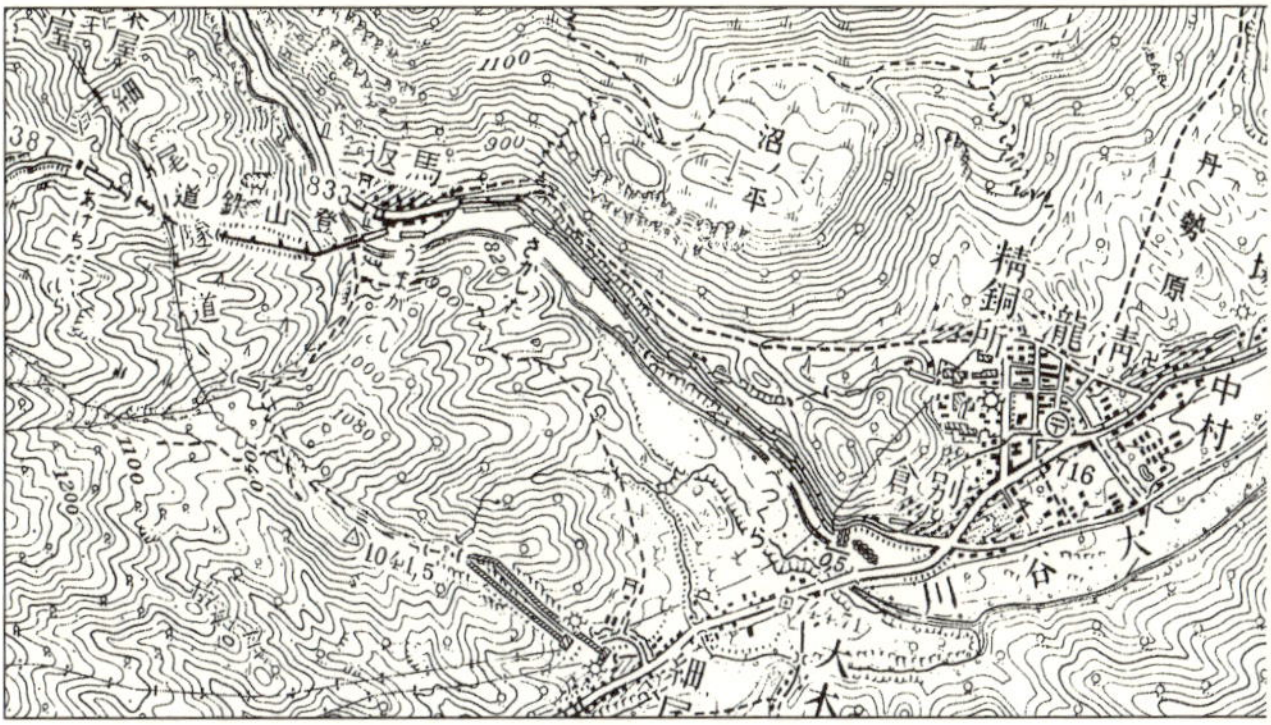

1：50,000「日光」昭和8年鉄道補入・改描なし

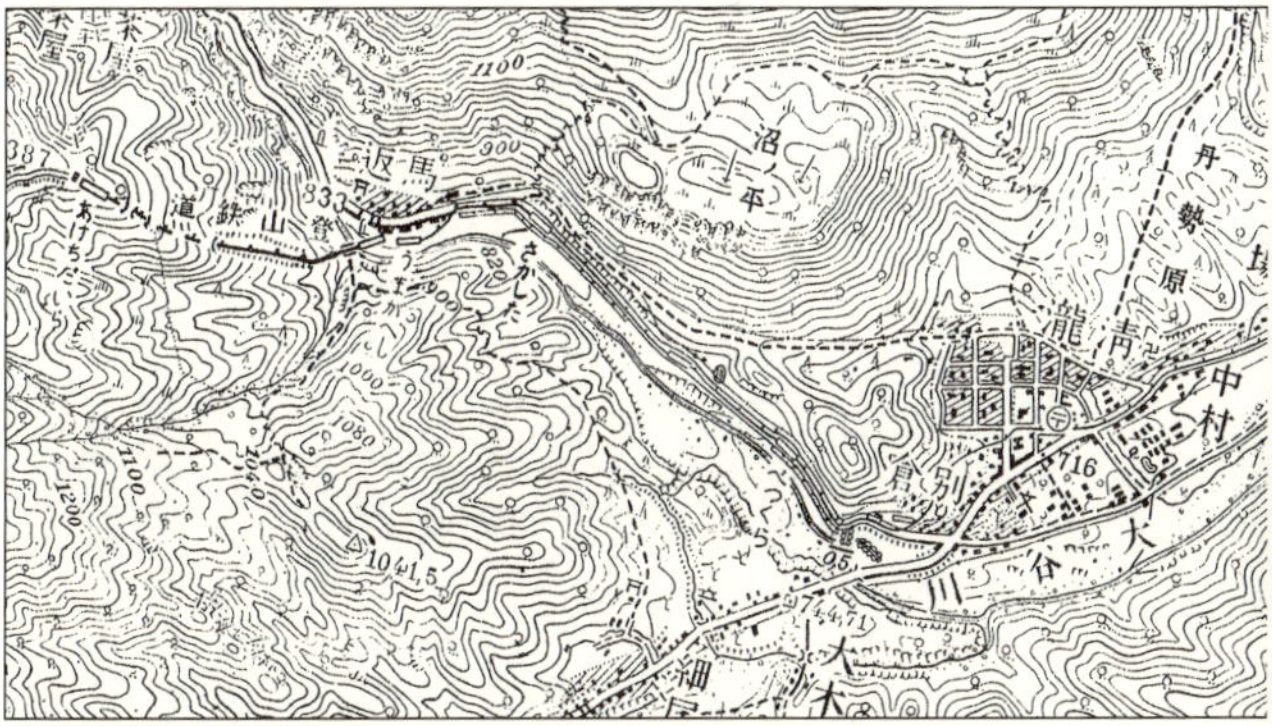

1：50,000「日光」昭和8年鉄道補入・改描あり

代わり「住宅地然とした市街地」に変身しているのだ。

さらに、精銅所へ送電していたはずの西から来ている高圧線が下図ではまったく消されている。大谷《だいや》川を渡って西側の山から下りてくる発電所のための2本の送水管も、その管に水を供給していたはずの細尾隧道《ずいどう》も抹消だ。もちろん送水管下にある発電所もなくなっている。

要するに戦時改描とは軍事基地だけでなく発電施設、工場、精錬所などの軍事的に重要な意味を持つ施設、図上で発見されては困るものはすべて隠した（つもりだった）ことである。この改描作業により、下図では日光市はただの東照宮の門前町を装い、戦時中における足尾銅山と、その背中合わせの位置にある日光が共同で作り上げてきた戦略的なものすべてを黙殺したことになる。

だから、たまたまこの図を古書店で入手したとして、運良く上図の非改描版を手にした人は正しい日光の歴史を把握できるかもしれないが、残念ながら下図をつかまされてしまった人は、昭和の日光を門前町・観光都市として終始した、と誤解するだろう。地図がウソをつくと、後々まで祟るのである。

発電所の送水管も消された

このように、地方都市や山間部でも戦時改描された版が意外なほどたくさんあるの

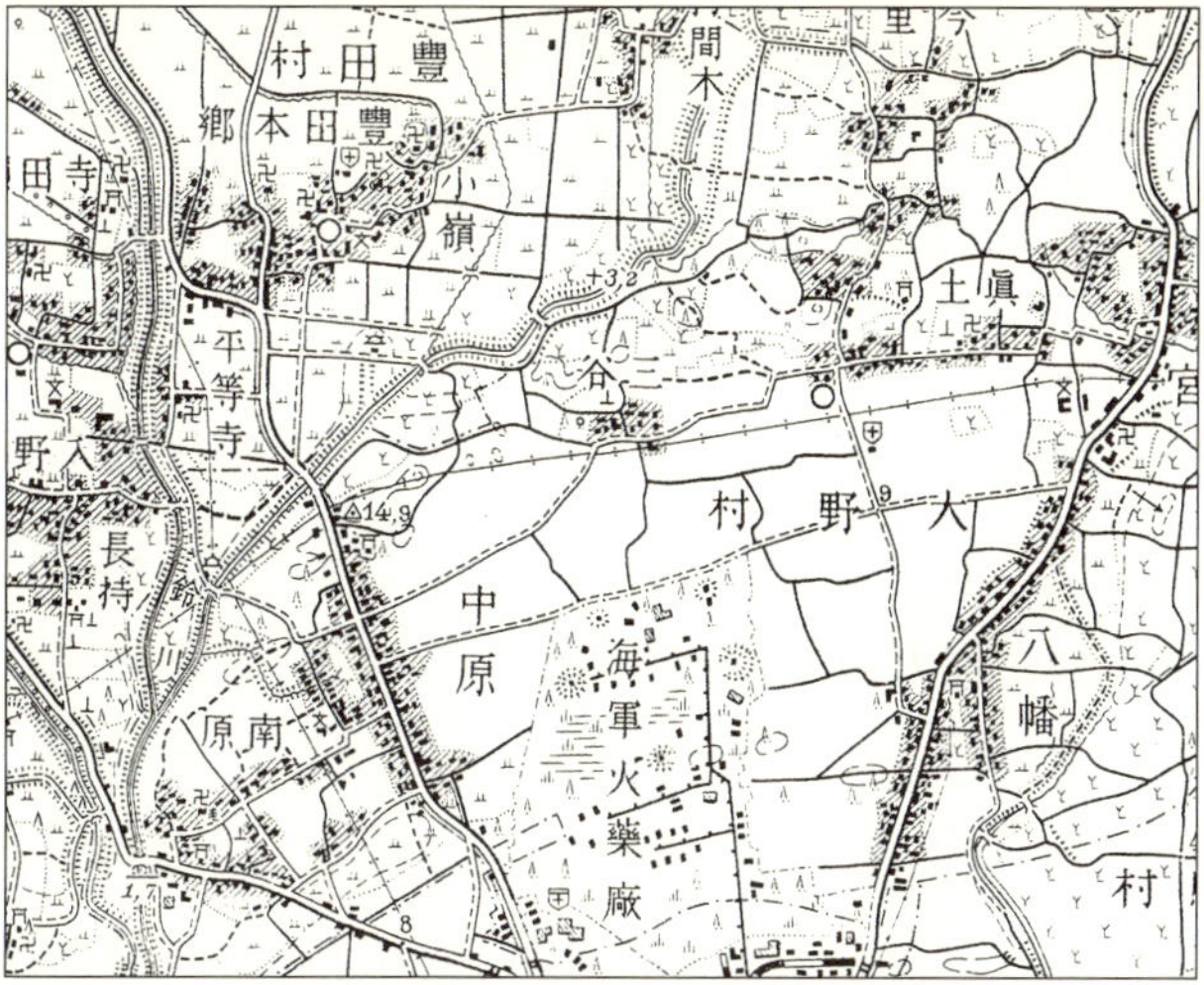

1：50,000「藤沢」昭和4年鉄道補入・改描なし

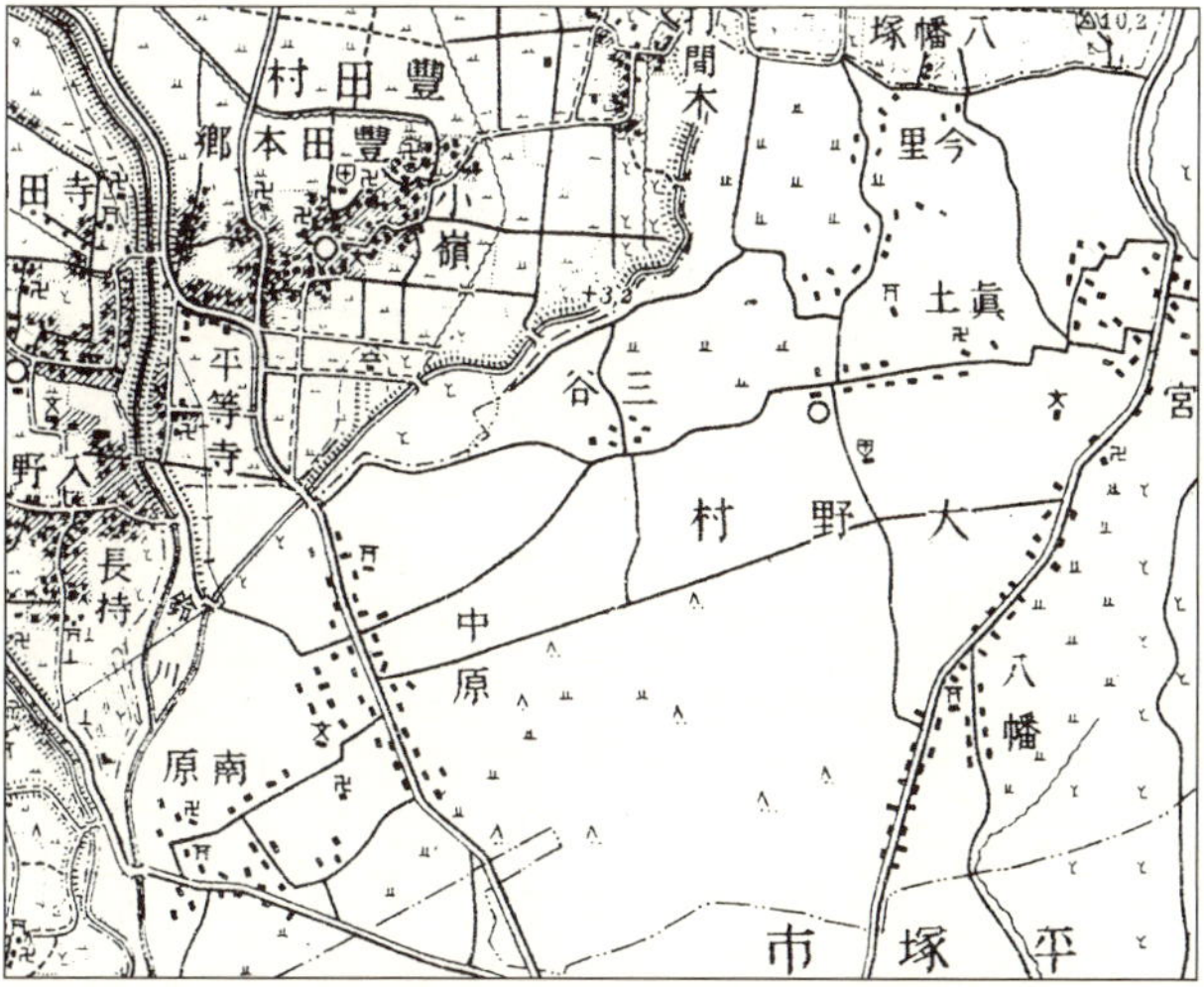

1：50,000「藤沢」昭和4年鉄道補入・改描あり

だが、もし山間部なら改描個所はたいてい送電線や発電所だと思っていい。戦前はダムは非常に少なかったものの、送水管で水を落として発電するタイプは多かったから、この送水管の抹消もあちこちで行われている。

191ページの上下図は5万分の1「藤沢」に描かれた平塚市街の北側であるが、どちらも昭和4年（1929）鉄道補入、発行日が上図は昭和5年（1930）、下図は昭和15年（1940）と異なる（状況から判断してまったく同じ時点を示す地形図と思われる）。

それにしても両者の激しい違いは何だろう。一見してわかってしまうが、上図にあった海軍火薬廠がなくなって広大な畑と木々に変身しているのだ。八幡の集落をめぐる小径も多く廃止されてしまって、家々などの描写も上図に比べて下図は非常に雑だ。

さすがに改描でもこれだけ大規模で荒っぽいものはほとんど例がない。タッチも荒く、一目で何かあるなと感じられるし、もし「敵」の視点でこの改描済み地形図を見てしまったら、この目立つ場所に何かとてつもなく大事なものが隠されていることを一瞬で悟り、攻撃目標としてしまうだろう。

さすがに、ここまで来てしまった日本は、この改描図発行の5年後に破局を迎えることになったのだが、心ある陸地測量部員は、このような製図をしてしまったことを筆舌に尽くしがたい思いで振り返ったのではないだろうか。一日に親指の爪ほどの面積を、その風景を思いつつ正確に、丹精込めて美しく製図していった人たちなのだから。

地図にわざと架空の地名を入れた？

アメリカで出版された『地図は嘘つきである』（日本語版・晶文社）という本に、わざと架空の地名を地図の片隅に入れる、というエピソードが紹介されていた。地図情報の無断使用防止のためのワナである。さすが訴訟社会、自分たちが手間ヒマかけて取材した情報をこうやって守っているのだ。

さて、日本で地図会社がこのような件で訴訟合戦をやった話は聞かないが、実際はどうなのだろう。筆者は偶然データの流用が行われた形跡を地図で発見した。

たまたまある市街地図に載っていたすぐ近所のマンション名が間違っているのに気づいたのだが、別の機会に他社の地図を見たら、まったく同じ間違い方をしていたからだ。カタカナの綴り方だから偶然とは考えられない。別に筆者は何かコトを起こすつもりはないが、実際にこういうことは頻繁に行われているのだろうか。

モトが間違えば各社一斉に転ぶ

もう一つ、何社もが揃って同じ間違いをしている個所があった。それは拙宅近くの京王線の上を都道が立体交差で越えている部分が「踏切」として描かれた間違いで、誰が最初にこれを踏切にしてしまったのかと疑問に思っていたら、大縮尺の民間市街地図の元図になっている東京都都市計画局（現都市整備局）作製の２５００分の1地形図（国土地理院の国土基本図に相当）が「踏切」だったからだ。

基本図が間違えていたのでは仕方がないかもしれないが、読者の情報などで誤りに気づいたか、最近は各社とも訂正されてきたようだ。

原因不明の「間違い地図」もある。40年ほど前に買った百科事典付録の分県地図帳なのだが、当時は埼玉県を走る西武秩父線が昭和44年（１９６９）に開通したばかりだった。その地図帳にも吾野《あがの》〜西武秩父間が描き入れられていたのだが、ルートと駅名が実際と大幅に違っていたのである。

地図帳に記されていた駅名は吾野・正丸《しょうまる》峠・山伏《やまふし》口・赤谷《あかや》・根古屋《ねごや》・西武秩父（図上では平仮名表記）で、正丸峠にはごく短い５００メートルほどのトンネルが描かれている。ところが正しくは吾野・西吾野・正丸・芦ケ久保《あしがくぼ》・横瀬《よこぜ》・西武秩父で、中間の駅名は一つ残らず間違っている。おまけに正丸トンネルの長さは４・８キロあるはずだ。

ただ、完全にデタラメと言い切れないのは、赤谷と根古屋という2つの地名が実在の集落名であり、ちょうどその位置に駅名が書かれていることだ。山伏口についても、「駅」の南方に山伏峠がある。

考えられる原因としては、西武秩父線が開通するけれども、出版社側に正しいルートの情報がなく、ずっと以前に「予定線」として発表されたものをそのまま使ってしまったのだろうか。

このルートが実現していたら、トンネルをこれだけ短くするには相当な急勾配路線になっただろう。

しかし最近ではこれほど豪快な間違いは見あたらないので、いささか寂しい気もする。

陸地が1平方ミリ以下の地形図がある

国土地理院の地形図の一枚一枚の範囲は、経緯度でタテヨコに区切られており、たとえば5万分の1の掲載範囲はタテ10分×ヨコ15分、2万5千分の1ならその半分ずつの5分×7分30秒ごとになっている。これは陸上ならいいのだが、海岸部では経緯度の巡り合わせによっては極端に陸地の少ない図が誕生する。

拙著『地図の遊び方』ではそんな地形図の中から2万5千分の1地形図の「銭洲《ぜにす》」という図を紹介した。この図には**神津島**《こうづ》南西の海に浮かぶいくつかの岩礁しか載っていないため、たぶん全部の岩を足しても2〜3平方ミリにしかならず、おそらく日本で最も陸地面積の小さな地図ではないかと当時は確信していた（現在は「神津島」に統合）。

しかし、その後さらに陸地の狭い地図を発見してしまった。もちろん現在のではなくて、戦前の20万分の1帝国図（現・地勢図）である。場所は八丈島の南約360キロ、八丈支庁所属諸島の一つで、**孀婦岩**《そうふいわ》という。北緯30度線の少し南に位置し、島というにはあまりに小さい「絶海の孤岩」である。

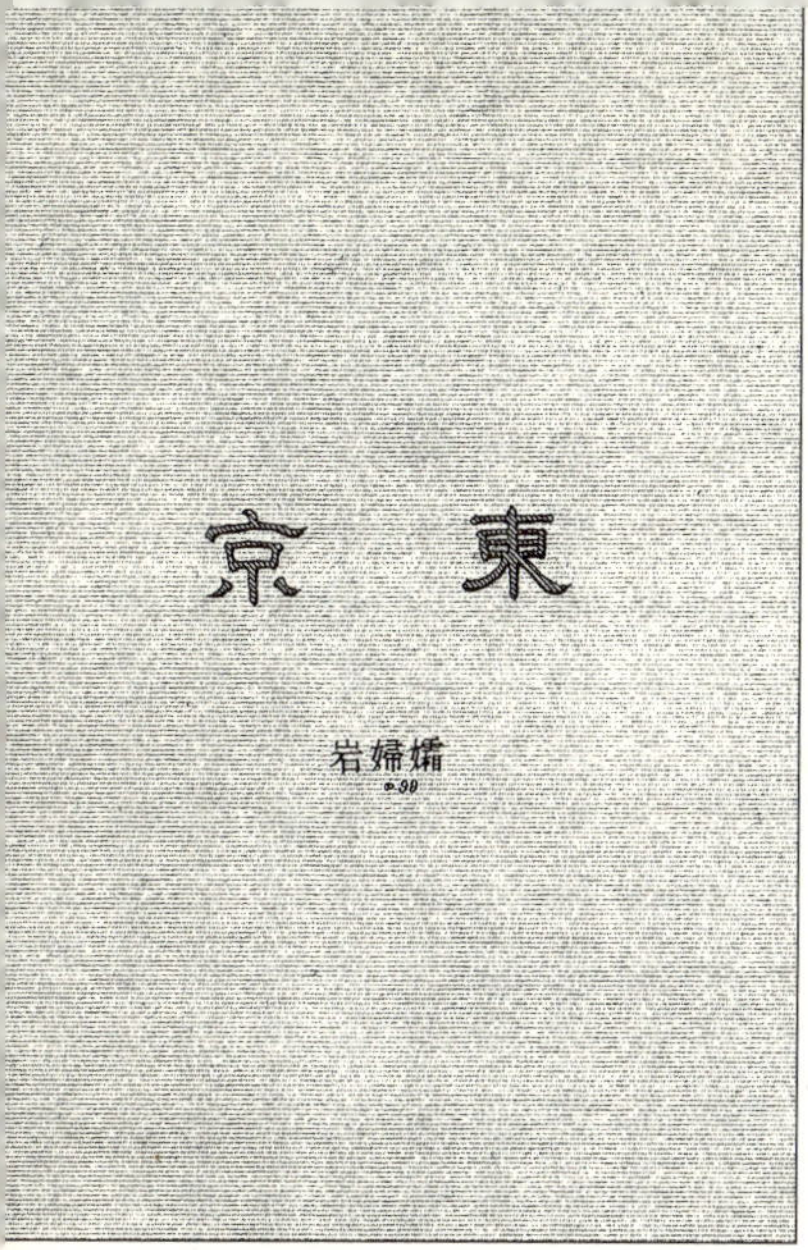

ケシ粒ほどの陸地しかない1：20万「孀婦岩」昭和10年製版

99メートルの「棒」が海に突き出ている

この岩はもちろん無人島で、現在も所属市町村が決まっていない。写真で見る限り島というよりは海の上に棒が突き出している図であり、その高さたるや99メートルという堂々たるもの。

しかも四囲《しい》はほぼその高さの断崖だから2万5千分の1地形図にも等高線など描かれるはずもなく、小さな岩の記号の上にポツリと99の数字が記されている。あまりにも狭いのにこの高さだから、最初は何かの間違い（たとえば9・9メートルの）かと疑ったほどだった。

これほど海ばかりだと、人をバカにするな！　と怒り出すか、それとも広大な海原を前に深く感銘を受けてしまうかのどちらかだろうが、これほどでなくても海の広い味のある地形図はたくさんある。おすすめの図をいくつか挙げてみよう。

まず東京に近いものでは5万分の1の「**三崎**」。三浦半島の先端部分だけが北緯35度10分のラインを越えてしまうため、この図の誕生と相成った。

神奈川県ついでに、三崎ほどではないのだが、「**平塚**」の5万分の1も図の北端に湘南海岸がへばりついている雰囲気で、海が広い。関西では大阪府最南西端に近い5万分の1の「**尾崎**」。こちらは大半が大阪湾だが、関西国際空港ができて少しは陸が広くなった。

埋め立て地といえば、2万5千分の1の「**浦安**」などは、昔はほとんど海ばかりで、干潟ばかりが広大に描かれている地形図だったのが、今では東京ディズニーランドの舞浜をはじめ、各種工場や住宅の建ち並ぶ埋め立て地が広がったために、〝海ばかり感〟はそれほどでもなくなった。「**宗谷岬**」の5万分の1も、「もう、これより北にはないんだ……」という思いにふけりたい人にはおすすめだ。

まあ、いずれも270円や290円かけて青い「色紙」を買うのがどうしてもはばかられる人は、地形図売場でご覧になるだけでも……。

古本屋さんを活用しよう

国土地理院や図書館などで旧版地形図のコピーを手に入れることはできるが、やはりオリジナルの美しさにはかなわない。細かいところまで鮮明に印刷された戦前の職人芸の神髄を味わうには、やはり現物に限る。

古地図は高いと思われがちだが、江戸時代までの木版オリジナルなどはともかく、明治以降の図なら店によっては意外に安い。古書店でも、何が希少価値かを先刻ご承知の店主にかかると憎いほどピタリの金額を出してくるが、まったく専門外で「ついでに地形図も置きました」という店など、おそろしく安いこともある。

たとえば筆者は関西のある店で明治期の2万分の1迅速図の「横浜」を見つけ、値札を見て仰天した。神保町なら場合によっては1万円を超えるだろうに、なんと1800円。内心小躍りしながら買った覚えがあるが、逆に神保町なら500円程度で買える大阪付近の5万分の1が4000円で売られているのも見た。要するに地方により、店により、客層、店主の鑑識眼や趣味によって違ってくるのだ。

地形図でなくても、都市の地理書や昔の路面電車の路線が載った市街地図など、実に嬉しい掘り出し物があるから、古本屋さんは地図ファンには宝の山であり、通うのをやめられない。でも、筆者の行きつけの店がどこか、どこにどんな地図が売られている……などの情報は白状しない。ご自身のお眼鏡で時間をかけて発見されたし。

最近は古書店の閉店も目立つが、ネット通販で営業を継続している店もあり、「ヤフオク!」などネットオークションで個人に混じって参加する店も増えており、情勢の急変を実感するこの頃である。

第5章　地図の言葉を読もう

海岸線は「0メートルの等高線」ではない

富士山の高さは3776メートル、正確には剣ヶ峰の三角点の標高は3775・63メートルという。それでは、この数字はどこを基準にしているのだろうか。答えは地形図の記号欄の下にある。「高さの基準は**東京湾の平均海面**」というのがそれだ。

では、平均海面とは何だろう。ご存知の通り、海面の高さは一日2回ずつの満潮と干潮で異なり、大潮になるとその差は最大となるが、これらは地形や海流の関係で地域差が大きく、太平洋岸では約1・5メートル、日本海側の新潟や敦賀でわずか20センチ、潮差の大きいことで知られる有明海の三池《みいけ》港では6メートルもある。

さらに韓国の仁川《インチョン》では8・1メートル、英仏海峡に面するフランスの修道院の島・モンサンミシェルでは13メートルなどという例外的なものもあり、さまざまだ。この島など、干潮時には見えないほど遠くまで汀《てい》線が後退してしまい、いざ満潮となれば怒濤のように向こうから潮が押し寄せてくるのだという。

平均海面というのは、海から水を引き込んだ験潮場での一定期間の験潮により正確に求めるもので、日本の地形図ではこれを最初に東京湾の霊岸島《れいがんじま》にあった験潮場で測

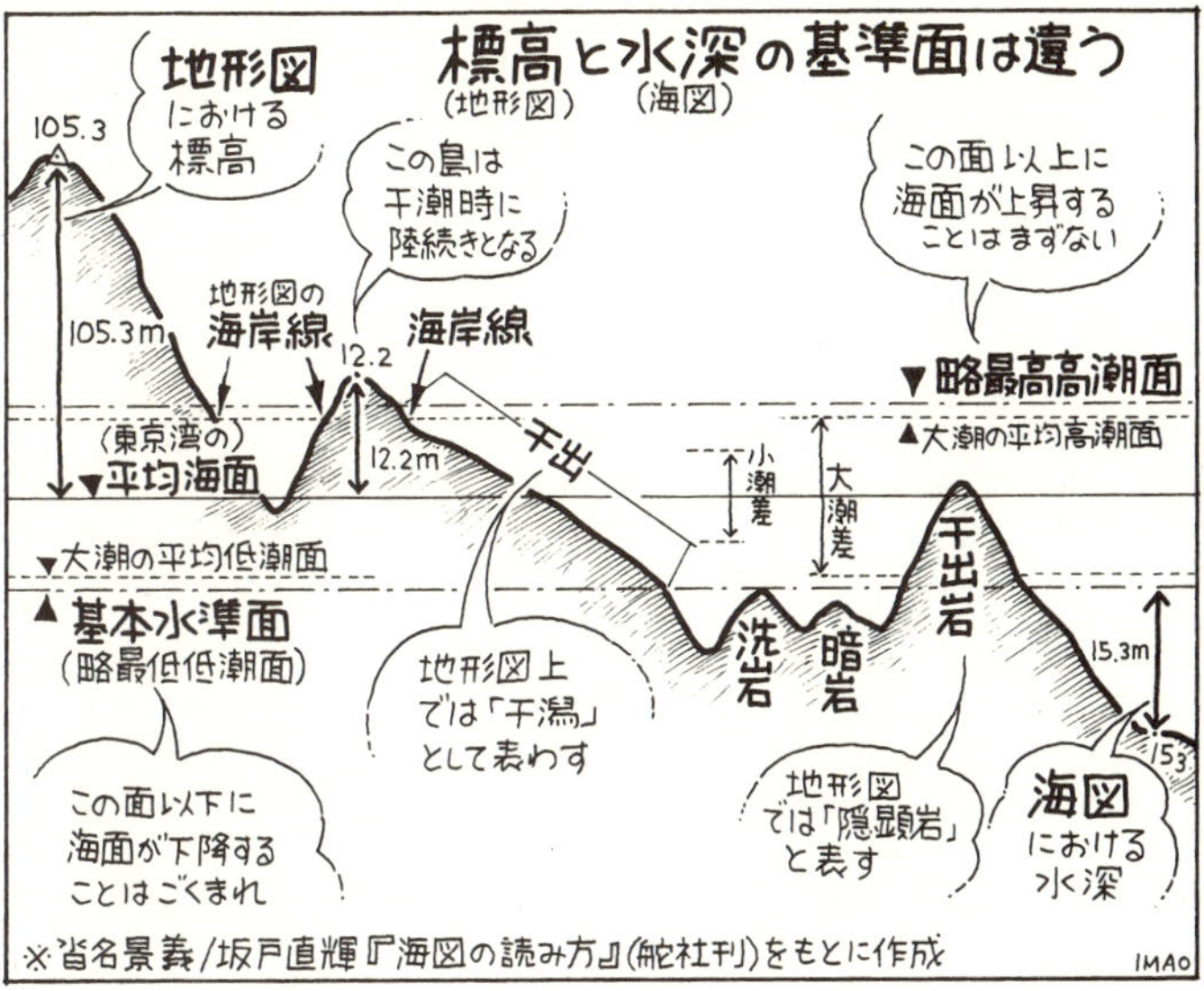

り（その後三浦半島の油壺《あぶらつぼ》に移転）、これを元に永田町の水準原点の高さを求め、そこから出発して全国の土地の高さを測っている。

　ただし沖縄やその他の離島ではそれぞれの島の港などの平均海面が基準になっており、たとえば沖縄本島なら那覇港の、伊豆大島は岡田港のそれぞれ平均海面が基準となっている。さらに絶海の岩礁などの場合は平均海面ではなく「○○岩付近の海面」という概算値になる。

　そうすると、地形図に描かれた海岸線がもし「平均海面」であれば、海岸線は０メートルの

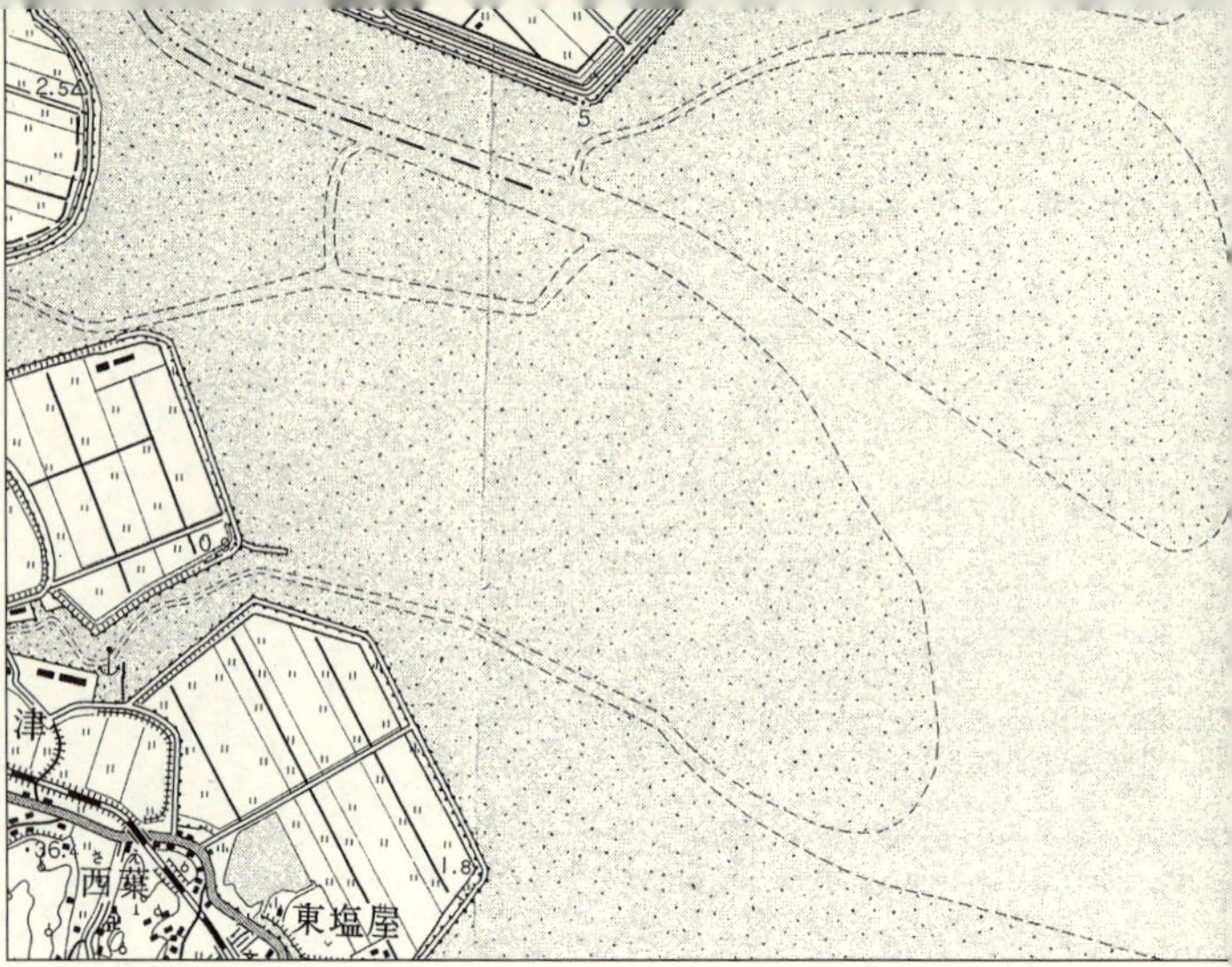

干潟が広がる有明海の地形図。1：50,000「鹿島」平成5年修正

等高線に等しくなるのだが、そうではなく、海岸線は大潮の満潮時の平均海面である「**平均高潮面**」と決められている。要するに「平時ならこれ以上水に浸かることはない」というラインなのだ。だから干潟の広がる遠浅の海岸などでは標高0メートル（平均海面）とだいぶ違いが出てしまうので要注意である。なお、破線で示される干潟ラインは大潮の干潮時の平均海面「平均低潮面」である。

海図の水深は「平均海面」ではない

ちなみに海図に表示される水深の数字はこの平均低潮面よりさらに低い「**略《ほぼ》最低低潮面**」が基準であり、これより海面が低くなることはまずない、というラインだ。あくまで船の航行の安全を最優先するのが海図の使命だからだ。

復習すると、たとえば遠浅の干潟が広がる地形を考えるとき、まず地形図に水色のかからない海岸線（たとえばプラス2メートル）、次に水色と干潟ラインの中間あたりに見えない0メートル等高線（0メートル＝平均海面）、干潟ライン（たとえばマイナス2メートル）、そして海図の水深基準である略最低低潮面（たとえばマイナス2・3メートル）という具合なのである。ただし地盤沈下などで生じた海面下の土地には「0メートルの等高線」が登場する。

平均海面というのは世界の各地でだいぶ異なる。たとえ隣の国であっても、ベルギーとドイツで基準とする平均海面が数十センチも異なるために、かつて両国の間で鉄道敷設工事が進められた際、いざ接続というときに相手方のレールとの間に大きな段差ができてしまった、などというエピソードも残っている。今でも両国の国境地帯の地形図は等高線がぴったり合っていない。

山頂にあるとは限らない三角点

地図を作るには、まず基準となる場所が地球上のどこに位置するかを決めなければならない。日本では旧東京天文台の所在地、麻布台二丁目に**日本経緯度原点**（東経139度44分28秒8869、北緯35度39分29秒1572というミリ単位の精度で決められている！）があって、ここを基準として全国各地を測量している。

三角形の一辺の長さが判明していれば、その線の両端からそれぞれ第3の点への角度を測れば正確な位置が計算できるという三角形の性質を利用して次々と全国に広げていったのだが、その基準となったのが**三角点**だ。

三角点はお互いを正確に見通さなければならないので、とにかく目立つ場所が選ばれた。だから結果的に山の頂上にあることが多いのだが、何らかの事情で山頂に三角点の標石を埋め込むのが困難だったり、見通しが悪かったりすると、山頂からちょっと離れた「肩」の部分などに設置されることは珍しくない。

地形図には正三角形に点を打った三角点の記号に必ず標高が示されているので三角点が「高さの基準」と勘違いされることが多いようだ。△形だから山の高さというイメージも湧いてしまう。

高層の市役所屋上にある久留米の三角点

もちろん三角点の標石のてっぺんの面の高さが東京湾の平均海面からの高さを示しているので、その数値が土地の標高にほぼ一致するわけで問題はないのだが、中には平地で高く目立つところがないため、ビルの屋上に三角点が設置されることもある。

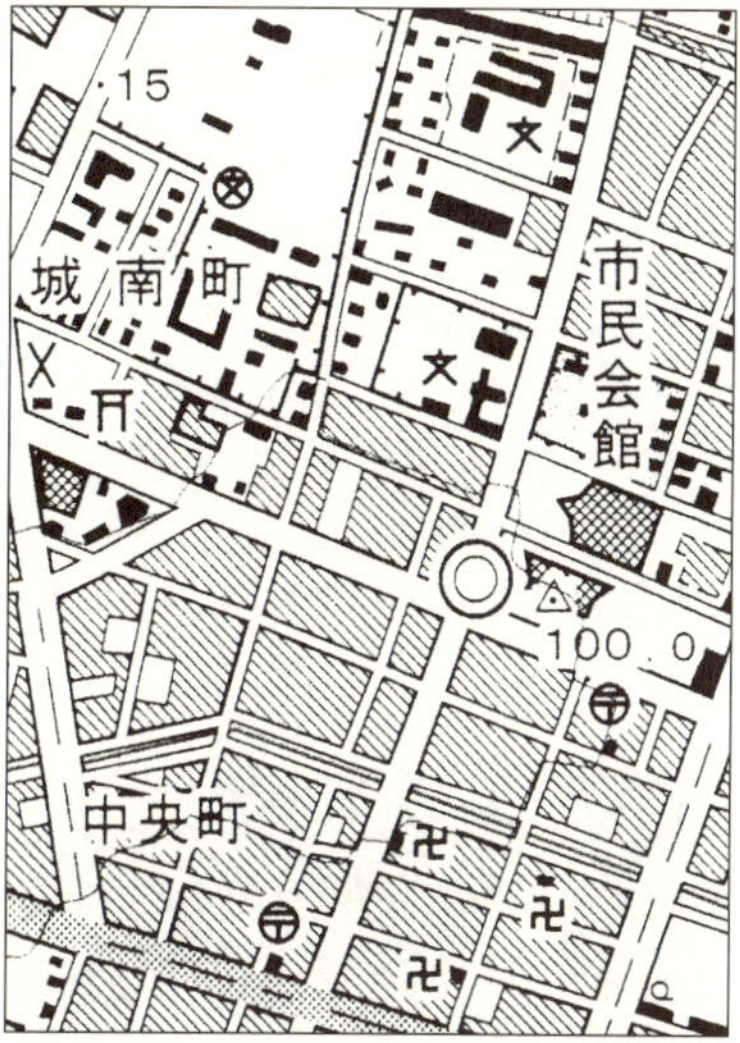

高層ビル上にある三角点。1：25,000「久留米」平成24年更新×2.0

この場合、その標高の値はビルの屋上にある標石の上面の高さということになる。上の図の場合、三角点の数値は１００・０メートルとなっているが、筑後川の下流に面した久留米市街の標高は10メートルほどだから、この数値はもちろん久留米市役所の屋上

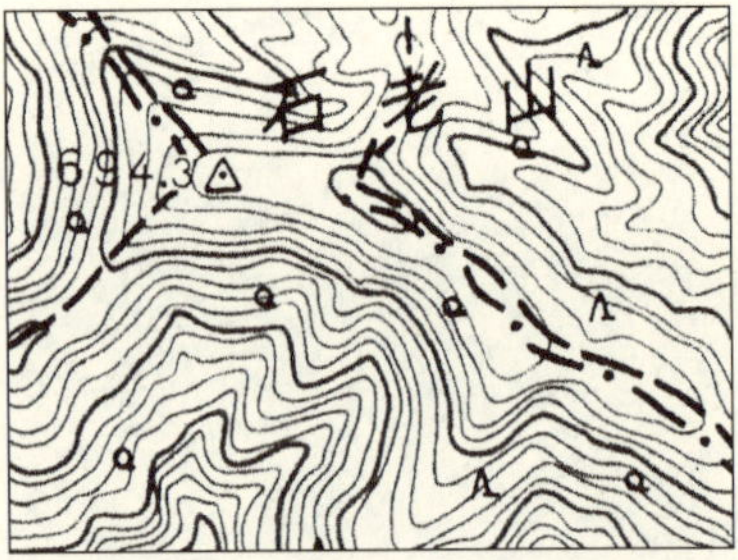

三角点は必ずしも山頂にはない。神奈川県・石老山の例。1：25,000「青野原」平成10年部分修正×2.0

三角点の標石

の高さを示している。

細かいことを言えば、昭和35年（1960）ごろの久留米の地形図を見ると、やはり市役所（現在の隣地）の屋上に三角点があり、数値は25・4メートルになっていた。標高と差し引きすればせいぜい4階建てだったのが、今は20階建ての高層ビル（高さ91・3メートル）に建て替えられたことがわかる。三角点から市役所の建て替えが見えたりもするのだ。ちなみに東京では残念ながら新宿の高層ビルに三角点は設置されていない。

　山の場合は前述のように三角点が必ず山頂にあるとは限らず、山頂に昔から神社が鎮座しているなど（たとえば左図）、標石を設置できない理由があるとき、または山頂よりも隣接の三角点からの見通しが良い場合などには、山頂から少し離れたところに設けられることがあるのだ。

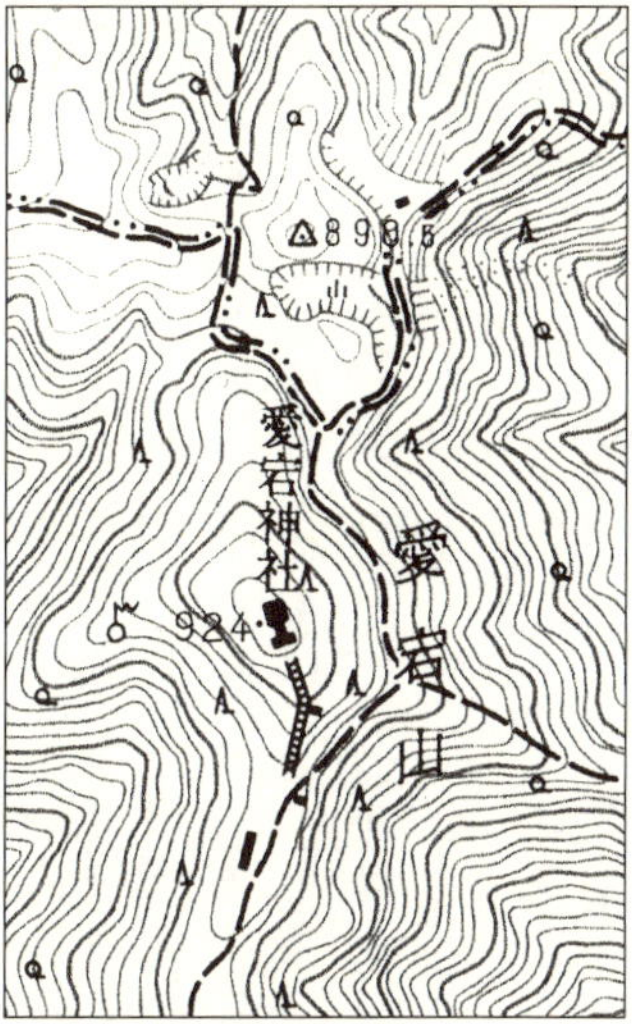

1：25,000「京都西北部」
平成９年部分修正×1.6

　なお、三角点の標石は花崗岩の四角柱で「一等三角点」などと等級（精度による）が示されているが、その文字は南面を向くように埋められている（古いものを除く）。これを知っておくと、特に下山のとき方角を間違えやすい山頂でも安心だ。

　測量にあって大事な役割を一世紀以上にもわたって担ってきた三角点だが、最近ではＧＰＳ（Global Positioning

System ＝全地球測位システム）衛星による測量が行われるようになり、そのため設置された電子基準点にその役割は移っているので、三角点の重要性は相対的に低下した。

ＧＰＳ測量とは、測量しようとする2点（観測装置）から同時に4個以上のＧＰＳ衛星に電波を発射し、それが返ってくるまでの到達時間差により２つの地点間の相対的な位置関係を求めるもので、誤差１００万分の１以下、つまり東京～鹿児島間の直線距離である約１０００キロで1メートル以下という驚くべき精度である。

ドイツの最南端は宗谷岬より北にある

緯度の「緯」という字は横糸という意味である。経度の「経」は縦糸だ。その地球の横糸の中で赤道を0度とし、北側の横糸が北緯だから日本の緯度はすべて北緯であるが、その広がりは意外なほど広い。最北端の**択捉《えとろふ》島**や**宗谷岬**（択捉島カモイワッカ岬が北緯45度33分、宗谷岬が同31分）から最南端の**沖ノ鳥島**（北緯20度25分）まで25度もの開きがある。

また東西は最東端の**南鳥島**（東経１５３度59分）と最西端の**与那国島《よなぐにじま》**（東経１２２

度56分）は31度、つまり本来は約2時間も時差がある経度差なのだ。

南北25度差というのはヨーロッパならギリシャのクレタ島からスウェーデンのストックホルムまでの緯度差にあたるし、東西はロンドンからウクライナの首都キエフまでの経度差にほぼ等しい。

それほど日本は広がりをもった国であるが、ヨーロッパ諸国の緯度と比べてみると実はだいぶ南にある。たとえば稚内《わっかない》近くのサロベツ原野近くを通る北緯45度線は、ヨーロッパでは南フランスのボルドーやイタリアのトリノ、ヴェネチアあたりを通り、ドイツなど最南端でも北緯47度だから日本の最北端より北ということになる。

鹿児島とエルサレムがほぼ同緯度

そんなわけで一般の緯度感覚と実際とは意外にズレており、**東京**（北緯35度41分）はギリシア最南端の**クレタ島**とほぼ同じだし、**鹿児島**（31度35分）と**エルサレム**、**那覇**（26度12分）とサウジアラビアの**リヤド**は似たような緯度だ。インドのデリーなど、那覇より少し北にある。

緯度だけで暑さ寒さを語る人がいるが、もし日本の緯度と寒暖の関係をヨーロッパに持ち込んだらドイツなど寒帯林ばかり、ということになるが、実際には暖流と偏西風があるのでそんなことはない。

ちなみに北米大陸との対比はもっと感覚の差が少なく、モントリオールと稚内、ボストンと札幌、ニューヨークと青森、サンフランシスコと福島、ロサンゼルスと大阪、ニューオリンズと屋久島、マイアミと那覇……がほぼ同緯度だ。

日本国内でも経度・緯度に注目してみると意外なこともある。たとえば横浜と松江はほとんど同じ緯度なのだが、松江が意外に北にあったと考える人もいれば山陰なのにずいぶんと南だったんだなあ、という感想を持つ人がいるかもしれない。

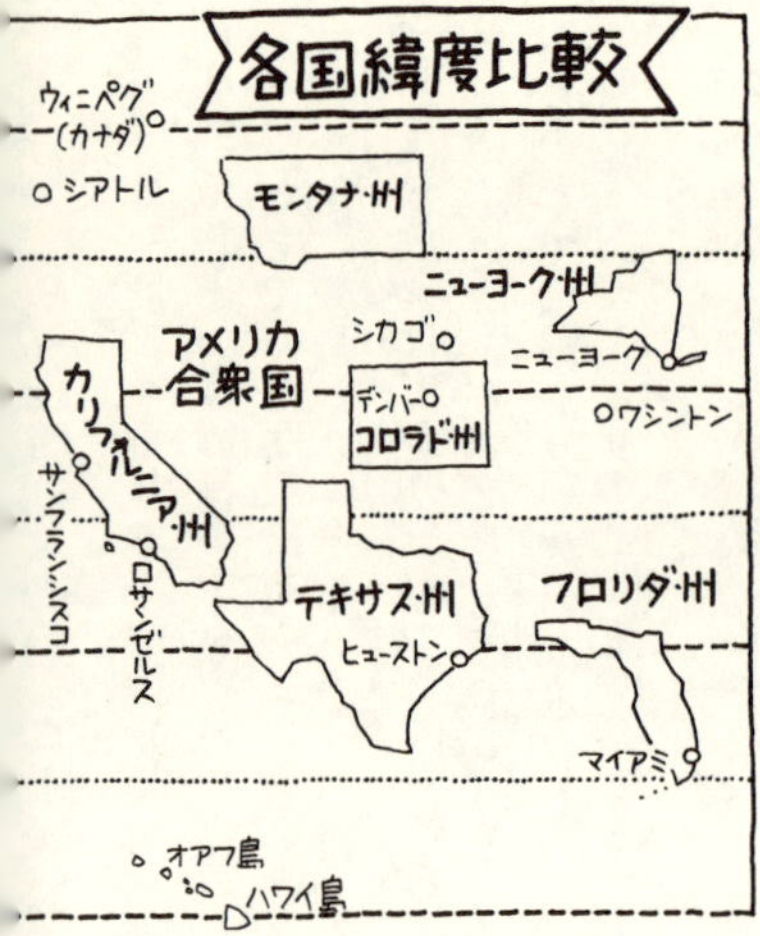

ある特定の経緯度を追ってみると、その経由地が意外で、興味深いことがある。たとえば東経140度線。経由する地点を挙げてみよう。

まず南房総市和田町に上陸した140度線は千葉県の最高峰・愛宕山《あたごやま》(標高408メートル。全都道府県で最低の最高峰)をかすめて北上、袖ケ浦《そでがうら》市でいったん東京湾に出て船橋で再上陸する。

柏市で常磐線を越えて茨城県に入ると、今度は関東鉄道常総《じょうそう》線に沿

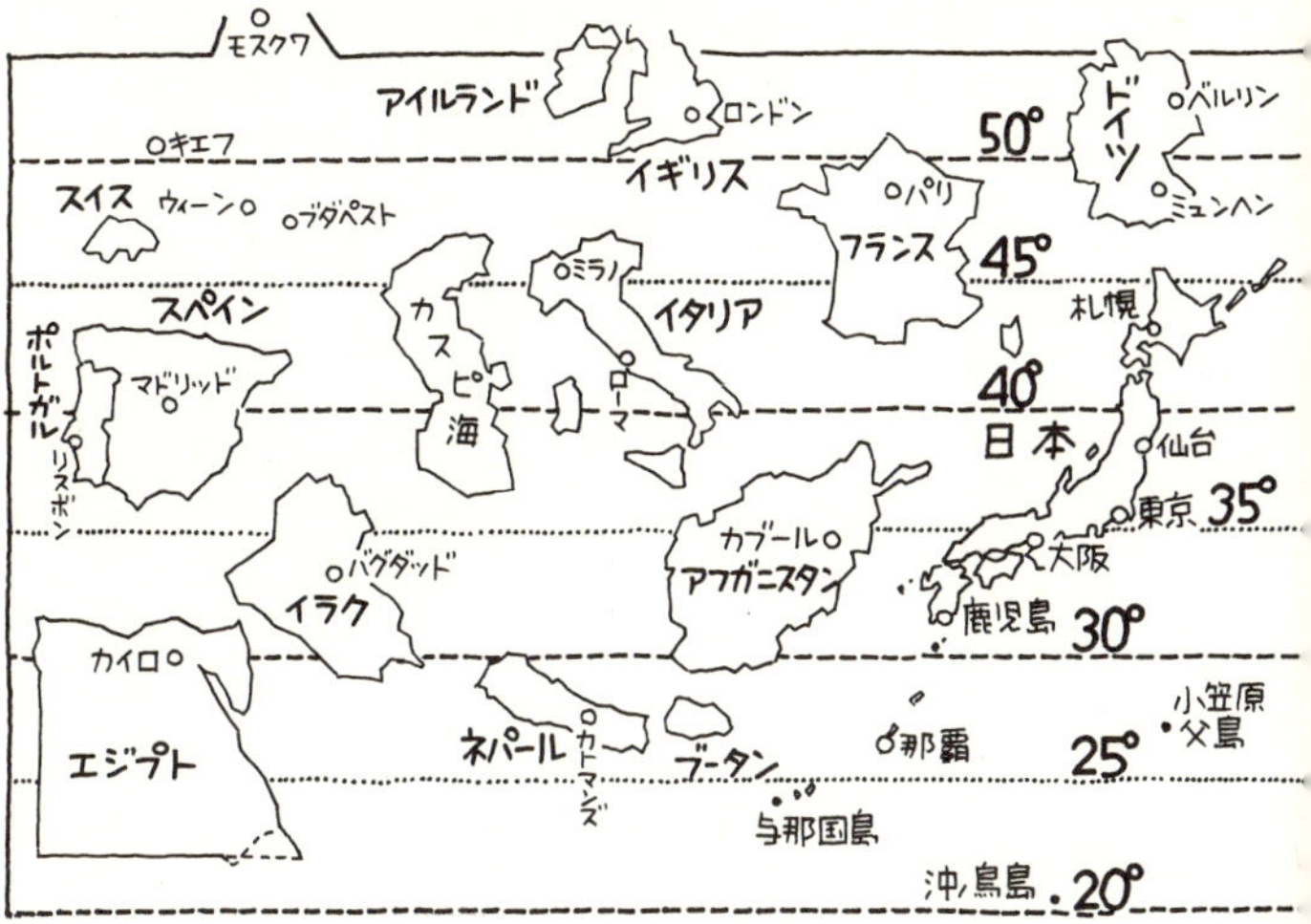

って常総市、下妻《しもつま》市を抜け、栃木県では宇都宮のはるか東方を通過しながら東北新幹線の那須塩原《なすしおばら》駅を経て那須岳を縦走、意外に近い会津若松の、白虎隊で有名な飯盛山《いいもりやま》の裏手を抜け、奥羽の深い山を抜けていつの間にか山形県に入る。

その後は朝日連峰の東から月山《がっさん》・羽黒山《はぐろやま》を縫うように（蛇行するわけではないが）北上、最上《もが》川を渡りつつ米どころ庄内平野の東縁を進み、鳥海山《ちょうかいさん》のすぐ西をかすめて秋田県由利本荘《ゆりほんじょう》市の沖へ。

東経１４０度線は八郎潟《はちろうがた》を越えて

秋田沖を通過したわれらが１４０度線は間もなく男鹿《おが》半島に再々上

本州の「最西北端」にあるという山口県・川尻岬。何を基準にしているのだろうか

陸、かつて日本第二位の湖だった八郎潟の中央干拓地のまん中にさしかかった所で北緯40度線と交差する。ここは末尾が0の経線・緯線が陸上で交差する日本唯一の地点として知られ、モニュメントが建っている。

米代《よねしろ》川の河口で再び海をかすめてハタハタ漁で有名な八森《はちもり》（八峰《はっぽう》町）に4度目の上陸、白神《しらかみ》山地の西端を進み、海岸段丘の下、波打ち際近くを走る五《ご》能《のう》線の線路を越えて海へ出る。津軽海峡の西をはるかに渡って北海道松前《まつまえ》半島をかすめ、江差《えさし》沖を北上すると八雲《やくも》町の熊石《くまいし》。

ここで渡島《おしま》半島本体の山岳部へ深く分け入り遊楽部《ゆうらっぷ》岳、今金《いまかね》町の小さな平野では瀬《せ》棚《たな》線の廃線跡を越え、意外に高い狩場山（1520メートル）の東側を通って島牧《しままき》村の日本海へ躍り出る。あとは600キロの彼方でロシア沿海州に上陸するまでひたすら海である。

こう書くのは容易だが、実際にある経緯度に沿ってひたすら直線的に歩く愛好家の方々もおられるそうで、直進の苦労はなかなか想像を超えるものがあるようだ。他人の庭があれば斜めに突っ切るなんてことをしているのだろうか……。

語呂合わせのような経緯度のモニュメントもある。もっとも有名なのが高知市内にある「地球33番地」、つまり北緯33度33分33秒、東経１３３度33分33秒と3が12個も並ぶ地点だ。江ノ口川という小さな川の縁には高知県測量設計業協会が設置した石碑があり、シンボルタワーもある。しかしその後平成14年（２００２）に「世界測地系」の採用により日本全体の経緯度が約４００〜４５０メートル南東方向にずれたため、これらのモニュメントは意味を失ってしまった。その後どうなったか私は把握していない。

もう一つ、あまり知られていないのは、沖縄・西表島《いりおもて》には東経１２３度45分６７８９という経線が確実に通っている、ということを国土地理院の人が指摘していた。ふだんはあまり意識しない経緯度だが、注目してみると今まで気づかなかったいろいろなことが見えてくるかもしれない。

グリニッジではなかった昔の経度0度

兵庫県明石市《あかし》を通る東経１３５度線は日本の標準時子午線《しごせん》、と小学校で教わるはずだ。なぜ「子午線」かといえば、文字通り子《ね》と午《うま》を結ぶ線だからだ。つまり方角を十二支で表していた昔、北から時計回りに子丑寅卯辰巳……と30度ずつ順番に割り振った方角のうち、北が子、南が午であることによる。

十二支（十二方位）だと30度ずつになるが、八方位なら北東＝丑寅《うしとら》（艮）、南東＝辰巳《たつみ》（巽）、南西＝未申《ひつじさる》（坤）、北西＝戌亥《いぬい》（乾）と表していた。子午線とは経線一般のことであり、だから日本時間の基準となる明石を通るのが「日本標準時子午線」なのだ。

それでは経線の０度はどこかといえば、これもご存知、英国ロンドン市東部にある**グリニッジ**の天文台（１９４０年代にイングランド南東のハーストモンソーに移転したので現在は博物館）を通る経線を０度すなわち「本初《ほんしょ》子午線」とすることが明治17年（１８８４）に国際会議で定められたのである。

その世界共通の本初子午線が定められる以前は、スペインのはるか西に連なってい

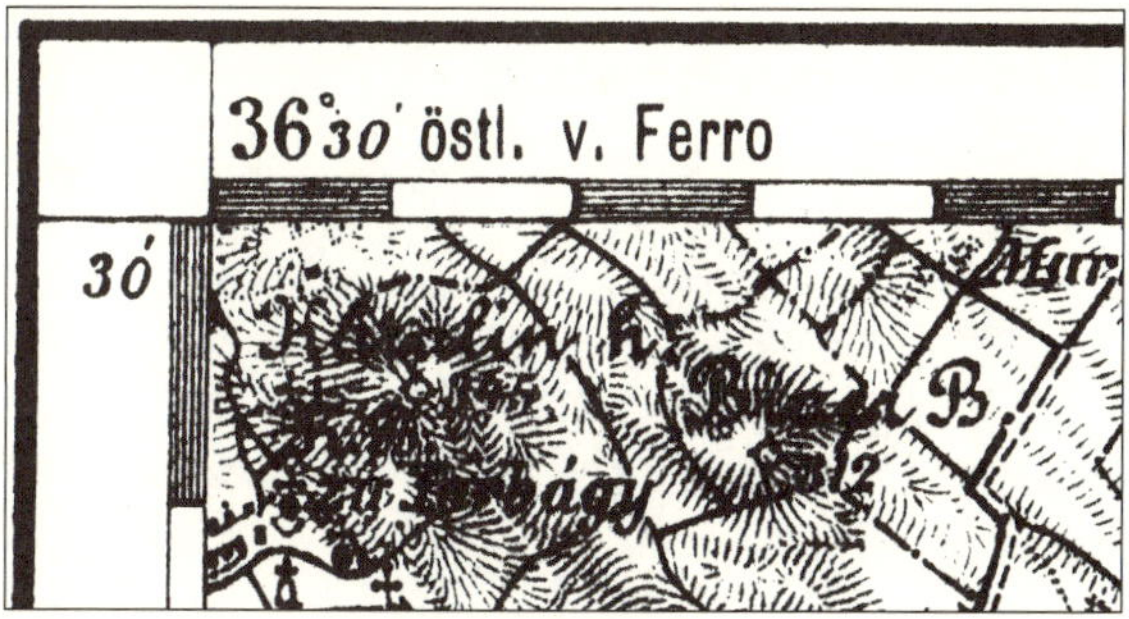

大西洋上にあるフェロ島が0度の地図（オーストリア＝ハンガリー帝国が1907年に発行した旧20万分の1地図）

るスペイン領カナリア諸島の**イェロ島**（旧称**フェロ島**）を0度とする経度（フェロ0度）を採用する国が多かった。古くからこの島より西に陸地がないと考えられていたからで（新大陸を除く）、1634年にパリ会議で採用、グリニッジに取って代わられるまでの250年間、本初子午線をつとめていたのである。

他にもパリを0度とする経線、伊《い》能《のう》忠敬《ただたか》の地図では京都の三条にあった幕府の改暦所を0度としていたこともあれば、旧江戸城の富士見櫓《やぐら》が0度という地図も作製されたことがある。

要するに、緯度の方は赤道が0度なので議論の余地がないけれど、経度は世界のどこかに決めなければならなかったわけで、やはり海事先進国であり、「世界に冠たる大英帝国」の威光がグリニッジに決めさせたのだろう。

ただ、0度の経線が通る国はイギリスやフランス、スペイン、アルジェリア……など数多く、それらの国では東経と西経が同居してやりにくいのではないだろうか。むしろフェロのままのほうが影響が少なかっただろう。ちなみにフェロの旧0度である西経17度40分の線が通る国は他にアイスランド、それにデンマーク領グリーンランドのごく一部、それに南極だけという少なさなのだから。

今でも「フェロ諸島0度」の痕跡が

しかしフェロ0度は今でもいろいろな所に痕跡を残していて、たとえば現在のオーストリア官製の20万分の1地図を見るとフェロ0度の頃の図の切り方が今なお続いている。「リンツ」の図の東西は東経13度50分から14度50分までとなっているのだが、本来はフェロの東経31度30分〜32度30分（中心の経線が32度）という区切りの名残だ。今でも図の下欄には「フェロ経度はグリニッジ経度＋17度40分00秒です」という注意書きがあるほどこだわっている。

さて、緯度は北極星の仰角にほぼ等しいので比較的簡単に測れるのだが、経度は正確な時間の計測の困難さにより長らく不正確であった。日本でも明治以来表示してきた経度が10秒4だけ東にズレていることが判明し、大正7年（1918）に文部省告示号外により経度の修正を行ったことがある。

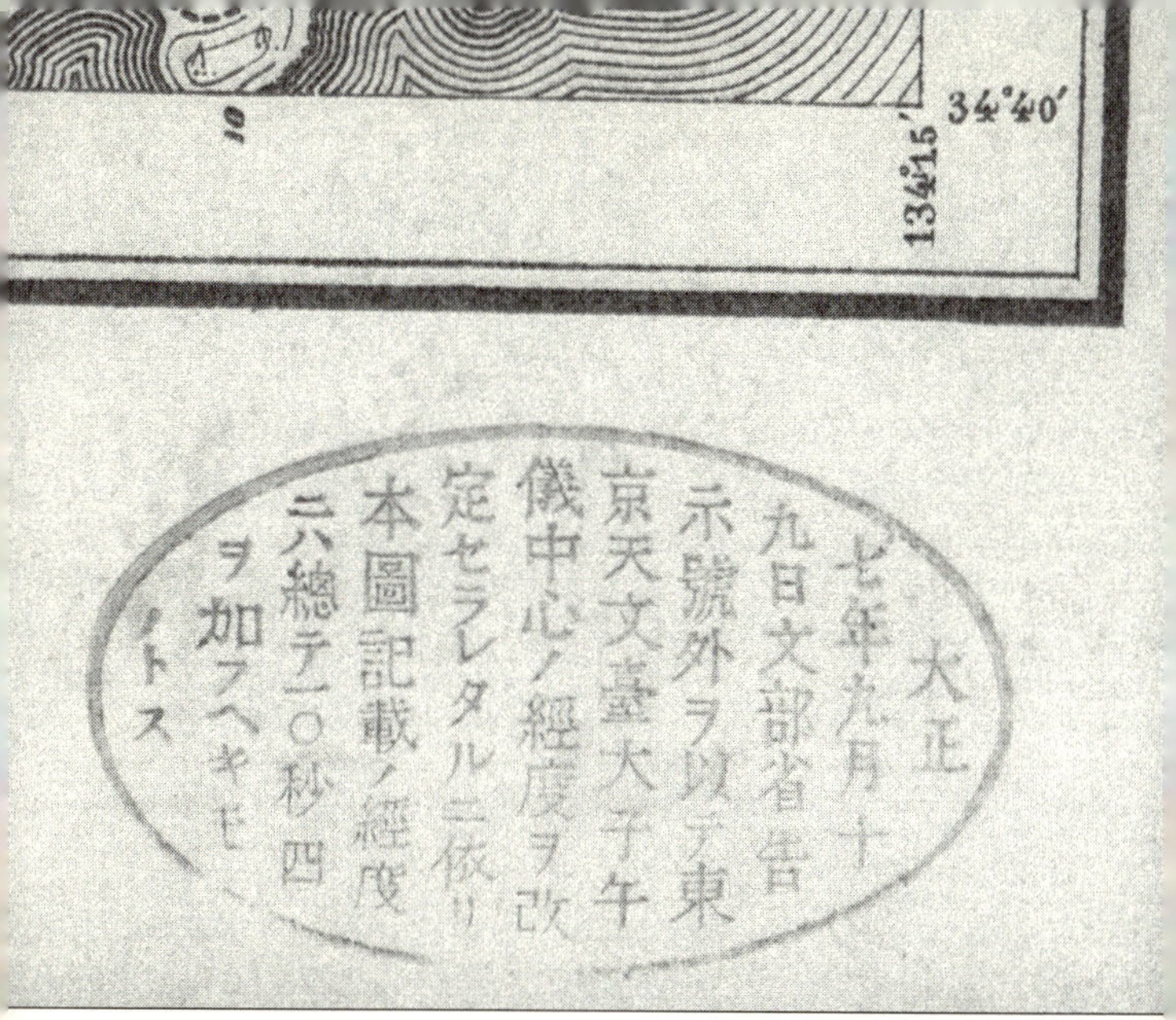

経度をゴム印で変更した地形図。1：50,000「和気」明治43年修正×2.0

しかし1000面を超える5万分の1などすべての地形図の図郭《ずかく》を変更するのは膨大な作業なので、取り急ぎ経度の数値にすべて「10秒4」を追加印刷し、在庫分についてはゴム印で「本図記載ノ経度ニハ総テ10秒4ヲ加フヘキモノトス」と押印して販売された（図郭そのものの変更は戦後になって新図式の地図へ更新する際に順次行われた）。10秒4というのは具体的には5万分の1で5ミリほど、2万5千分の1で1センチ程度の差（もちろん緯度により異なる）である。

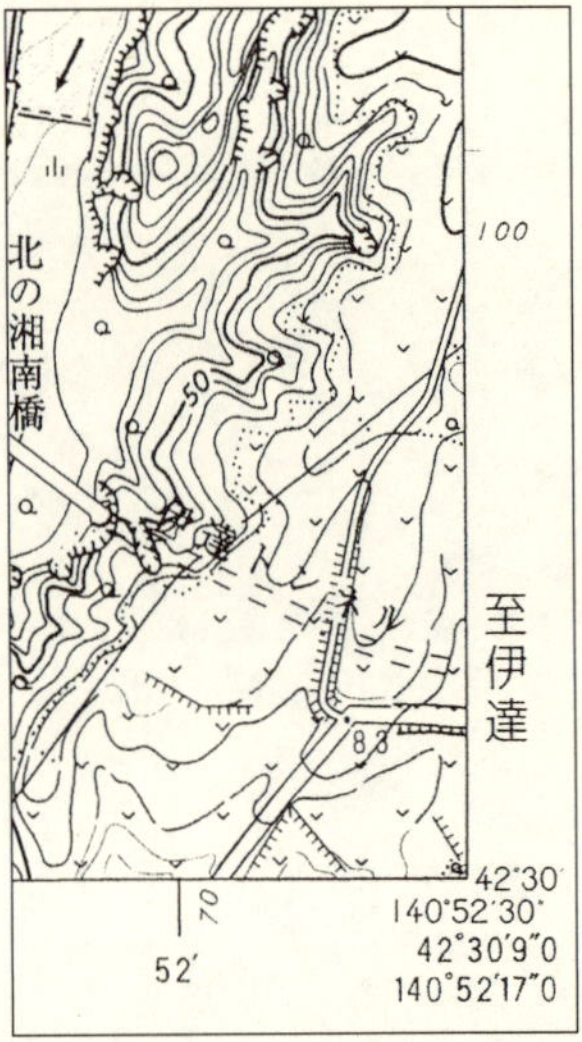

世界測地系の経緯度を加刷表示（下の2行、実際には茶色）した地形図。1：25,000「虻田」平成12年修正×1.3

そして2回目の改訂となったのが「**世界測地系**」の話だ。結果から言えば、平成14年（2002）4月1日からは経度のみならず緯度も変更された。

理由は次の通りだ。まず地図を作る場合には少し扁平《へんぺい》な球形である地球を「回転楕円《だえん》体」として計算するのであるが、この回転楕円体をどのような形とみなすか、各国で何通りか異なる形を採用してしまったため、それぞれの数値は微妙にずれ、同じ北緯〇度・東経△度といっても厳密には異なっていた。

しかも今後の「IT社会」の進展によって広く地図の位置情報がやりとりされる社会を想定した場合、各国で準拠する楕円体が違っては不都合が出てくるから統一しよう、というのが理由だ。これまでもカーナビなどではアメリカの衛星の位置情報を日本測地系の座標に計算で補正して使っていたのだが、今後は世界共通になって大きなメリットがあるという。

　それでもやはり地形図に経緯度のズレを反映させて図郭を修正するのは一朝一夕にはできないので、とりあえず図郭の隅に従来の経緯度数値（黒）とは別に茶色で世界測地系の数値を併記して販売することとなった。大正時代の10秒4と似たような対応だが、楕円体の微妙な違いの問題なのですべて機械的に何秒ずらす、というわけにはいかず、全部微妙にズレる、という困ったことになった。詳しくは国土地理院のホームページ（www.gsi.go.jp）などを参照していただきたい。

　これで最も困ったのは子午線塔などの記念物をすでに建ててしまった地方自治体などだろう。移設するといっても、南東に４００メートル以上もずらした場所に移せるかどうかは運次第だ。各自治体も財政的に苦しいだろうから、どうするのだろうか。デジタル、デジタルと騒いでも、結局人間が動くのはみんな「アナログ」だ、ということを象徴するような出来事である。

デフォルメをするのが地図の仕事

縮尺、スケールといえば、一般には地図より模型の方が馴染みがあるかもしれない。鉄道模型なら80分の1のＨＯゲージなどいろいろだが、もちろんこの分数は長さを縮めた数字だ。地図もそうで、こちらは住宅地図などの詳細なものでなければたいてい「万分の1」になっているが、5万分の1といえば5万センチメートル（５００メートル）の長さを1センチに縮めたというわけだ。当然、面積はその2乗だから25億分の1ということになる。

さて、筆者は中学生の時に国土地理院発行の2万5千分の1地形図に出会ったのだが、それまで見たどんな地図より詳細であり、通学路はもちろん、自分の通っている学校の校舎の配置まで実際に忠実だったのを見て感激した。

水泳は苦手だったが地形図にはプールも載っていて、これは丁寧にも青インクがちゃんと乗っていた。その長方形の長辺を測ってみるとぴったり1ミリだ。これを2万5千倍すればちょうど25メートルなのである。縮尺を実感する一瞬であった。

身の丈に合った単位を縮尺に取り込む

ところで、よく「縮尺が大きい、小さい」という表現を聞くが、これを逆に誤解している人が多いので確認しておくと、住宅地図のように大きく表される地図が大縮尺、日本地図のように小さく縮めたのが小縮尺である（大小は相対的なので何万分の1以上が大縮尺、のような取り決めはない）。だいたい単純に数値を比べても5万分

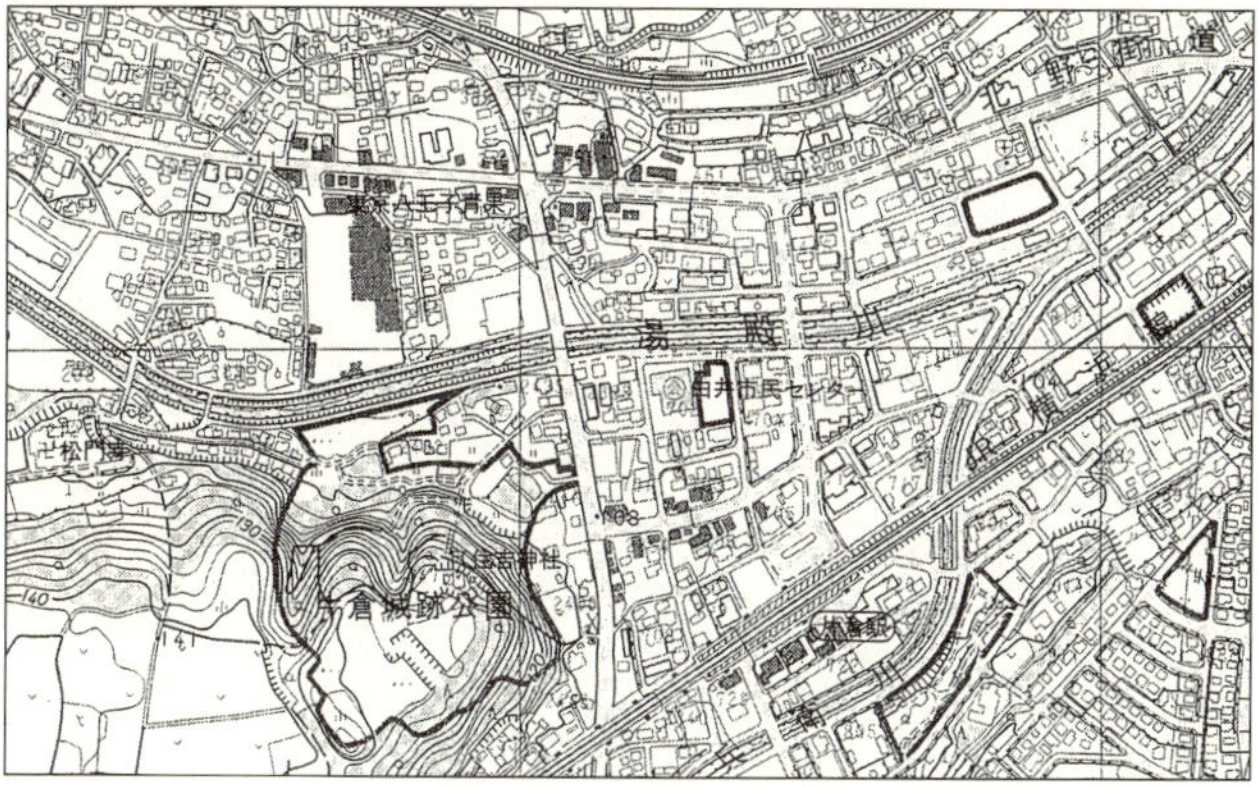

1：10,000「八王子」平成８年編集×0.8

の１より２万５千分の１のほうが大きいではないか。悩むことはない。

もちろん明治以前にも伊能忠敬の例を挙げるまでもなく、実測の地図には縮尺がつきものだった。ただ表記方法は違った。たとえば「分間絵図《ぶんけんえず》」という実測大縮尺の地図があるが、これは１分《ぶ》で１間を表したもので、つまり１寸の10分の１である１分が１間＝６尺＝60寸だから、６００分の１の縮尺ということである（後に実測の大縮尺地図一般もこう呼ばれるようになった）。

もっと小縮尺の「国絵図」などになると「一里六寸」（正保国絵図）が用いられた。計算すると、１里＝36町＝２１６０間＝１万２９６０尺＝12万９６００寸を６寸で表すので、２万１６００分の１という縮尺である。いずれも地図で身近な寸法（寸）が

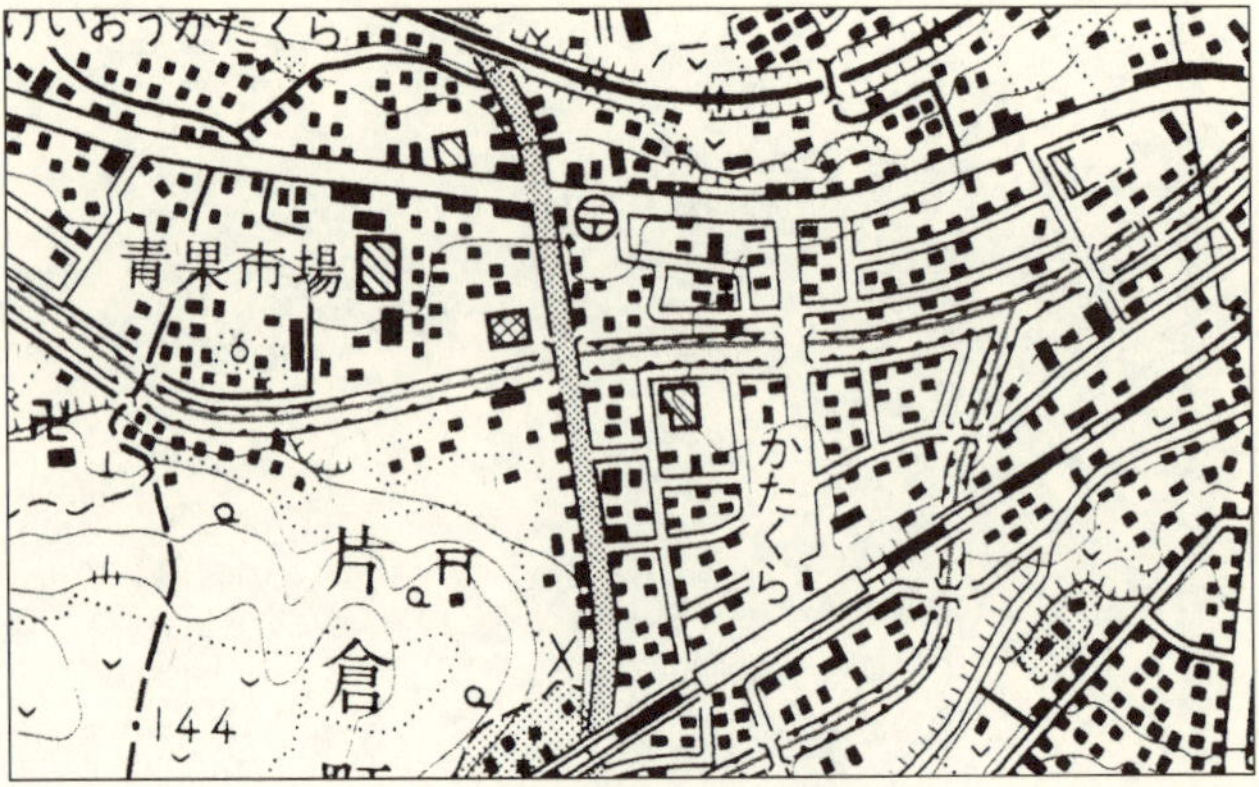

1：25,000「八王子」平成10年修正×2.0

1：50,000「八王子」平成12年修正×4.0

野外で身近な寸法（町）に等しくなっており、図から距離感を実感しやすいものだったのである。

分間絵図では江戸初期に作られた有名なものに遠近道印《おちこちどういん》著、菱川師宣《ひしかわもろのぶ》画『東海道分間絵図』（元禄3年［1690］）というのがあるが、これは分間と名が付いていても「三分一町」つまり1万2千分の1であった。道の屈曲はともかく、距離は正確に描かれており、宿場の様子や大名行列などの詳細が表されているので、当時を知る格好の資料だ。

急にイギリスの地図の話になるが、この国では70年代ごろまで、地形図の縮尺に6万3360分の1という半端な縮尺を採用していた。なんでまた！　と思うかもしれないが、これが実は「一哩《マイル》一吋《インチ》地図」なのである。かの国では1フィート＝12インチ、1ヤード＝3フィート、1チェーン＝22ヤード、1マイル＝80チェーンという複雑な単位をもっており、これを順に計算していけば1マイル＝6万3360インチという数値が導き出せる。図上には1インチ角の方眼（現在は1キロメートル方眼）が印刷されていたので距離感をつかむのに便利だったはずだ。

振り返って現在の国際規格となりつつある5万分の1や2万5千分の1はどう表現すれば便利だろう。フランスなどでは1キロを何センチで表現するかで2万5千分の1を「4センチ地図」、5万分の1を「2センチ地図」などと言っている。これは慣れれば意外にわかりやすいと思うが、どうだろうか。

磁石の指す北と地図の北は違う

地図はふつう「北が上」という。磁石は「北を指す」という。しかし同じ「北」でも両者が微妙に違うのをご存知だろうか。地図でいう北とは、北極点の方向であり、北極点とは南極点まで抜ける自転の中心としての地軸が〝刺さった〟場所である。地球儀なら本体を支え、回転の軸となっているあれだ。

ついでながら北極星はこの回転軸の延長上はるかかなたの位置に輝いており、一年中季節や時間にかかわらず位置が変わらない。大昔から夜の航海者にとっては実にありがたい星だったのである。

ところが方位磁石（コンパス）の指し示す方角はこれとはズレている。たとえば東京あたりなら磁石の針は真北より6度50分ほど西に偏っているのだ。これを**磁針偏差**という。なぜかといえば、磁石としての地球は回転体としての地球の極とは少し離れた場所にS極（北極。磁石のN極と引き合う）とN極（南極）があるからだ。

磁北は極北カナダの島のあたり

具体的な磁石の北、つまり**北磁極**は高校の地図帳などにも載っているが、カナダ先住民の準州であるヌナブット・テリトリーの極北、クイーン・エリザベス諸島の中にある。北緯は78度、西経105度ほどの位置（1994年）にあり、北極とは約1300キロも離れているのだ（その後は少しずつ北極点に近づいている）。

東京の磁針偏差が6度50分あるのは、そんな理由である。だから同じ日本でも場所によって偏差は異なり、北海道北端の10度程度から沖縄・八重山《やえやま》諸島の波照間《はてるま》島《じま》の3

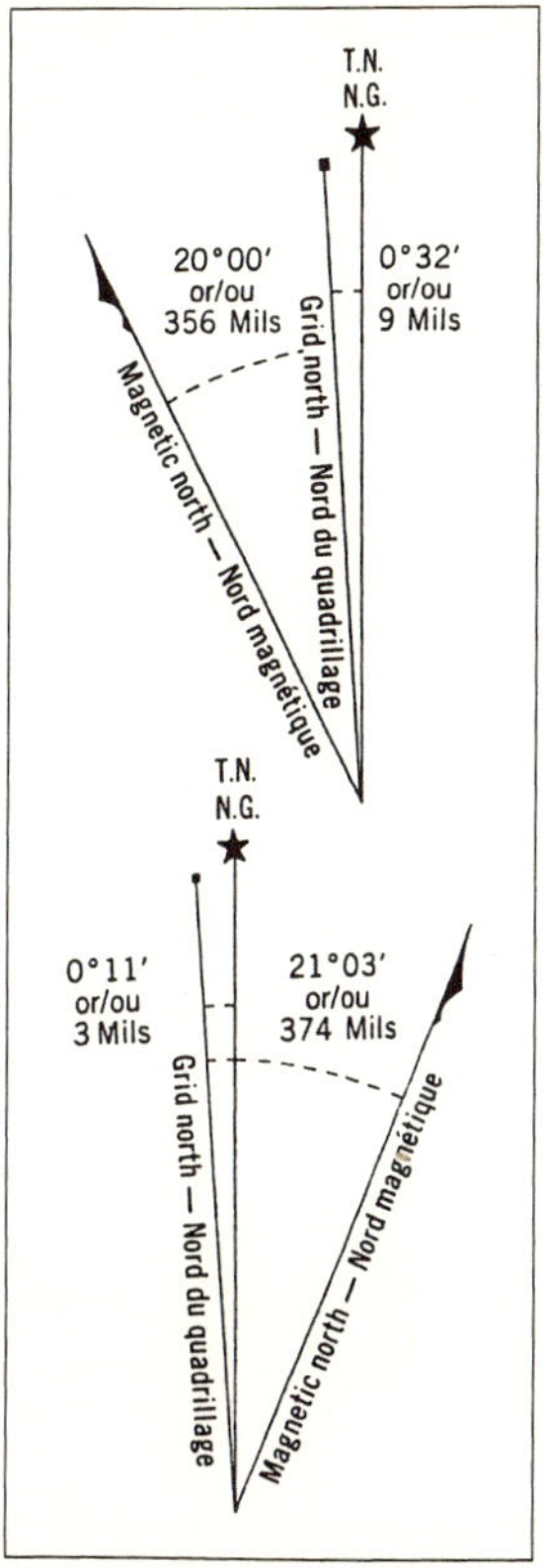

磁針偏差の値が大きいカナダ東部と西部の地形図（上が東岸ハリファクス、下が西岸ヴァンクーヴァー）。Grid northとは各図におけるユニバーサル横メルカトル図法採用の中央子午線を中心とした直角座標の北

度50分、絶海の無人島を含めれば日本最南端の沖ノ鳥島《おきとりしま》が2度20分とさまざまだが、基本的には低緯度ほど偏差は小さくなる。さらに日本の領土では磁針偏差が「東偏」である唯一の場所が南鳥島《みなみとりしま》（東偏0度20分）である（いずれも平成12年［２００0］の数値）。

また磁北極を抱えるカナダではこの磁針偏差は、東端に近いハリファクスでは西偏20度32分、西海岸のヴァンクーヴァーでは逆に東偏20度52分という具合に大きな差があるのだ（２２７ページの図）。

さらに極北の北磁極に近づけば90度程度の偏差は当たり前だし、極端な話、北磁極と北極点を結ぶ線上にある地点では、磁北は地図上の南、ということに理論上なり得る。もちろんこのあたりでは磁石が機能してくれないのだが。

この磁北極（磁南極もだが）、年々移動しているので難しい。日本でも今でこそ西に偏っているが、かつて江戸時代の前期ころは逆に東に偏っていたし、かの伊能忠敬が測量していた１８００年あたりはちょうど真北と磁北がほぼ同じ、つまり磁針偏差なし、という状態であった。

以前、筆者が京都の地形図を眺めていたとき、ふと二条城の傾きが気になったことがあった。傾きといっても上から見た地図であるが、平安京以来の周囲の街路と二条城の輪郭線が一致しないのだ。平安京の碁盤目の街路は真北から真南に下る朱雀大路《すざくおおじ》を中心にきれいな碁盤目になっているのだが、江戸時代初めにできた二条城だけ東に傾いているのである。

筆者はその時代の磁針偏差を調べようと、たまたま訪問した海上保安庁水路部（現海洋情報部）の「海の相談室」に問い合わせてみた。ダメもとであったが、慶長18年（1613）の長崎県平戸における磁針偏差が東偏2度50分、と答えが返ってきたのである。

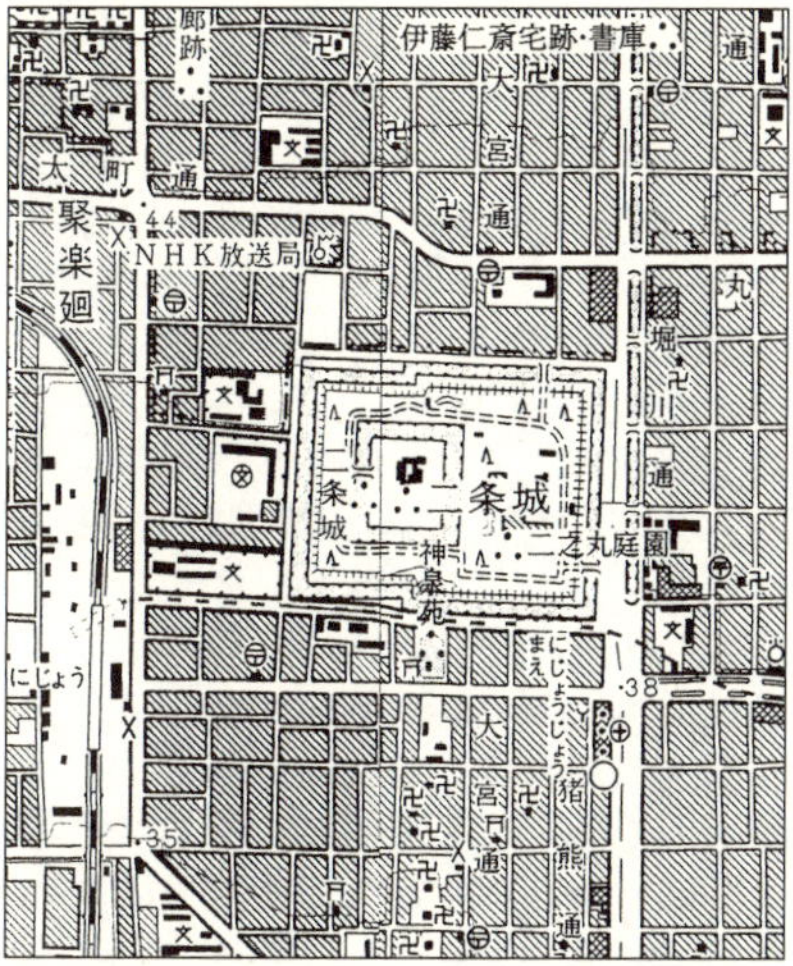

なぜか傾いた二条城。1：25,000「京都東北部」＋「京都西北部」各平成9年部分修正

定規で1万分の1地形図の二条城の輪郭線に沿って補助線を引いてみたところ、これが東偏2度45分ほどだったのだ。長崎と京都の磁針偏差は今でも20分ほどしか違わないから、まず間違いない。

平安京はおそらく北極星を目印に（朱雀大路から船岡山《ふなおかやま》のラインがちょうど真北なので、昼間もこれを元に工事できたのではないかとされている）街路の工事を行ったのに対し、二条城は磁石を使って工事をしたのだろう。整然と東西南北に並ぶ通りのまん中の違和感は、これが原因だったのだ……。

ちなみに登山などで地形図を使うとき、磁針偏差のラインを数センチ間隔で引いておくと便利だ。この基準線があればコンパスで正確な方角を出すことができ、微妙な地形の読み取りが可能になる。

分度器を使ってまず1本磁北線を引き、あとは平行線を鉛筆で引いていけばいい。これにより現在地がピタリとわかる快感はこたえられない。

土地の経歴を教えてくれる「等高線」

等高線が苦手、という人が意外に多い。ごちゃごちゃして複雑な印象があるのかもしれないが、等高線は読んで字の如く、ただ等しい高さの地点を結んだ線であり、慣れれば地形を把握するのにこれほどわかりやすい表現方法はないくらいだ。

等しい高さを結んだ線を真上から見るわけだから、等高線の間隔が狭ければ急斜面、広ければ緩斜面になるわけで、「トンガリ山」は頂上付近の等高線が密で、「丸山」は逆に裾野の方が等高線間隔が狭い。

それから火山活動で新しくできた山、雨があまり降らない地方では土壌の侵食もないのでのっぺりした等高線になるし、日本の多くの山地のように風雨に長年さらされて侵食が進んだ場所では、等高線は激しくギザギザになっている。

同じ火山でもその性格により等高線の走り方は大いに違う。たとえば大噴火の後、溶岩が出払って内部に空洞ができ、その上の岩盤を支えきれずに大陥没した（他の成因もある）ほぼ円形の窪地をカルデラというが、陥没した境目は急斜面、もとからあった山腹にあたる外側の斜面は比較的緩斜面、という典型的な違いも等高線は見せてくれる。

隠岐《おき》の摩天崖《まてんがい》は等高線25本分の高度差

このように多種多様の成因をもつ山や谷、丘陵に台地、平地など、それぞれ特徴ある地形は等高線の形にはっきり表れてくるので、どんな性格の土地であるかは慣れればある程度わかってしまうのだが、等高線に慣れるためには、現地と地図を見較べる回数を増やすことしかない。

ただ、最近はパソコンで地形図から簡単に鳥瞰《ちょうかん》図や展望図、断面図やルートマップその他を表示できる「カシミール３Ｄ」などのソフトがあるので、見たことのない

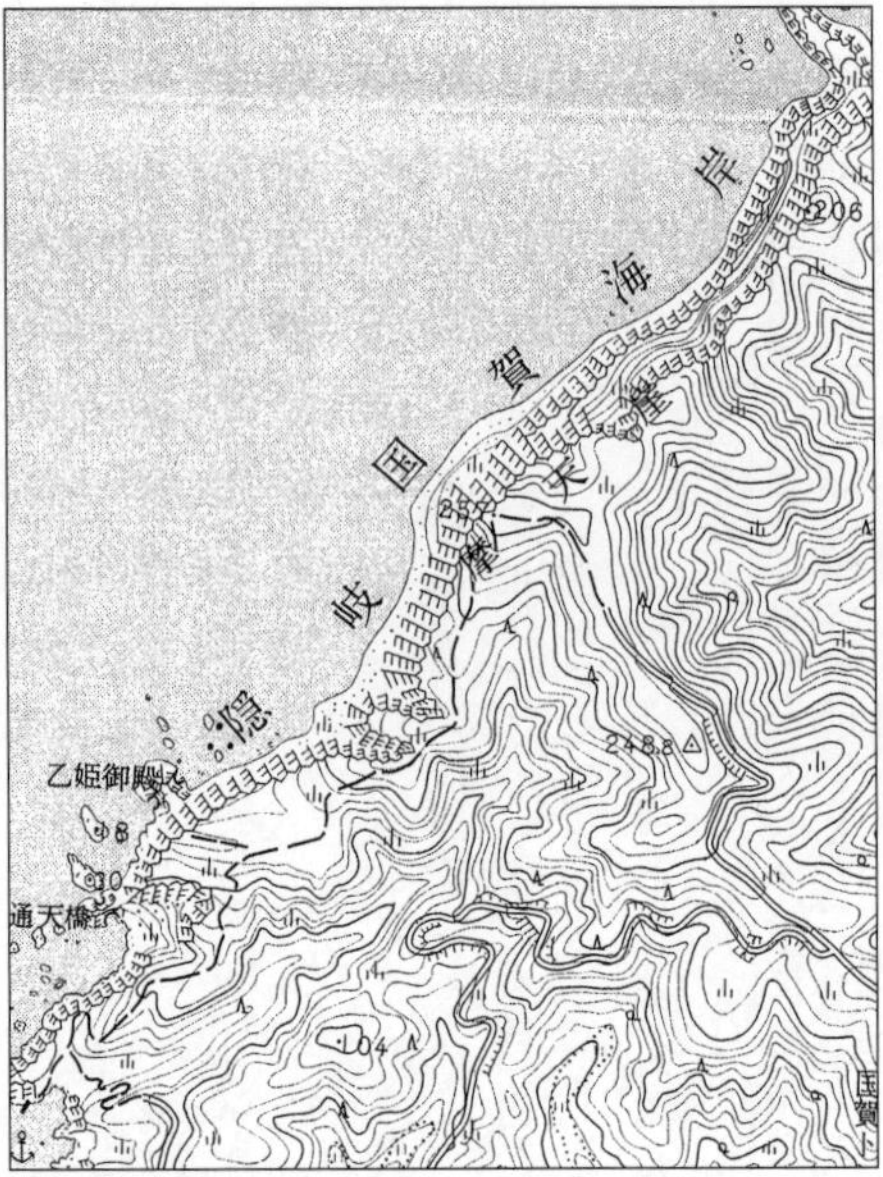

隠岐島にある有名な摩天崖。257mの大断崖である。
1：25,000「浦郷」平成3年修正

山でもその形を事前に把握できる（『改訂新版カシミール３Ｄ入門編』実業之日本社刊参照）。便利になったものだ。

　等高線は原則として必ず閉じた曲線を描き、他の等高線とは接することがないはずだが、あまりの急斜面では製版・印刷の制約から他の線と接してしまわないよう、適宜省略されることがある。それから、垂直またはそれに近い断崖絶壁では等高線を省略、崖の記号が使われる。

右の図は**隠《お》岐《き》島前《どうぜん》**の西ノ島の端にある有名な「摩天崖」付近だが、摩天崖の文字に隣接して２５７メートルの標高点が記され、そこから海側は等高線のかわりに大きな崖記号が海岸沿いを占めていて、いかに巨大な崖であるかがわかる。２５７メートルという高さだから、２万５千分の１なら本来は25本の等高線がこの間に描かれていなくてはいけないことになる。

急な崖の反対側にはごくふつうの山地が続いているから、この摩天崖は日本海の荒波が長い年月をかけて〝ふつうの斜面〟を崩していき、このような断崖絶壁の〝彫刻作品〟を完成させたということがわかる。

雑記帳

わが家の地盤を調べる方法

土地条件図という主題図（国土地理院発行）をご存知だろうか。

残念ながらごく一部の地域のものしか出ていないこともあって馴染みが薄いと思うが、これには土地ごとの地盤の性質（地滑り地帯、扇状地、旧河道、埋め立て地など）が明確に示され、また埋め立てや切り取りなど、地形を人工的に改変した個所もすぐわかるようになっている。

何に役立つかといえば、これを見れば沖積低地の「旧河道」では標高が微妙に低くて地盤が軟らかいとか、自然堤防上なら多少の洪水は影響しないなど、等高線に表れない微地形を教えてくれるからだ。

また、同じ丘陵地の分譲住宅地でも、土を切り取った所と盛り土の所では土地の安定度が大幅に違う。つまり大地震の際の家の揺れ方は両者ではっきり異なるわけで、これらの情報は家を建てる場合など、とても参考になる。またシロアリの好む湿度の高い床下になりやすい「もと湿地」もこの図なら一目瞭然。

ある大地震で「〇〇台」という分譲地で液状化現象が起こったという。実はここは旧河道なのに、不動産価値を上げるため「〇〇台」に地名を変えられた所だったのである。

地名を変えられてしまえば一般人にはわからないが、土地そのものの過去はこの地図によりだいぶ明らかになる。もし家の購入を考えておられる方なら、この土地条件図をじっくり一読してから決定しても遅くはないと思う。

第6章　地図の楽しい活用法

地図の鮮度と〝賞味期限〟

地図に限らず、またアナログ、デジタルにかかわらず、情報というものは時間とともに古くなる宿命にある。

最近はあちこちで新しいバイパスや高速道路などが次々と開通して、特に道路網の変化はめまぐるしい。かつての幹線国道がいつの間にかバイパスができて「旧道」になってしまったり、「いろは坂」のようなつづら折りの峠道に長いトンネルが完成してアッという間に隣県に抜けてしまったりする。「大型車すれ違い不能」だったはずの細道が滑走路にも使えそうな4車線に変貌することも珍しくない。

それでも道路地図など一度買ったらめったに買い替えない人が多いようだ。10年前のボロボロになったのを大事に使っていたりするのだが、やはり数千円するものだし、それほど頻繁に買わなくても実害はないかもしれない。

しかし先ほど述べた道路の変化はもちろん、交差点の名前が断りもなしに変わることは多いし、地名そのものが変わってしまうことだってある。信号もあちこちで新設されているし、右左折の格好の目印となるコンビニやガソリンスタンドも変化が激しい。筆者の実感としては、せめて発行から5年以内のものを使わないと不利益が多いのではないだろうか。

古い登山地図で道に迷った

道路地図ならそれでよくても、登山地図となると、さらに最新版がほしい。なぜなら登山道や水場、山小屋などに状況の変化があれば行程に大いに影響を及ぼしてしまうからだ。ひどい場合は登山道の閉鎖もあるし、林道やゴルフ場ができたことで大幅にルートが変更されることもある。

筆者もある山へ7年ほど前に発行された登山地図を持って行き、道に迷ってしまったことがある。帰ってから最新版を見たら登山道のルートが大幅に変更されていたことが判明したのだ。それ以来、以前に行ったことのある山でも必ず最新版を持っていくようにしている。

登山地図は毎年改訂していることが多いようだが、国土地理院の2万5千分の1や5万分の1の地形図は全国をカバーしていることもあって手が回らず、数年前、場合によっては10年以上前に発行されたものが「最新版」であることも珍しくないだけに、他から得られる情報で補うようにしたいものだ。

国土地理院の地形図に記された年月日データとその用語について若干説明しておこ

大正10年測量
昭和51年第２回改測
平成10年修正測量
　1．使用した空中写真は平成９年７月撮影
　2．現地調査は平成10年９月実施

1:25,000　八王子

500m　0　500　1000　1500

著作権所有兼発行者　国土地理院　許可なく複製を禁ずる
平成11年11月１日発行（３色刷）　1刷

国土地理院発行1：25,000地形図の「図歴」部分

う。まず「大正10年測量」などと最初に記されているのは、そんな大昔に作られた原図が今でも使われているという意味ではなく、その地域でその縮尺の地形図を作製するため最初に測量を行った時期を示している。また「昭和51年第2回改測」などとあれば、その年に空中写真による2回目の新しい測量が行われたことを示し、等高線から何から、ほぼ一から作り直したと考えていい。

「部分修正」では修正されない部分も多い

「修正測量（修正）」は文字通りその後の経年変化が図の範囲内で

全面的に修正されていることを意味する。それに対して「部分修正測量」は新しい分譲地が完成した、鉄道の新線が開通した、高速道路の新しいインターが完成したなどの部分的な追加情報で補完した版で、「要部修正（要修）」は5万分の1、20万分の1における部分修正を意味する。

発行日はその修正などを経て製図・製版・印刷を完了、ほぼ発売日に等しくなっている。ただし発行は修正より半年や1年ほど後になることもあり、あくまでも内容は修正年月日現在時点であることに注意する必要がある。

また部分修正の場合は、修正された対象以外はその前の版と同じ場合があるので要注意だ。たとえば「平成12年修正」となっていても、平成5年に伐採されたはずの針葉樹林が地図上に残っていることは十分あり得るのである。

ここでは「鮮度」の問題を取り上げたが、地図がいつ発行され、それがいつの状態を表しているのかを把握し、決して地図を絶対視せず、その限界を知って使うことが大事なのだ。

アメリカの地図にはよく次のような注意書きがある。「この地図はハイキングのために作製されているが、地図と現状が異なる場合がある。また本図は川下りや沢登りのために作製されたものではない。また本図によって行動し、負傷した場合にも当社は一切責任を負わない」つまり自分の責任で地図を使ってください、ということなのである。

珍バス停を地図で探す楽しさ

バス停が全国にどれだけあるか知らないが、1万に近い鉄道の駅より多いことは確かだろう。そのうちかなりの割合が所在地の地名だが、昨今の住居表示などによる地名の変更や整理統合の結果、バス停だけが旧地名のままということもあり、これらを探していくと昔の旧地名や小字《こあざ》の名前がわかる。

またモノは消えてもバス停名としてだけ残っている場合もあるので、そこから歴史の断片が見えてきたりする。そんな例をいくつか挙げてみよう。

まず**東京炭鉱前**。これを発見したときはショックだった。東京と炭鉱の二つのコトバの間には限りなく深い隔たりがあるではないか。

青梅《おうめ》市の北のはずれ、岩蔵《いわくら》温泉のすぐ近くなのだが、昭和35年（1960）まで亜炭を掘っていたという。それにしても閉山して半世紀もずっと炭鉱を名乗っているのは歴史の証人としての義務感だろうか。一度聞いたら忘れられないバス停だ。

次は四国の道路地図で山の中をずっと眺めていたときに発見した**野老野《ところの》急カーブ**で

ある。ガード下とか○○トンネル、○○駅角のように地点を特定するバス停は珍しくないが、これには驚いた。何といっても「急カーブ」を採用した視点は敬服に値するが、きっと切り返しをしなければバスが曲がれないほどの急カーブがあるのだろう。

場所は四万十《しまんと》川上流の高知県中土佐町（旧大野見村《おおのみそん》）にあり、嵌入《かんにゅう》蛇行が極限に達したような地形だ。道路は蛇行する川が削って半島状に突き出した部分を越えるところで、地形図で見ても鋭角に折れていて非常に急なカーブである。筆者は現地を見ていないので何とも言えないが、これ以上ないほどのインパクトのある命名ではないだろうか。

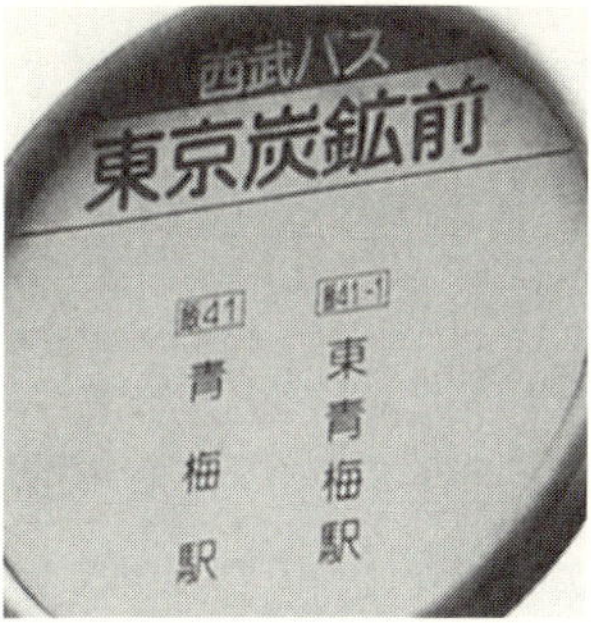

青梅市にある「東京炭鉱前」のバス停（撮影・田中司）

歴史を語っているバス停

東京の目黒区には昔、競馬場があった。昭和8年（1933）に府中へ移転した後は住宅地となったが、バス停は今でも**元競馬場前**を名乗る。このバス停は目黒駅から頻繁に出ている路線上にあるのでご存知の方も多いだろう。地図をよく見れば競馬場の長円形コースの弧の一部が見つかるはずだ（243ページ図矢印）。

また、能登には寝豚《ねぶた》というバス停がある。ここは「ねぶた温泉」と平仮名の温泉名で通用しているようだ。大字としては輪島市大野町なのだが、バス停はおそらく昔からの呼称を守っているのだろう。「ねぶた」というと青森市の祭を思い出すが、そもそもどんな意味があるのだろう（弘前市のは「ねぷた」）。寝豚というのはおそらく当て字だろうが、気になる地名である。

もう一つ、市街地の町名があまりにも単純化されたので旧町名を残さざるを得なかったバス停。旧市街の大半を「中央」にする愚かしい町名変更をしてしまった長野県上田市の場合、バス停が今も次のように旧町名を名乗っている（カッコ内は現町名）。鷹匠町（中央一丁目）、松尾町（中央二丁目）、原町（中央三丁目）、房山（中央四〜五丁目）、新田（中央北二丁目）、八幡（中央北二丁目）、花園（中央西二丁目）……。中央志向もいいけれど、新旧どちらがわかりやすい町名か一目瞭然であろう。

茨城県には〆切などというバス停もあった（現在は茎崎《くきざき》運動公園前）。つくば市の茎崎地区だが、これは小字《こあざ》の地名らしい。ご興味を持たれた方は拙著『地図を探偵する』（ちくま文庫）に訪問記があるのでご笑覧を。

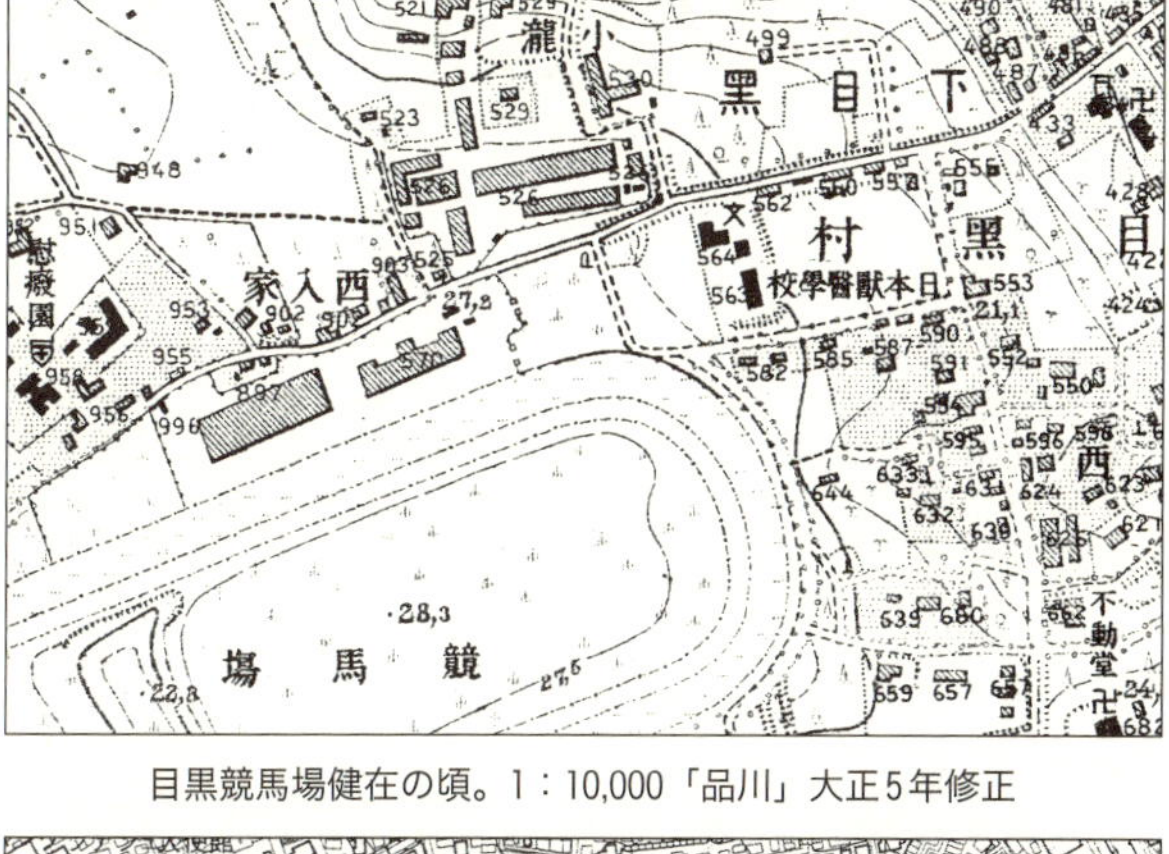

目黒競馬場健在の頃。1：10,000「品川」大正5年修正

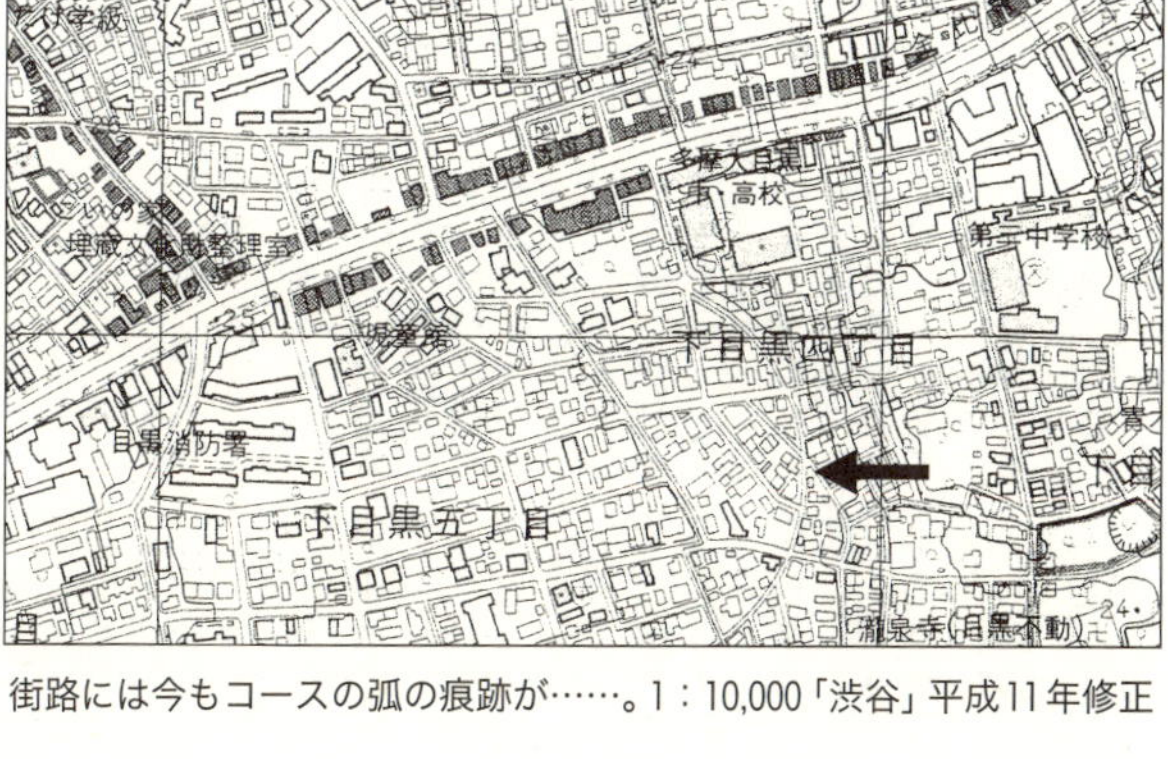

街路には今もコースの弧の痕跡が……。1：10,000「渋谷」平成11年修正

コンパスを本当に役立てる方法

山登りにコンパス（方位磁石）を持っていく人は多いようだが、効果的な使い方をしている人は少ないようだ。特にせっかく回転盤の付いている本格的なコンパスを持っているのに活用しないのは実にもったいない。ここでは誰にも簡単にできるコンパスの使い方を簡単な順に取り上げてみよう。

まずコンパスの磁針が示す方角にNの文字を合わせて「ああ、こっちが北か……」という使い方。このような人は真北と磁北が違うことをご存じなかったりするのだが、およその北の方角がわかるので、持ってこないよりはマシだ。

その次のレベルとしては、コンパスを地図の上に置き、コンパスを頼りに地図をぐるぐる回し、ちょうど地図の縦線（経線）と同じ方角に針がくるように調節するやり方。これで磁北の角度をきちんと傾けて調節できればずいぶん正確な読み取りができるが、まだこれでは回転盤を使いきっておらず、少々高価な回転盤つきコンパスを買った甲斐がない。

磁北線を前夜に引いておくこと！

さて、次は回転盤を使う正しい使い方。今ごろ言うのもなんだが、コンパスというのは現在地や進路の確認に使うものだ。ということは「あそこに見える山頂が図上のここ！」と予想することである。その手順は次の通り。

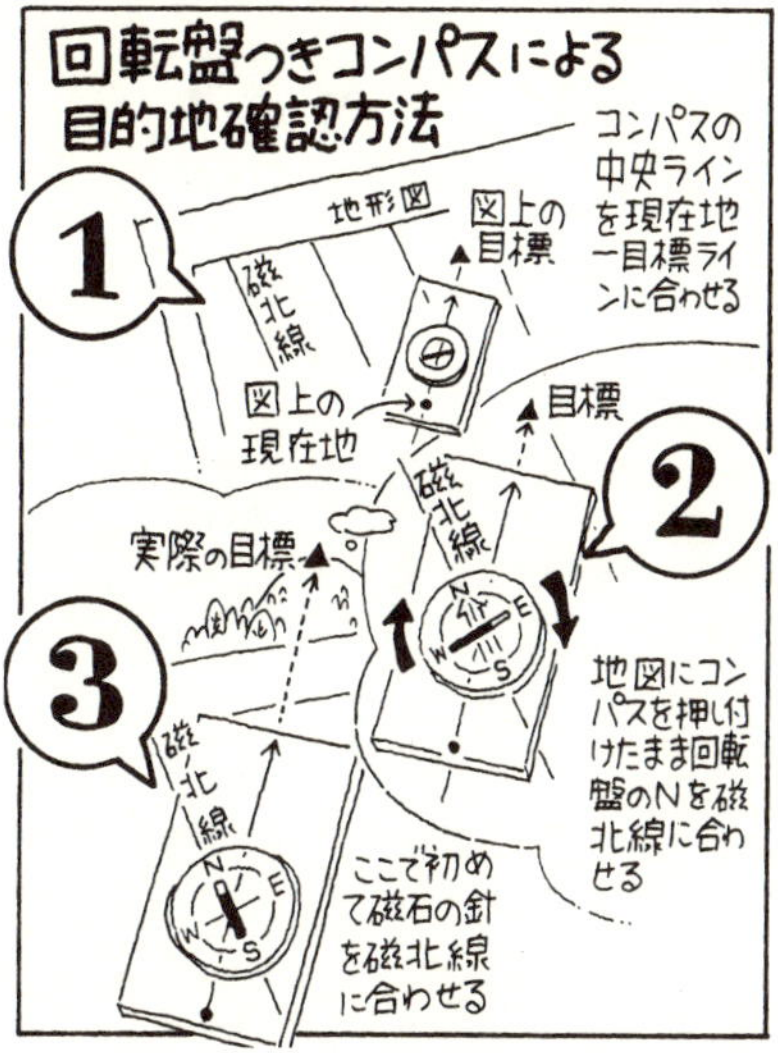
回転盤つきコンパスによる
目的地確認方法
1
地形図
磁北線
図上の目標
コンパスの中央ラインを現在地ー目標ラインに合わせる
図上の現在地
2
目標
磁北線
地図にコンパスを押し付けたまま回転盤のNを磁北線に合わせる
実際の目標
3
磁北線
ここで初めて磁石の針を磁北線に合わせる

まず、前日までにやっておく準備作業は「磁北線」を引いておくことである。これを面倒がってはいけない。磁北は226ページで説明した方位で、日本の場合は真北より西に4〜10度ほど偏っているが、その数値は地形図の右の欄外に「磁針方位は西偏6度50分」(場所により異なる)などと示されている。

その数値を分度器と定規を使って地図全体に数センチ間隔で（2

万5千分の1で4センチ間隔なら、ちょうど1キロの目安にもなる）引いておくのである。完成すれば日本の場合、左上から右下にかけて傾いた線がズラリと並んだ状態になるが、これが磁北の方角を示す線だ。

現地での作業は次の通り。

①コンパス本体の矢印の線を、図上の現在地と目的地（目標）を結ぶ線にぴったり重ねる。このとき磁針がどこを向いていようが無視すること。

②次にコンパスを地図に押しつけたまま、図上の磁北線と「N」の方向がぴったり一致するように回転盤を回す。まだまだ磁針は無視。

③次に、地図にコンパスを押しつけたまま、ここで初めて磁針を「N」にぴったり合わせ（コンパスと地図を一緒に回す）、そのままコンパスの矢印の先を見る。そこに実際の目的地が見事に重なっていれば、予想は大当たり、ということになるのだ。

こう書くと一見面倒だが、慣れれば簡単にできるから、とにかく自宅近くでも何でも使って慣れてみよう。それでは成功を祈る……。

ただし町中や家の中でもテレビの近く、鉄の欄干の上などではノイズが磁力線を乱すのでご注意を。

略図はどう描けばわかりやすいか

地図を描くのを職業にしている人はほとんどいないが、日常生活の中で描かなければならない場面は必ずある。忘年会の場所、子供の学校に提出する通学路の略図などなど。

最近はインターネットや地図ソフトの発達でいろいろな地図が範囲・縮尺とも自由に、しかも簡単に取り出せるようになったが、機械にばかり頼っていると脳が退化してしまうし、いつでもパソコンが使えるとは限らない。

まず子供の学校から家までの略図だが、これを毎年描かされることにブツブツ文句を言いたい親たちは全国にたくさんいるだろう。どうして毎年か、という問題は置いておくとして、苦手な人の陥りやすい失敗で最も多いのは「決まったスペースに納まりきらないこと」ではないだろうか。

学校をなんとなく端に描き、ここを右、クリーニング屋を左……と描いていくうちにすぐに紙が尽きてしまうのだ。紙を付け足すわけにいかないので、肝心の自宅近くの複雑なところでゴチャゴチャの小さな字と細かい屈折を描かざるを得なくなる。し

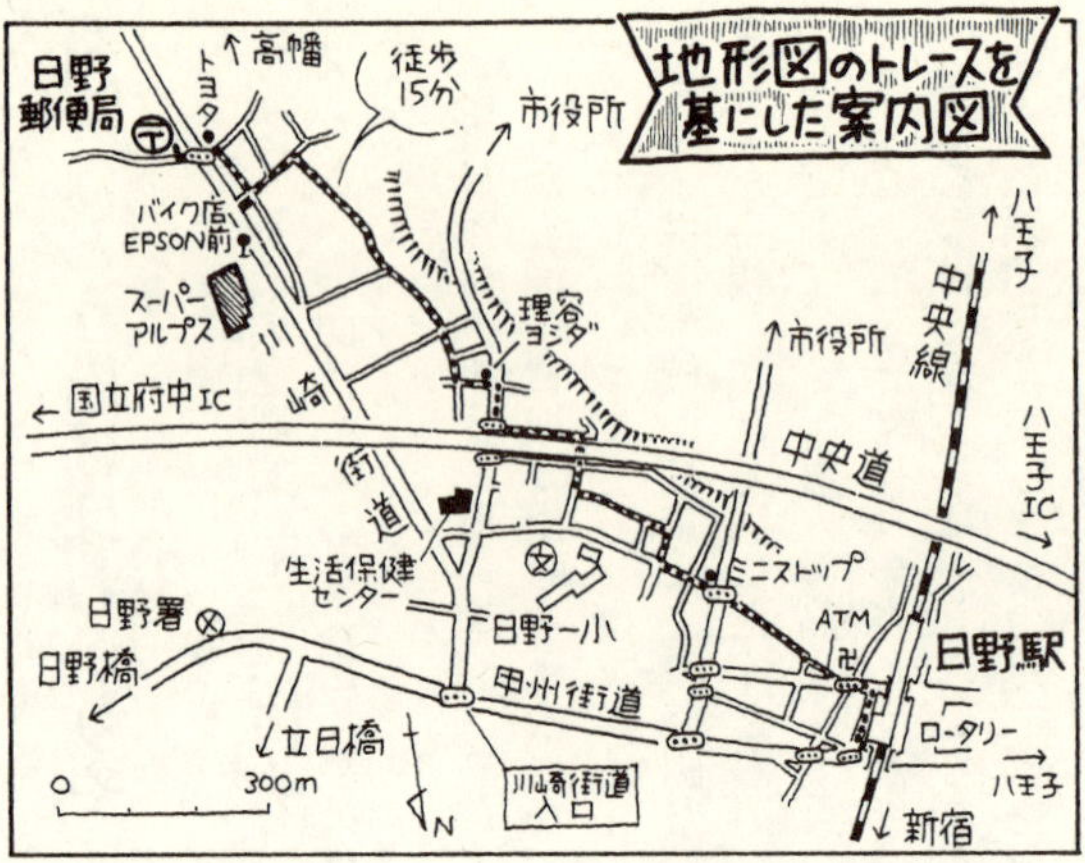

単純に地形図をトレースしたデフォルメの少ない略図

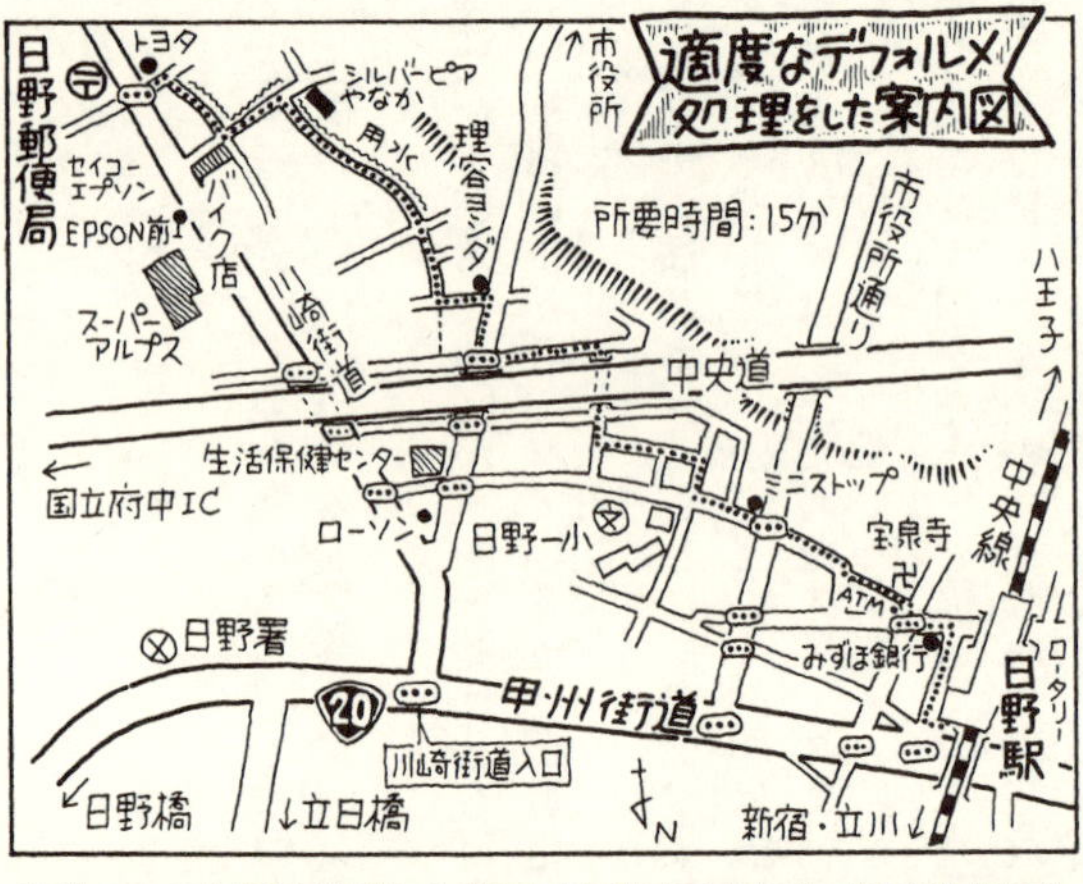

特徴のある個所を誇張した略図（内容は平成14年［2002］現在）

かも変なところがヤケに空いているバランスの悪いものになってしまうのだ。

全体を把握し、特徴個所を誇張する

この問題が起きる理由は、全体を把握していないためであり、私も面倒だからと下書きもなしに描き始めて、過去に何度も失敗した。これを避けるためには、まず実測の市街地図でコース全体を見るのがいい。

まず行程の中間点をチェックし、これを下書きに鉛筆で描く。さらに4分の1地点にもチェックしつつ、道路をなるべく実際の比率に近く描きながら骨格を作る。まさにデッサンの描き方と同じだ。

それならトレーシングペーパーで写せばいいという意見が出そうだが、それではいけない。曲がり角や複雑な個所を大きめに、誇張して描く必要があるからだ。たとえば市街地図では十字路に見えるのに、実際は5メートルほど食い違った交差点など、縮尺通りに描いてしまったら実感と離れたものになってしまうから、実際よりずらして描いた方がいいのだ。

もちろん目印となるコンビニや看板などを大きめにハッキリ記入し、わかりやすくガイドする。目印として不要なものはなるべく記入しない。他の重要物の邪魔をするからだ。

ただ、目印が何らかの事情で消滅した場合などに「滑り止め」として第2の目印もあった方がいいだろう。ここは臨機応変だが、交差点名（信号のプレート）もよく変わることがあるので要注意だ。それから目印がどの道に面しているのか、または面していないのかを明確に。

延々とまっすぐに歩く場合などは波線で途中を省略した方がいいこともあるが、その場合は、省略区間がどのくらいの距離・所要時間であるかを記入することも必要だろう。方角もある程度目安としてあったほうがいいし、山が見える地方ならその山も描いておくと親切だ。

「いくつ目の交差点」は間違いのもと

人間の頭の中は、とかく街路を直交座標のように考えがちだ。だから斜めの交差点でも直角に曲がるように描きやすい。そこを補うためにも市街地図を見ながら描くのをお薦めするのである。道路の幅員もなるべく強弱を付けた方がいいだろう。特にクルマ向けの案内図では、小さな交差点など見落としてしまうことも多い。だから「いくつ目の交差点を右左折」という指示は、分譲住宅地など規格の揃った街路以外では間違いのもとである。

次に方位だが、他人を案内するのに「北が上」などとは毛頭考えず、原則は出発地

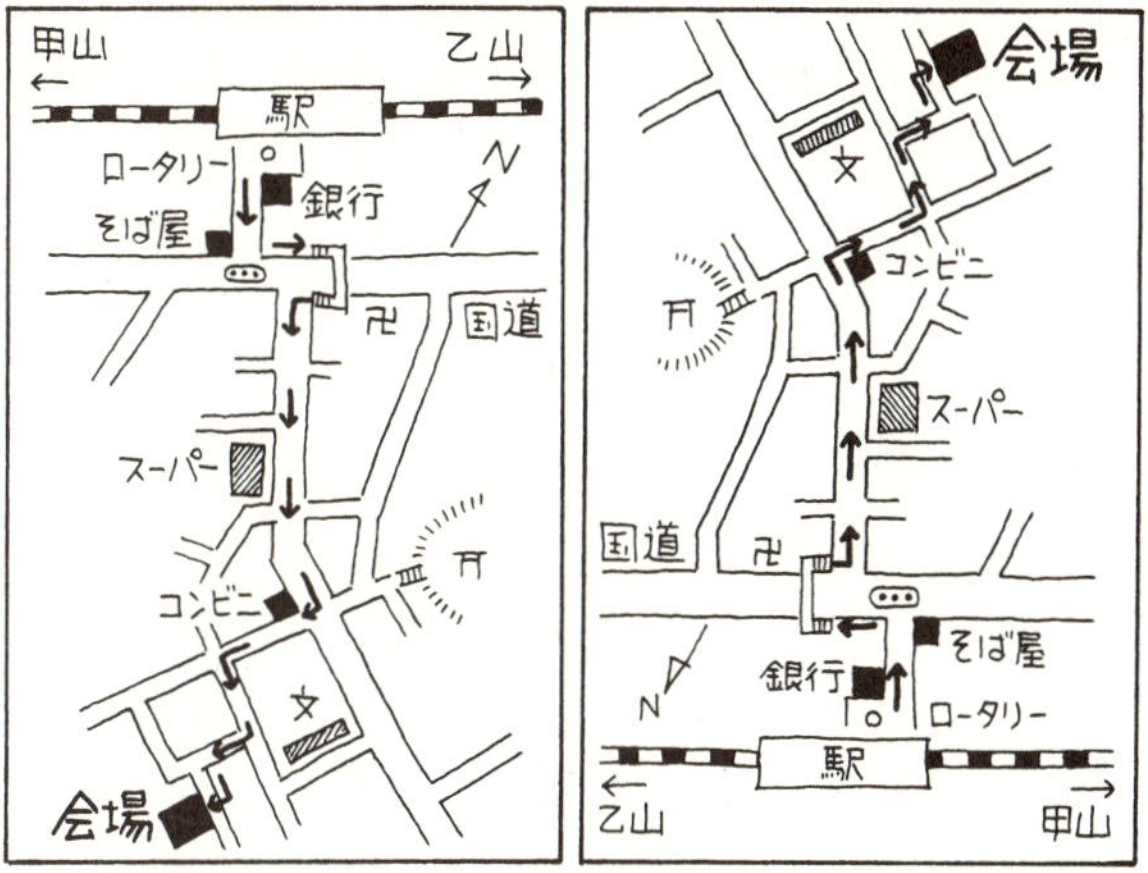

駅からの案内図は駅を下に描いた方がわかりやすい

を下に、目的地は上に描く。説明するまでもないと思うが、もし駅が上に描いてあったら、紙を逆さにしないと見にくい。

筆者は来訪者用に二つの駅から自宅までの徒歩用略図と国道からのクルマ用略図の、計3通りの地図を用意してあるが、これをお客さんに事前にファクスしておくと重宝される。特に拙宅周辺は地番と町境が錯雑しているため(現在は解消)、略図なしではたどり着くのが困難という理由もある。

ただし、この「常備略図」も注意していないと、目印にしていた看板が突然なくなったり、新しい道が開通したりと、けっこう更新すべき情報を見落としてしまう。これを全国規模で頻繁に繰り返している地図出版社の苦労は大変なものなのだろう。

意外に大きい直線距離と道路距離の差

直線道路でない限り、当然ながら2地点間の直線距離と実際の道路距離は違う。道路地図などで実際の距離が書かれている場合はいいのだが、地形図などで距離表示のない場合はどうすればいいだろうか。

実際に地図上で定規をくねらせながら細かい数値を足していくのは面倒だし、図上で転がして距離を測る器具もけっこう高価だ。カーナビやパソコンなら簡単にわかる場合もあるだろうが、ここでは紙の地図の世界に限定する。

魔法のようにわかる方法はないだろうから、筆者は道路地図に表示されている距離と直線距離を愚直にあちこち測って比べてみた。まず平坦な地形をゆるいカーブで寄り道をせずに2点間を結ぶ1ケタ国道の場合。

国道6号（水戸街道）の石岡から土浦は直線距離が14・8キロで、道路距離は15・8キロ、つまり約7％増しになっていた。また国道4号（日光街道）の北千住から越《こし》谷《がや》はどうだろう。ここは沖積低地で直線部分が多い。こちらは直線距離16・5キロに対して17・0キロと、わずか3％増にとどまった。それでも少しサンプルの距離を長くとったり、また少し素直でないルートだと1割前後の割増しになる。

日光の「いろは坂」は直線距離の4倍

これが丘陵部の主要地方道だと、たとえば**府中～町田**の鎌倉街道などは屈曲も迂回もけっこうあるので13・3キロ→16・1キロと約2割増しだった。

次に山越えの1ケタ国道はどうだろう。国道1号の箱根越えをサンプルにしてみると、屈曲の少ない箱根バイパスで**湯本～箱根峠**が10・5キロ→14・0キロで3割増、小涌谷《こわきだに》などでよくカーブのある旧国道1号では**宮ノ下～箱根峠**の8・0キロが13・0キロと、これは6割増しの結果が出た。

当然ながらヘアピンカーブの区間の割合が多いほど距離も延びるわけで、志賀高原を越える国道292号（**丸池《まるいけ》～白根山《しらねさん》**）では8割増しだったし、国道では渋峠に次いで2番目に高い麦草《むぎくさ》峠の前後の10キロ区間だけをとれば97・2％増、つまり直線距離の2倍に達した。

さらにヘアピンカーブの究極ともいえる日光の第一いろは坂（国道120号下り坂）の**中宮祠《ちゅうぐうし》～馬返《うまがえし》**では2・4キロ→5・8キロと2・4倍、このうちヘアピン区間だけに限れば4倍にも達する。

直線距離と道路距離の関係。この縮尺だと「いろは坂」の屈曲はいくつも省略されている。1：25,000「日光南部」平成2年修正

これは極端としても、屈曲の多い林道や3ケタ国道などで深山幽谷を行く道をいろいろ測ってみた結果、直線距離の約2・3倍ぐらいが最も多かった（峠部分だけではなく、麓《ふもと》の集落から次の集落まで）。

このようにサンプルをいくつか測っておけば、最初は面倒くさいけれど、慣れれば「このくらいの屈曲した林道なら何割増し（何倍）」と把握できるようになる。参考までに、東京～大阪間の直線距離は約400キロだが、これに対して東海道本線の実際の距離は4割増し、新幹線なら約3割増しになっている。

なお、勾配そのものに伴う距離の延びはそれほど気にしなくてもいい。自動車や自転車の通る急勾配といえばせいぜい10～15％であり、これなら水平距離の0・5～1・0％ほどしか増えないからだ。

モナコと江戸城はほぼ同じ面積

日本にある47の都道府県は、地図で見れば一目瞭然ながら大小いろいろなものが混在している。それぞれの面積はどのくらいの差があるだろう。

まず気になる最大の**北海道**の面積だが、8万3457平方キロ。この広さはオーストリアにほぼ等しく、オランダやデンマークの倍もあり、アイルランドやチェコより少し広く、あと一息でポルトガルやハンガリーというレベルである。だがその広さは日本人もあまり認識していないようだ。

これに対して最小の**香川県**は1877平方キロ、実に44・5倍の格差となる。ここまでお読みになって「あれ、日本最小の都道府県は大阪府じゃなかったの?」という声が聞こえてきそうだが、実は**大阪府**は長年にわたって埋め立てに励んだ結果、平成2年(1990)頃に香川県を抜き、長年にわたる最下位を脱出したのである(現在は1901平方キロ)。

面積の格差は市町村となるともっと大きく、最も広い岐阜県高山市は2177・67平方キロ、最小は富山県舟橋《ふなはし》村のわずか3・47平方キロで、その差は約628倍にも及ぶ。

「軍艦島」の驚異的な人口密度

平成の大合併で平成17年（2005）に長崎市に編入された高島町は、それまで日本最小の自治体であった。ここはかつて炭鉱を抱える島の町として昭和43年（1968）には1万8000人ほどの人口を抱えたが、編入直前の平成17年（2005）1月には778人と「町」では人口でも日本最小であった。ちなみに、町域に含まれていた端島《はしま》は石炭の島として明治中頃から採掘が始まって、大正時代には鉄筋コンクリート7〜9階建てのアパートがひしめくようになり、その特異な外観から軍艦島と呼ばれるようになったのである。

昭和34年（1959）の最盛期にはわずか6ヘクタールのこの島に住民登録人口5259人を記録、人口密度87650人／平方キロ（1人あたり11平方メートル、6畳あまり）という驚異的な記録を達成している。だが昭和49年（1974）には端島も閉山とともに無人島となった。

町村で最も広い足寄《あしょろ》町は東西66キロ、南北40キロに及ぶ1408平方キロ。ほとんどが森林で占められた町で、東京都の3分の2、香川県の4分の3にあたる広大な面積にわずか7500人ほどが住んでいる。人口密度の希薄な北海道東部や北部などで

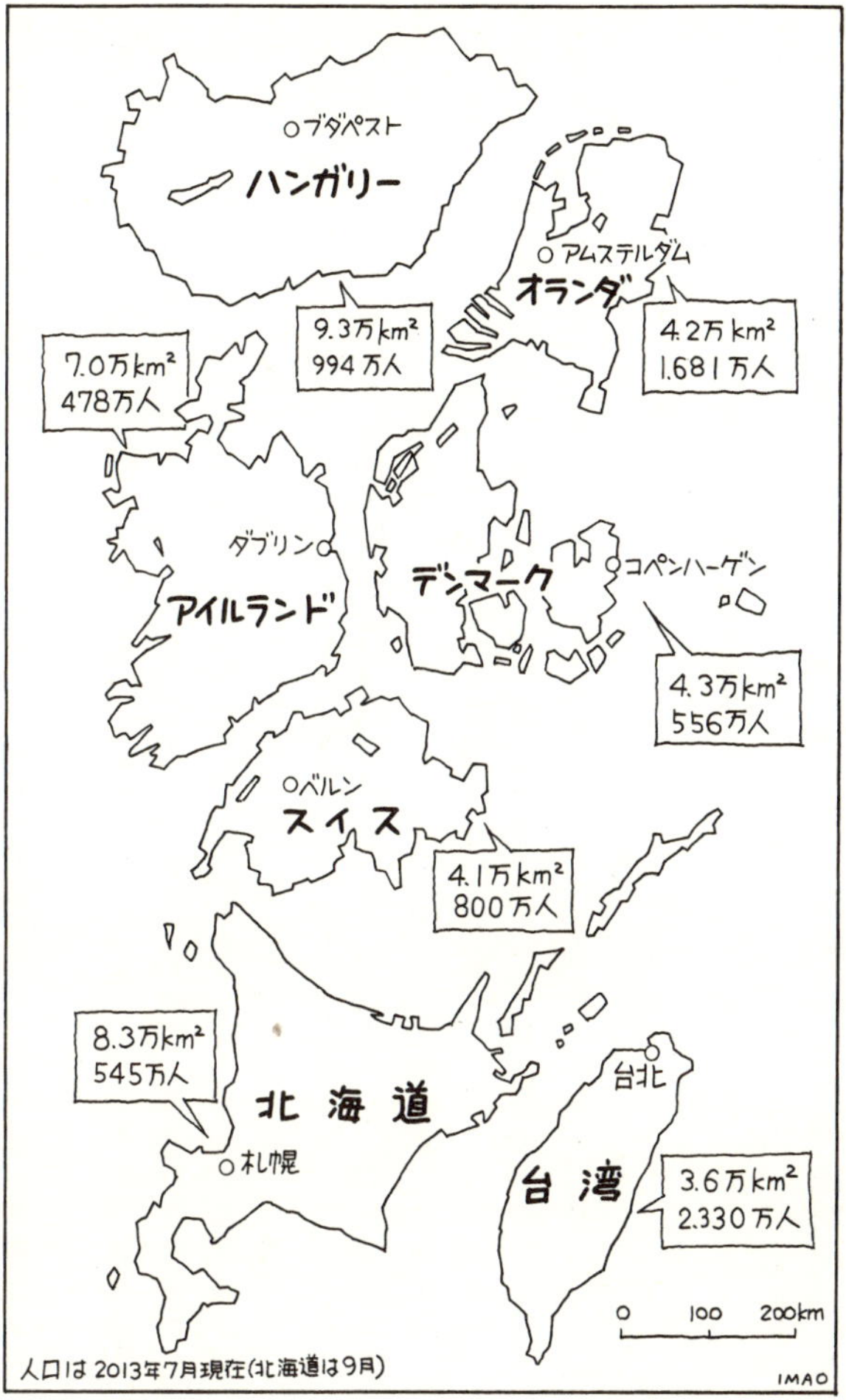
ブダペスト
ハンガリー
9.3万km²
994万人
アムステルダム
オランダ
4.2万km²
1.681万人
7.0万km²
478万人
ダブリン
アイルランド
デンマーク
コペンハーゲン
4.3万km²
556万人
ベルン
スイス
4.1万km²
800万人
8.3万km²
545万人
北海道
札幌
台北
台湾
3.6万km²
2.330万人
0 100 200km
人口は2013年7月現在(北海道は9月)
IMAO

は個人名の付いたバス停（佐藤宅前など）や踏切名が目立つが、それはこの過疎ぶりが背景にある。

市町村合併がないのに面積が大幅に増えた市町村として代表格なのが**千葉県浦安市**。埋め立てによる面積増である。こちらは山本周五郎氏の『青べか物語』の舞台にもなった漁村だったのが、東京都区部に接し、かつ昭和44年（1969）には地下鉄東西線が通ったこともあって面積・人口ともに激増、埋め立て前には4・43平方キロの県内最小の町であったが、現在は17・3平方キロと約4倍になった。

明治22年（1889）の村制施行当時は6000人弱だった人口も、昭和44年（1969）の東西線開通から急増、毎年1万人ずつ増える勢いで昭和55年（1980）には6万人を超え、翌年に市政施行した。現在は16万人を超え、マンションなど高層住宅主体の臨海住宅都市として発展を続けている。ちなみに**千葉市美浜区**《みはま》（21・2平方キロ、14・9万人）は全国で唯一、100パーセント埋め立て地からなる区である。

世界の「ミニ国家」はどのくらいの面積？

さて、世界的に見て小さな国はどのくらいの面積だろうか。まず最小のバチカン市国だが、こちらはローマ市内、サン・ピエトロ寺院そのもの、といった範囲に過ぎないが、44ヘクタールだから日本最小であった旧高島町のおよそ3分の1という小ささで、正方形にすればわずか663メートル四方の計算だ。

バチカン市国は例外としても、ヨーロッパにはモナコ（2・02平方キロ＝江戸城）、サンマリノ（61平方キロ＝山手線の内側）、リヒテンシュタイン（160平方キロ＝小豆《しょうど》島）、マルタ（320平方キロ＝名古屋市）、アンドラ（468平方キロ＝金沢市）、ルクセンブルク（2586平方キロ＝神奈川県）など「ミニ国家」が多いが、それぞれ個性的な国として存在感がある（カッコ内はほぼ同じ面積の自治体な

ど）。最近になっておカミ主導型の市町村合併が進められたが、大きいばかりが能ではない、ということを教えてくれる。

観光地図が教える知られざる名所

「観光地図」に正確な定義づけはなじまないが、観光に役立つ情報を載せた地図といえば間違いない。広義には登山地図や川下りマップ、ガイドブックの添付地図などもこれに含めていいだろう。縮尺も体裁も目的によってさまざまだが、ここではヨーロッパの20万分の1前後の、ある程度広域の総合的ツーリストマップを取り上げてみよう。

その地図がどんな性格をもっているかは凡例を見るとわかりやすいが、図1はガイ

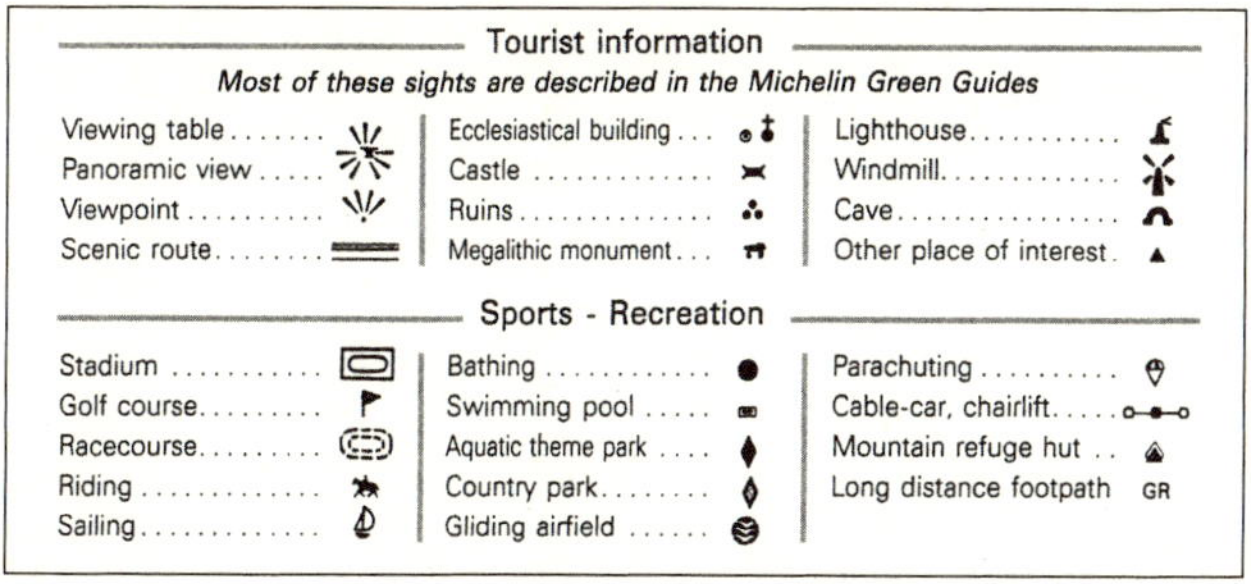

Tourist information

Most of these sights are described in the Michelin Green Guides

Viewing table.......	Ecclesiastical building....	Lighthouse..........
Panoramic view.....	Castle.........	Windmill..........
Viewpoint.........	Ruins..........	Cave...........
Scenic route.......	Megalithic monument....	Other place of interest.

Sports - Recreation

Stadium	Bathing	Parachuting ....
Golf course........	Swimming pool	Cable-car, chairlift...
Racecourse........	Aquatic theme park	Mountain refuge hut ..
Riding	Country park........	Long distance footpath　GR
Sailing	Gliding airfield	

図1　仏ミシュラン社発行20万分の1観光図の凡例

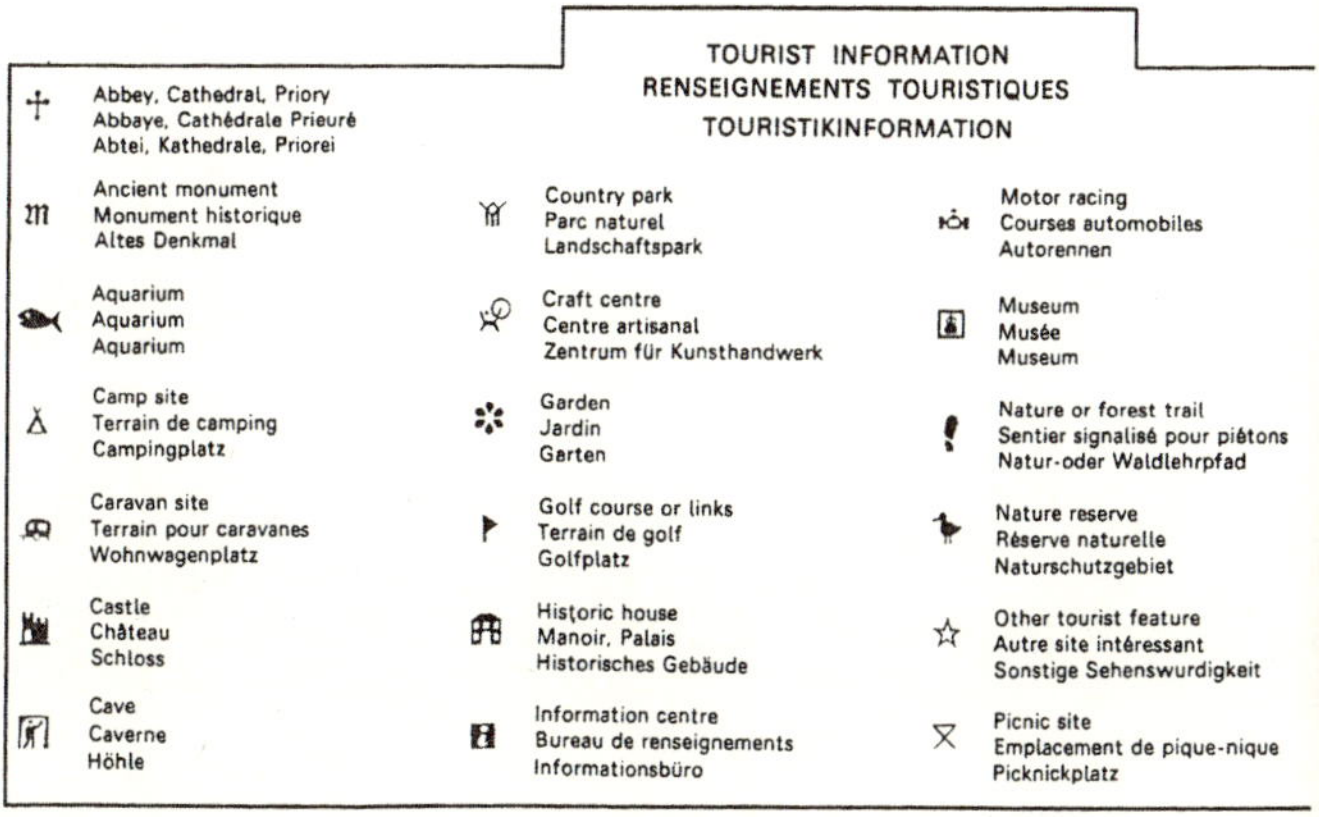

TOURIST INFORMATION

RENSEIGNEMENTS TOURISTIQUES

✝	Abbey, Cathedral, Priory / Abbaye, Cathédrale Prieuré / Abtei, Kathedrale, Priorei		Country park / Parc naturel / Landschaftspark		Motor racing / Courses automobiles / Autorennen
m	Ancient monument / Monument historique / Altes Denkmal		Craft centre / Centre artisanal / Zentrum für Kunsthandwerk		Museum / Musée / Museum
	Aquarium / Aquarium / Aquarium		Garden / Jardin / Garten		Nature or forest trail / Sentier signalisé pour piétons / Natur-oder Waldlehrpfad
Å	Camp site / Terrain de camping / Campingplatz	▶	Golf course or links / Terrain de golf / Golfplatz		Nature reserve / Réserve naturelle / Naturschutzgebiet
	Caravan site / Terrain pour caravanes / Wohnwagenplatz		Historic house / Manoir, Palais / Historisches Gebäude	☆	Other tourist feature / Autre site intéressant / Sonstige Sehenswürdigkeit
	Castle / Château / Schloss		Information centre / Bureau de renseignements / Informationsbüro	⨯	Picnic site / Emplacement de pique-nique / Picknickplatz
	Cave / Caverne / Höhle				

図2　英オードナンス・サーベイ発行25万分の1地図の凡例

ドブックで有名な仏ミシュラン社の20万分の1（黄表紙）である。凡例は仏英伊独の4言語で印刷されているが、ツーリスト・インフォメーションの欄にはまず展望地の記号がある。このパラソル・マークは日本を含めて世界的に広まっているもので、カサの開いた方向の展望が良いことを示している。「カサ」の中央のテーブル印は説明板で、日本にも山頂などで見かけるものだ。曇りや雨の日にこれを見るのは実に悔しいものだが、この記号は最近の日本の地図では見たことがない。

多様なスタイルの観光情報を満載

次の「景色の良い道路」はヨーロッパでは採用している出版社は多く、おおむね山岳地帯や海岸や湖岸沿いの道路にこの表示（緑色の帯）があるが、もちろん「景色が良い」かどうかは出版社や地図編集者の主観が絡む。ミシュランの場合、山の中などではほとんどの道路にこれが付いていて、ちょっと乱発気味かもしれない。

ミシュランがタイヤメーカーであるため図上での鉄道の影が薄いのは仕方ないかもしれないが、クルマ旅行者には便利な地図となっている。運転者への配慮としては、独特な記号として勾配を示すく形の印が目立つ。くが1つだと5～9％、2つなら9～13、3つだと13％以上の急勾配（この場合は15％などと数値を併記）ということが一見してわかるようになっている。地形はボカシの表現だけなので、道路勾配の表記

図3　独バーデン=ヴュルテンベルク州測量局発行20万分の1サイクリング&ハイキング地図の凡例

は大きな参考になるだろう。

その下の段にある「スポーツ・レクリエーション」欄にはゴルフ、競馬、乗馬、ヨット、プールなどがわかりやすい記号で多数掲載されているが、グライダーとかパラシュートの施設があるというのは、その分野の人口の多さの表れだろうか。

次の図2(261ページ)はイギリスのオードナンス・サーベイ(OS=国土地理院にあたる)発行の25万分の1。日本なら20万分の1地勢図のクラスに該当するが、同じ「官製地形図」でもイギリスのは観光情報がたくさんちりばめられている。

記号のデザインもなかなかよく考えられていて、最左列の下にある洞窟の記号など、他では見られないのではないだろうか。また左から2列目のクラフトセンター（手工業会館とでも訳せばいいのか）は糸車を図案化したのだろう。「又」の字のような記号はピクニック・サイトだが、これは折り畳みイスだ。

最右列にある蒸気機関車の記号は「保存鉄道」だが、イギリス国内にはたくさんある。ローカル鉄道を買い取り、マニアたち自らが保守から運転、運営までこなす鉄道も珍しくない。すでに述べたようにイギリスの地形図には歴史的な記載事項が多く、過去の出来事とその記念物を大事にするお国柄がよく出ているといえる。

最後がドイツ・バーデン＝ヴュルテンベルク州の20万分の1サイクリング＆ハイキング地図（263ページ図3）。

これは左側にズラリとハイキング・コースの凡例が並んでいるが、「欧州遠距離徒歩道」「バーデン＝ヴュルテンベルク州歩道」「ボーデン湖周回歩道」「シュヴァーベン・アルペン協会主歩道」……と網の目のように整備された「自然歩道」がうらやましいほどだ。現場にはこの凡例で示された通りの標識がわかりやすく立てられていて、さすがワンダーフォーゲルの国・ドイツだけのことはある。

右列の各ハイキング協会別に分類された家形の記号は「ワンダーハイム」という宿

泊施設だ。

筆者は実物を見たことがないのでドイツのヤフー（http://de.yahoo.com）で検索したところ、山小屋というよりは素朴なペンションという雰囲気の写真をいくつか見ることができた。凡例によれば季節営業のハイムもあるようだ。

日本の海外旅行ガイドブックも最近はより個人旅行向けになってきたようだが、市街地図を除くとまだまだ現地の観光地図は意外に使われていないようだ。しかしこれを使いこなせば、日本ではまったく紹介されないような「秘湯」が発見できる楽しみがあるし、またレンタサイクルの記号もあるから（左列下から４行目）、長距離自転車旅行を楽しむことだってできる。

知られざる観光地は現地語だけしか情報がなくてコトバの不安はあるかもしれないが、そこは多言語圏のヨーロッパ人、絵記号（ピクトグラム）などを使ってわかりやすく一目瞭然の案内をするのは得意中の得意だ。日本のローカル路線バスを乗りこなすよりもむしろ簡単といっていい。既存の海外旅行に飽き足りない人は、ぜひ現地の観光地図を駆使して自分だけの「隠れた名所」を発見してほしい。

デンマーク（Danmarks og Grønlands Geologiske Undersøgelse）http://www.geus.dk

ドイツ（Bundesamt für Kartographie und Geodäsie）http://www.bkg.bund.de

＊10万分の1以上の大縮尺は各州測量局扱い。Baden- Württemberg（www.lgl-bw.de），Bayern（www.vermessung.bayern.de），Berlin（www.stadtentwicklung.berlin.de），Brandenburg（www.brandenburg.de），Bremen（www.bremen.de），Hamburg（www.hamburg.de），Hessen（www.geoportal.hessen.de），Mecklenburg-Vorpommern（www.laiv-mv.de），Niedersachsen（www.lgn.niedersachsen.de），Nordrhein-Westfalen（www.bezreg-koeln.nrw.de），Rheinland-Pfalz（www.lvermgeo.rlp.de），Saarland（www.lkvk.saarland.de），Sachsen（www.landesvermessung.sachsen.de），Sachsen-Anhalt（www.lvermgeo.sachsen-anhalt.de），Schleswig-Holstein（www.schleswig-holstein.de），Thüringen（www.thueringen.de）

日本（国土交通省国土地理院）http://www.gsi.go.jp

ニュージーランド（Land Information New Zeeland）http://www.linz.govt.nz

ノルウェー（Kartverket）http://www.kartverket.no

フィンランド（Maanmittauslaitos）http://www.maanmittauslaitos.fi

フランス（L'information grandeur nature）http://www.ign.fr

ベルギー（Institut Géographique National）http://www.ngi.be

ルクセンブルク（Administration du Cadastre et de la Topographie Luxembourg）http://www.act.public.lu

＊筆者が実際に通信販売で地形図を購入できた国のみを掲載してあります。その他の国では特にアジア・アフリカ・旧ソ連を中心に官製地形図類を公開していない国が多いのでご了承ください。

『日本歴史地理用語辞典』藤岡謙二郎・山崎謹哉・足利健亮編　柏書房 1981
『2万5000分の1　地図の読み方』平塚晶人　小学館 1998
『2万5000分の1地図　デジタル化時代の地図』大竹一彦　古今書院 2002

論文等

「陸地測量部発行地図を中心として見た昭和前期の地図事情とその地図見本」長岡正利―『地図』通巻136号（1996）日本国際地図学会〈戦時改描〉
『戦争と地図・情報―戦後50年によせて』長岡正利―『地図ニュース』通巻275号（1995-8）日本地図センター〈戦時改描〉

各国測量局ホームページ・アドレス一覧（カタカナ五十音順）

アイスランド（Landmælingar Íslands）http://www.lmi.is
アイルランド（Ordnance Survey Ireland）http://www.osi.ie
アメリカ合衆国（U.S.Geological Survey）http://www.usgs.gov
イギリス（Ordnance Survey）http://www.ordnancesurvey.co.uk
イタリア（Istituto Geografico Militare）http://www.igmi.org
インド（Survey of India）http://www.surveyofindia.gov.in
オーストラリア（Geoscience Australia）http://www.ga.gov.au
オーストリア（Bundesamt für Eich- und Vermessungswesen）http://www.bev.gv.at
オランダ（Kadaster）http://www.kadaster.nl
カナダ（Canada Map Office）http://www.nrcan.gc.ca
ス イ ス（Bundesamt für Landestopografie swisstopo）http://www.swisstopo.ch
スウェーデン（Lantmäteriet）http://www.lantmateriet.com
スペイン（Instituto Geográfico Nacional）http://www.ign.es/ign
チェコ（Czech Office for Surveying, Mapping and Cadastre）http://www.vugtk.cz

[主要参考文献・地図関連のおすすめ本]

書籍・辞典等

『奥多摩歴史散歩』大舘勇吉　有峰書店新社 1992
『角川日本地名大辞典』全 47 巻・別巻 2 巻　角川書店 1978 ～ 90
『京都歴史アトラス』足利健亮編　中央公論社 1994
『景観から歴史を読む　地図を解く楽しみ』足利健亮　NHK ライブラリー 1998
『公図の研究［四訂版］』藤原勇喜　財務省印刷局 2002
『コンサイス外国地名事典　第 3 版』谷岡武雄監修　三省堂 1998
『最新地形図入門』五百沢智也　山と溪谷社 1989
『最新地形図の本―地図の基礎から利用まで』大森八四郎　国際地学協会 1993
『市町村名変遷辞典　補訂版』楠原佑介責任編集　東京堂出版 1993
『図説日本文化地理大系』全 18 巻　小学館 1960 ～ 63
『全国市町村要覧　平成 13 年版』市町村自治研究会編　第一法規 2001
『全国地名読みがな辞典　第六版』清光社 1998
『訪ねてみたい地図測量史跡』山岡光治　古今書院 1996
『写真集多摩川は語る』三田鶴吉監修　東京立川ライオンズクラブ「写真集多摩川は語る」編集委員会編　けやき出版 1985
『改訂版　地形図図式の手引き』日本地図センター編　同所 1998
『地図記号のうつりかわり―地形図図式・記号の変遷―』国土地理院監修　日本地図センター 1994
『地図と測量の Q & A』日本地図センター編　同所 2013
『地理用語集』前島郁雄・中島峰広・田辺裕監修　山川出版社 1992
『停車場変遷大事典』（国鉄・JR 編）日本交通公社 1998
『データブック　オブ・ザ・ワールド 2002』二宮書店編　同所 2002
『東京地名考』（上・下）朝日新聞社会部編　朝日文庫 1986
『日本地名大百科　ランド ジャパニカ』浮田典良・中村和郎・高橋伸夫監修　小学館 1996
『日本の島ガイド　SHIMADAS』財団法人日本離島センター編　同所 1998

本書は二〇〇二年一二月に実業之日本社から刊行された『地図を楽しむ　なるほど事典』を改題し、加筆・改筆のうえ再編集したものです。

〈初出〉
①P252〜254：『フィールドバイカーズ』第28号（2001年8月）より連載「地図を片手に」第28回、フィールドライフ刊を一部修正
②P260〜265：『地図ジャーナル』第137号（2002年盛夏号P10〜13）、社団法人日本地図調製業協会刊を一部修正

今尾恵介－1959年、神奈川県に生まれる。中学生の頃から地図を眺め暮らして現在に至る。明治大学文学部独文専攻中退後、管楽器専門月刊誌「パイパーズ」編集部を経て1991年よりフリーとなり、地図・地名・鉄道に関するエッセイなどを書籍・雑誌に執筆。現在、一般財団法人日本地図センター客員研究員、日本地図学会「地図と地名」専門部会主査。著書には『住所と地名の大研究』（新潮選書）、『日本地図のたのしみ』（角川学芸出版）、『路面電車』（ちくま新書）、『線路を楽しむ鉄道学』（講談社現代新書）、『消えた駅名』（講談社＋α文庫）などがある。大ヒットシリーズ「日本鉄道旅行地図帳 全線・全駅・全廃線」（新潮社）の監修にもあたった。

講談社＋α文庫 地図《ちず》が隠《かく》した「暗号《あんごう》」

今尾恵介《いまおけいすけ》

2014年２月20日第１刷発行

発行者――――鈴木 哲
発行所――――株式会社 講談社
東京都文京区音羽2-12-21 〒112-8001
電話 出版部(03)5395-3529
販売部(03)5395-5817
業務部(03)5395-3615
カバー地図――国土地理院
デザイン――――鈴木成一デザイン室
本文データ制作――講談社デジタル製作部
カバー印刷――凸版印刷株式会社
印刷――――豊国印刷株式会社
製本――――株式会社千曲堂

落丁本・乱丁本は購入書店名を明記のうえ、小社業務部あてにお送りください。
送料は小社負担にてお取り替えします。
なお、この本の内容についてのお問い合わせは
生活文化第二出版部あてにお願いいたします。
Printed in Japan ISBN978-4-06-281546-8
定価はカバーに表示してあります。